T0211361

Ein Verfahren zur Entwicklung flexibler Fahrzeug-Software- und -Hardware-Architekturen unter Unsicherheit

Lukas Block

Ein Verfahren zur Entwicklung flexibler Fahrzeug-Software- und -Hardware-Architekturen unter Unsicherheit

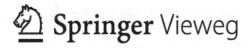 Springer Vieweg

Lukas Block
Bretten, Deutschland

D 93 – Dissertation der Universität Stuttgart

ISBN 978-3-658-42803-7   ISBN 978-3-658-42804-4   (eBook)
https://doi.org/10.1007/978-3-658-42804-4

Die Deutsche Nationalbibliothek verzeichnet diese Publikation in der Deutschen Nationalbibliografie; detaillierte bibliografische Daten sind im Internet über http://dnb.d-nb.de abrufbar.

Planung/Lektorat: Carina Reibold
Springer Vieweg ist ein Imprint der eingetragenen Gesellschaft Springer Fachmedien Wiesbaden GmbH und ist ein Teil von Springer Nature.
Die Anschrift der Gesellschaft ist: Abraham-Lincoln-Str. 46, 65189 Wiesbaden, Germany

Das Papier dieses Produkts ist recyclebar.

Geleitwort

Grundlage der Arbeiten am Institut für Arbeitswissenschaft und Technologie-management IAT der Universität Stuttgart und am kooperierenden Fraunhofer-Institut für Arbeitswirtschaft und Organisation IAO ist die Überzeugung, dass unternehmerischer Erfolg in Zeiten globalen Wettbewerbs und digitalisierter Produkt-Service-Systeme vor allem bedeutet, neue technologische Potenziale nutzbringend einzusetzen. Deren erfolgreicher Einsatz wird vor allem durch die Fähigkeit der Unternehmen bestimmt, die Technologien schneller als die Mitbewerber zu entwickeln und anzuwenden.

Dies gilt ebenfalls für das komplexe Software- und Elektronik-System des Automobils. Im globalen Wettbewerb der Fahrzeughersteller müssen neue Tech-nologien und die damit ermöglichten Funktionen – beispielsweise im Bereich des Fahrwerks, der Insassensicherheit oder des Infotainments – schnell in das Fahr-zeug integriert werden können, um den Erfolg des Produkts am Markt zu sichern. Die vorliegende Arbeit beschäftigt sich mit der Fragestellung, wie die Fahrzeug-Software- und -Elektronik-Architektur eines Automobils unter der Unsicherheit bezüglich dieser zukünftigen Technologien methodisch zu gestalten ist, sodass das damit verbundene Potenzial schnell, aufwandsarm und nutzbringend gehoben werden kann. Die Arbeit fokussiert dabei die systematische, unternehmensin-dividuelle Bewertung und Integration dieser Flexibilität in die Software- und Elektronik-Architektur. Sie unterscheidet sich somit von bereits existierenden Arbeiten, die die Entwicklung von zukünftigen Technologien adressieren. Viel-mehr bietet das in der Arbeit entwickelte Verfahren die theoretisch-methodische Begründung für deren Zweckmäßigkeit und ermöglicht ihren zielgerichteten Ein-satz in der Architektur. Damit schlägt die vorliegende Arbeit die Brücke zwischen der technologischen Weiterentwicklung und deren nutzbringendem Einsatz in der Automobilarchitektur.

Dem Autor dieser Arbeit ist daher zu wünschen, dass diese Dissertation aus dem Bereich der Arbeitswissenschaft und des Technologiemanagements in der breiten Fachwelt als wichtiger und maßgeblicher Beitrag wahrgenommen wird und so den Wissensstand zur Produktentwicklung unter Unsicherheit auf ein neues Niveau hebt.

Univ.-Prof. Dr.-Ing. Dr.-Ing. E. h. Dr. h. c. Dieter Spath

Zusammenfassung

Aufgrund des stetig steigenden Einsatzes digitaler Technologien im Fahrzeug ist die technische Ausgestaltung der Software- und Hardware-Architektur für den wirtschaftlichen Erfolg eines Fahrzeugmodells von zentraler Bedeutung. Herausfordernd ist hierbei, dass das Konzept der Fahrzeug-Software- und -Hardware-Architektur in einer frühen Entwicklungsphase unter technologischer, regulatorischer und marktbezogener Unsicherheit definiert wird. Es muss mehrere Jahre den sich ändernden Anforderungen des Markts, dem technologischen Fortschritt sowie den regulatorischen Vorgaben entsprechen. Eine flexible Software- und Hardware-Architektur bietet den Vorteil, dass eventuell notwendige Anpassungen der Software oder Hardware auch in späteren Lebenszyklusphasen aufwandsarm – zu geringen Kosten in kurzer Zeit – durchgeführt werden können. Aufgrund der zeitlichen und kostenbezogenen Restriktionen eines Fahrzeugentwicklungsprojekts muss die einzubringende Flexibilität allerdings bereits in der Entwicklung (1) den genannten Unsicherheiten effektiv Rechnung tragen können, (2) technisch ressourceneffizient realisiert werden und (3) sie sollte nur dort eingesetzt werden, wo sie eine zeit- und kosteneffiziente Lösung zur Behandlung der Unsicherheit darstellt. Vorhandene Entwicklungsmethoden für Fahrzeug-Software- und -Hardware-Architekturen berücksichtigen Unsicherheit in den technologischen, regulatorischen und marktbezogenen Rahmenbedingungen bisher nur eingeschränkt. Sie können die Konzeption einer effektiv und gleichzeitig effizient flexiblen Architektur nicht erwirken. Die Anforderungen werden auf Basis vorläufiger Annahmen definiert, die mit fortschreitendem Entwicklungsverlauf reaktiv und wiederkehrend angepasst werden. Gleichzeitig wirken Maßnahmen zur Kosten- und Ressourceneffizienz in der Entwicklung den Investitionen in Flexibilität entgegen. Daher wird ein Verfahren (d. h.

eine Methodik mit unterstützendem Softwarewerkzeug) zur Konzeption flexibler Fahrzeug-Software- und -Hardware-Architekturen unter technologischer,
regulatorischer und marktbezogener Unsicherheit entwickelt, das die genannten drei Aspekte der Unsicherheitsbehandlung in ihren Wirkzusammenhängen
berücksichtigt.

Die Unsicherheit wird dafür bezüglich ihrer Wirkung auf die Architekturkonzeption in zwei Unsicherheitseffekte unterteilt (vgl. Kapitel 3): Die aleatorische
(nicht reduzierbare) Unsicherheit beschreibt den produktgestaltungsbezogenen
Sachverhalt, dass die technische Realisierung der Flexibilität bei fehlendem Wissen darüber vorgenommen wird, welche Anforderungen wann erfüllt werden
müssen. Die epistemologische (reduzierbare) Unsicherheit entsteht vorgehensbezogen, da die zu berücksichtigenden Anforderungen zu Beginn der Architekturkonzeption nur approximativ bestimmt sind. Sie können sich im Entwicklungsverlauf durch neues Wissen noch ändern. Der fortschreitende Reifegrad des
Architekturkonzepts generiert dieses neue Wissen maßgeblich. Die epistemologische Unsicherheit über die zu erfüllenden Anforderungen muss daher simultan
mit dem Entwicklungsfortschritt des flexiblen Architekturkonzepts unter aleatorischer Unsicherheit reduziert werden. Zentrales Element des Lösungsansatzes ist
daher die Entkopplung der zwei Unsicherheitseffekte durch die Einführung eines
neuen Entwicklungsartefakts: Der sogenannten probabilistischen Architektur. Sie
vereint alle, zukünftig hypothetisch notwendigen Architekturkonfigurationen in
einer Gesamtarchitektur. Gemeinsamkeiten und Unterschiede zwischen diesen
hypothetischen Architekturkonfigurationen werden in Abhängigkeit davon, welches unsichere Zukunftsszenario eintritt, dargestellt. Aus der probabilistischen
Architektur wird dann die determinierte Architektur abgeleitet. Sie stellt das finale
Architekturkonzept dar.

Drei Gestaltungsprinzipien leiten die Konzeption der probabilistischen Architektur sowie der determinierten Architektur methodisch an. Zur Erstellung der
probabilistischen Architektur werden zuerst die wahrgenommenen Unsicherheiten der unterschiedlichen Architektur-Stakeholder gesammelt, analysiert und
in einem Unsicherheitsmodell als Zukunftsszenarien dokumentiert. Ausgehend
von einer Basisarchitektur erfolgt dann die Ausarbeitung der hypothetischen
Architekturen für einzelne Zukunftsszenarien. Die probabilistische Architektur
entsteht, indem die hypothetischen Architekturen durch methodische Ansätze
der Produktlinienentwicklung synthetisiert werden. Unterschiede zwischen den
hypothetischen Architekturen werden durch Variationspunkte dargestellt. Die probabilistische Architektur wird dabei derart angepasst, dass sie die Auswirkungen
der Unsicherheit in Modulen kapselt. Sie repräsentiert nun die Auswirkungen der aleatorischen Unsicherheit auf die Architekturgestalt. Der prinzipiell

benötigte Umfang an Flexibilität kann identifiziert werden. Pro Variationspunkt wird auf Basis des Unsicherheitsmodells dann über die zu berücksichtigenden, aleatorisch unsicheren Anforderungen und die technische Realisierung von Flexibilität zur Behandlung dieser entschieden. Durch die Entscheidungen wird die epistemologische Unsicherheit schrittweise reduziert und die determinierte Architektur entsteht. Als mathematisches Konstrukt zur Beschreibung der Unsicherheit wird die Dempster-Shafer-Evidenztheorie unscharfer Mengen verwendet. Dadurch können Notwendigkeitswahrscheinlichkeiten für die einzelnen Architekturelemente abgeleitet und die Auswirkungen der Unsicherheit bewertbar gemacht werden. Dies ermöglicht wiederum die zeit- und kostenbestimmte Reduktion der epistemologischen Unsicherheit. Zur Unterstützung der Methodik wird ein Softwarewerkzeug entwickelt. Basierend auf einem Metamodell zur Beschreibung der Unsicherheit, der probabilistischen Architektur und der determinierten Architektur können die Architekturen darin teilautomatisiert analysiert, synthetisiert und modifiziert werden. Für die einzelnen Methodikschritte werden zweckdienliche Modellperspektiven und -operatoren definiert.

Das Verfahren wird durch die Konzeption einer flexiblen Software- und Hardware-Architektur für ein Forschungsfahrzeug validiert und zusätzlich bei einem Automobilhersteller evaluiert. Durch das Verfahren konnten die Unsicherheiten in der Anwendung effektiv behandelt sowie die Flexibilität effizient realisiert und eingesetzt werden. Als zentraler Nutzen ergibt sich die Dokumentation, Bewertung und Quantifizierung der Unsicherheit, wodurch die Flexibilität gezielt für unsichere, aber wahrscheinlich wirtschaftliche oder innovative Fahrzeugfunktionen integriert wird. Das Verfahren leitet daher erstmals die Fahrzeug-Software- und -Hardware-Architekturkonzeption unter unsicheren technologischen, marktbezogenen und regulatorischen Rahmenbedingungen derart an, dass die Unsicherheit effektiv behandelt wird und die dafür benötigte Flexibilität effizient eingesetzt und realisiert werden kann. Die industrielle Problemstellung wird gelöst und die wissenschaftliche Herausforderung bewältigt.Weiterer Forschungsbedarf besteht bezüglich der notwendigen organisationalen und tätigkeitsbezogenen Transformation der beteiligten Unternehmen für den Verfahrenseinsatz sowie bezüglich der Erweiterung des Verfahrens von der Konzeptphase auf die Serienentwicklung. Bei einer gesamtheitlichen Verfahrensanwendung ist dann aus industrieller Perspektive zu erwarten, dass Flexibilität zur Unsicherheitsbehandlung als ein zusätzliches Zielkriterium kontrolliert im Fahrzeug-Software- und -Hardware-Architekturentwicklungsprozess etabliert werden kann.

Abstract

The technical design of a vehicle's software and hardware architecture is of central importance for its market success. Digital technologies are increasingly used to realize functions and create customer value. Yet, the challenge is that the architecture's concept is defined in an early development phase where technological, regulatory, and market-related uncertainties prevail. The architecture must be equipped to meet the technological progress, future regulatory requirements as well as the changing requirements of the market for the upcoming years. Thus, a flexible software and hardware architecture offers an advantage. Adjustments to the software or hardware can be carried out in later lifecycle phases with little effort, i.e., at low cost in a short time. However, the flexibility must be able to (1) effectively account for the uncertainties, (2) be realized in a resource-efficient way, and (3) it should only be used where it is a time- and cost-efficient solution to mitigate the uncertainty. Automotive development projects must deal with firm time and cost-related restrictions.

Existing development approaches for automotive software and hardware architectures regard uncertainty only to a minor extend. Requirements are defined based on preliminary assumptions which are reactively and recurrently adjusted as concept development progresses. At the same time, cost and resource efficiency measures during development restrict the investment in flexibility. Thus, a new approach (i.e., a methodology with a supporting software tool) for the design of a flexible automotive software and hardware architecture under uncertainty is developed. It should take the three aspects of uncertainty into account and handle their interrelationships.

To achieve this, the effect of uncertainty on the architecture's design is divided into two types of uncertainty: Firstly, aleatory (irreducible) uncertainty occurs because flexibility must be realized with a lack of knowledge about when which future state of the environment must be mitigated by the flexible design. Epistemic (reducible) uncertainty exists because the future states, which should be taken into account, are only approximately determined at the beginning of concept development. They change when new knowledge and new information is obtained. However, new information and knowledge is generated primarily through progress in the architecture's concept design. The epistemic uncertainty about the requirements to be met by the architecture is simultaneously reduced by the progress in the architecture's concept itself. The two uncertainty effects are closely coupled. Thus, the developed approach decouples the two uncertainty effects by introducing a new artifact in the development process: The so-called probabilistic architecture. The probabilistic architecture combines all software and hardware architectures, which are hypothetically required in any future scenario, in one overall architecture. Similarities and differences between the hypothetical architectures are presented, depending on which uncertain future scenario occurs. The deterministic architecture is then derived from the probabilistic architecture. It represents the result of concept development. The deterministic architecture is the final, flexible software and hardware architecture concept for the vehicle.

Three design principles guide the development of the probabilistic architecture as well as the deterministic architecture. Firstly, the perceived uncertainties of the various architecture stakeholders are collected, analyzed, and documented as future scenarios in a so-called uncertainty model. The hypothetical architectures are then designed for individual future scenarios, starting from a common base architecture. Methodologies from product line architecture support to integrate the hypothetical architectures into the probabilistic architecture. Differences between the hypothetical architectures are represented by variation points. The structure of the probabilistic architecture is modularized in such a way that each module encapsulates specific uncertainty effects. The probabilistic architecture now embodies the effects of aleatory uncertainty on the architecture design. The amount of flexibility required can be identified. Decisions about the future states to be met are then taken per variation point. Thereby, probabilities of component necessity are derived from the probabilistic architecture's description. The effects of uncertainty can be evaluated, and the epistemic uncertainty can be reduced, while respecting time and cost constraints of the development project. Subsequently, the technical mechanisms to realize flexibility are developed. The deterministic architecture is defined.

A software tool and an associated metamodel is developed to support the methodology. The metamodel defines a structured set of elements to model uncertainty, based on the Dempster-Shafer evidence theory for fuzzy sets. Based on the metamodel, the probabilistic architecture and the deterministic architecture can be analyzed, synthesized, and modified in a semi-automated way. Appropriate model perspectives and operators are defined to support the steps of the methodology.

Validation of the approach happens by designing a flexible software and hardware architecture for a research vehicle. Futhermore, the approach is evaluated at an automotive manufacturer. It is shown that the uncertainties were handled effectively, and that the flexibility was applied and realized efficiently. Key benefits are the documentation, the evaluation, and the quantification of uncertainty. Flexibility was integrated specifically for uncertain but highly likely vehicle functions. Thus, the developed approach is the first one, to support automotive software and hardware architecture design in an uncertain technological, market-based, and regulatory environment. The uncertainty is effectively mitigated, and flexibility is applied and realized efficiently.

Further research might address the organizational transformation of the companies involved and the extension of the process from the concept phase to series development. With a holistic application of the approach, flexibility can then be integrated effectively and efficiently into future vehicles' software and hardware architecture.

Inhaltsverzeichnis

Abkürzungsverzeichnis

AADL	Architecture Analysis and Design Language
ABS	Antiblockiersystem
ASIC	Anwendungsspezifische Integrierte Schaltung
ASIL	Automotive Safety Integrity Level
Automotive SPICE	Automotive Software Process Improvement and Capability Determination
AUTOSAR	Automotive Open System Architecture
AVB	Audio/Video Bridging
CAN	Controller Area Network
CMEA	Change Mode and Effects Analysis
CMMI	Capability Maturity Model Integration
DDS	Data Distribution Service
DRM	Design Research Methodology
DSM	Design-Struktur-Matrix
DSP	Digitaler Signalprozessor
EAST-ADL	Electronics Architecture and Software Technology – Architecture Description Language
EBV	Elektronische Bremskraftverteilung
ECU	Electronic Control Unit (dt. Steuergerät)
E/E-Architektur	Elektrik/Elektronik-Architektur
EMF	Eclipse Modeling Framework
EMV	Elektromagnetische Verträglichkeit
ESP	Elektronisches Stabilitätsprogramm
FMEA	Fehlermöglichkeits- und Einflussanalyse
FPGA	Field Programmable Gate Array
GMSL	Gigabit Multimedia Serial Link

HPC	High Performance Computer
Hw	Hardware
INCOSE	International Council on Systems Engineering
IMU	Inertiale Messeinheit
IPC	Inter-Process Communication
K-Matrix	Kommunikationsmatrix
LiDAR	Light Detection And Ranging
LIN	Local Interconnect Network
MOF	Meta Object Facility
MOST	Media Oriented Systems Transport
NASA	National Aeronautics and Space Administration
OEM	Original Equipment Manufacturer/Fahrzeughersteller
OMG	Object Management Group
OTA-Update	Over-the-Air (Software-)Update
PKW	Personenkraftwagen
PLM	Product-Lifecycle-Management
PMI	Project Management Institute
QFD	Quality Function Deployment
RCP	Rich Client Platform
ReqIF	Requirements Interchange Format
RMF	Requirements Modeling Framework
SARS-CoV-2	Severe Acute Respiratory Syndrome Corona Virus Type 2
SoC	System-on-a-Chip
SOME/IP	Scalable Service-Oriented Middleware over IP
SOP	Start of Production
SSH	Secure Shell
Sw	Software
SwC	Softwarekomponente
SysML	Systems Modeling Language
ToF	Time-of-Flight
UN/ECE	United Nations Economic Commission for Europe
USB	Universal Serial Bus
V2I	Fahrzeug zu Infrastruktur
V2V	Fahrzeug zu Fahrzeug
V2X	Fahrzeug zu X
VDA	Verband der Automobilindustrie
VR	Virtual Reality
WLAN	Wireless Local Area Network

XCP	Extended Calibration Protocol bzw. Universal Measurement and Calibration Protocol
XMI	XML Metadata Interchange
XML	Extensible Markup Language

Abbildungsverzeichnis

Tabellenverzeichnis

Einleitung

1

Im Jahr 2019[1] wurden weltweit 67 Millionen Personenkraftwagen produziert [1]. Auf deutsche Automobilhersteller entfiel dabei ein Anteil von circa 24 % (16 Millionen) in In- und Auslandsproduktion, wobei mehr als die Hälfte der zugehörigen Forschung und Entwicklung gemessen nach Forschungs- und Entwicklungsausgaben in Deutschland erbracht wurde [3]. Der Einsatz digitaler Technologien im Fahrzeug und Fahrzeugökosystem[2], um kundenattraktive, sichere, gesetzeskonforme und profitable Fahrzeuge zu generieren, ist dabei ein relevanter Wettbewerbsfaktor [6].

Länderabhängig geben 33 % (Deutschland) bis 84 % (China) der Fahrzeugkunden an, dass digitale Technologien im Fahrzeug einen Mehrwert für sie generieren [10, 11]. Im Bereich digitaler Fahrzeugdienstleistungen, -nachrüstungen und -updates werden Umsatzpotenziale bis zu 800 Milliarden US-Dollar bis 2030 erwartet [10, 12–15]. In einem heutigen Serienfahrzeug sind je nach Ausstattung knapp 40 bis 120 Steuergeräte vorhanden [16–19], die Funktionen im dreistelligen Bereich für die unterschiedlichen Fahrzeugdomänen realisieren oder absichern (vgl. Abbildung 1.1) [7, 8]. Produktionsseitig macht die Elektronik 16 % der Materialkosten und zusammen mit der Software 30 % bis 40 % der Entwicklungskosten aus, mit steigender Prognose in beiden Bereichen für die kommenden Jahre [10, 20]. Die

---

[1] Mit knapp 56 Millionen produzierten Personenkraftwagen im Jahr 2020 sowie 57 Millionen im Jahr 2021 weisen die Jahre 2020 und 2021 außertrendmäßige Zahlen aufgrund der SARS-Cov-2-Pandemie und aufgrund des Halbleitermangels auf [1, 2].

[2] Das Fahrzeugökosystem beschreibt die Akteure, Produkte, Dienstleistungen und Prozesse, die in einer Wechselwirkungsbeziehung mit dem Produkt „PKW", dem individuellen Fahrzeug oder dessen Nutzung stehen, sowie die Wechselwirkungen selbst (vgl. [4, 5]).

© Der/die Autor(en), exklusiv lizenziert an Springer Fachmedien Wiesbaden GmbH, ein Teil von Springer Nature 2023
L. Block, *Ein Verfahren zur Entwicklung flexibler Fahrzeug-Software- und -Hardware-Architekturen unter Unsicherheit*,
https://doi.org/10.1007/978-3-658-42804-4_1

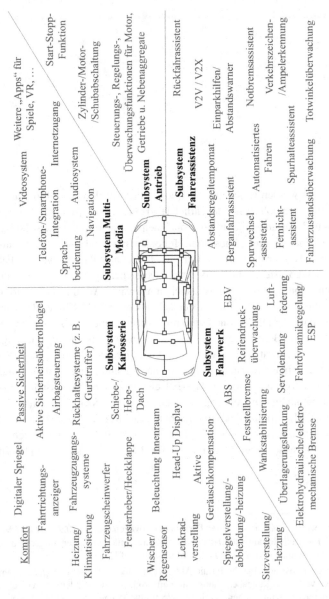

Abbildung 1.1 Beispielhafte, software- und elektronikgestützte Funktionen eines PKW. (Auflistung nach [7–9])

technologische Aktualität der Fahrzeug-Elektronik und -Software gegenüber Kunde beeinflusst somit einerseits den Erfolg des Produktes am Markt [16, 21, 22]. Andererseits ist der Einsatz von Entwicklungs- und Produktionsressourcen aufgrund der steigenden Kosten für deren Realisierung zu einem relevanten Entscheidungskriterium der Produktgestaltung geworden [7, 10, 22, 23].

1.1 Ausgangssituation

Die Entwicklung der Software und elektronischen Hardware eines Personenkraftwagens (PKW) findet unter Randbedingungen statt, die in dieser Kombination als Alleinstellungsmerkmal der Automobilindustrie zu bezeichnen sind [7]. Ein Personenkraftwagen ist ein Volumenprodukt mit hohen Sicherheits- und Qualitätsanforderungen, das pro Modell mit hoher Variantenvielfalt in einem wettbewerbsintensiven Umfeld entwickelt und produziert werden muss [6, 24, 25]. Es verfügt über lange Modell- und Produktlebenszyklen im Vergleich zu sonstigen Produkten des Endkundenmarkts [7, 24]. Nach circa drei bis vier Jahren Entwicklung wird ein PKW-Modell für sechs bis acht Jahre produziert und dabei im Rahmen sogenannter Änderungsjahre sowie der Modellpflege an neue technologische, regulatorische und marktbezogene Rahmenbedingungen angepasst (vgl. Abbildung 1.2). Nach der Produktion und dem Verkauf sind die Fahrzeuge circa zehn bis fünfzehn Jahre im Einsatz [7, 23, 26–28]. Produktfunktionen und -eigenschaften unterliegen dabei gesetzlicher Reglementierung und hohen Qualitätsanforderungen des Kunden. Im Rahmen des Entwicklungsprozesses müssen sicherheits- und qualitätskritische Produkteigenschaften berücksichtigt, abgesichert, überprüft, eventuell zertifiziert und schließlich zugelassen werden [7, 29]. Gleichzeitig sinken die zulässigen Stückkosten aufgrund der hohen Produktionsvolumen und die Entwicklungskosten werden wegen des kompetitiven Umfelds in Grenzen gehalten [7, 23, 24]. Die Verwirklichung eines Fahrzeugentwicklungsprojekts erfolgt in einem eng gesteckten Rahmen aus zeitlichen, qualitäts- und kostenbezogenen Restriktionen, um die vereinbarten strategischen Produktziele bezüglich des jeweiligen Fahrzeugmodells einhalten zu können [6, 16]. Die strategischen Produktziele[3] beschreiben die mit dem Fahrzeugmodell verfolgten langfristigen, oftmals unternehmensstrategisch motivierten Ziele, wie zum Beispiel die Absatzmenge, den Verkaufspreis, die Stückkosten oder das damit zu erzielende Markenimage (vgl. [30–32]).

---

[3] im Folgenden nur noch als Produktziele bezeichnet

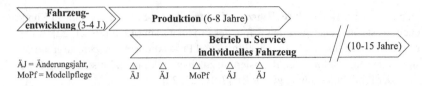

Abbildung 1.2 Dauer einzelner Lebenszyklusabschnitte eines PKW. (in Anlehnung an [28])

Das Fahrzeug-Software- und elektronische Hardware-Architekturkonzept ist ein zentrales Entwicklungsartefakt zur Steuerung und Erreichung der Produktziele in einem globalen und kompetitiven Marktumfeld [33–35]. Es wird im Rahmen der Konzeptphase circa zwei bis drei Jahre vor Serienanlauf des Fahrzeugsmodells festgelegt und beschreibt die Funktions- und Produktstruktur der Software und Hardware sowie die Beziehungen zwischen beiden Strukturen [23, 27, 28, 36]. Das Konzept gliedert in einer frühen Entwicklungsphase das Software- und Elektronik-System des PKW, bildet die Grundlage für die darauffolgenden, parallelisierten Serienentwicklungsaktivitäten und determiniert bereits einen Großteil der Produkteigenschaften sowie der anfallenden Entwicklungsprojekt- und Produktionskosten (vgl. Abbildung 1.3 und 1.4) [7, 16, 24, 27, 29, 35]. Aufgrund der Bedeutung digitaler Technologien wird dadurch der Erfolg des Produkts am Markt als auch die Zielerreichung des Entwicklungsprojekts bereits in einer frühen Entwicklungsphase präfabriziert.

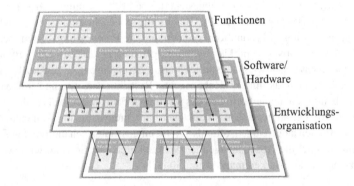

Abbildung 1.3 Das Architekturkonzept als strukturierendes Element der PKW-Entwicklung. (in Anlehnung an [7])

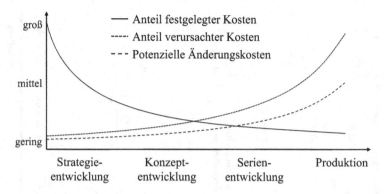

Abbildung 1.4 Festlegung und Verursachung der Produktkosten als Beispiel für die Relevanz der frühen Architekturentwicklungsphasen. (nach [24])

Diese frühe Entwicklungsphase ist allerdings von Unsicherheit geprägt. Sie wirkt sich durch eine Vielzahl an Annahmen bezüglich der Marktentwicklung sowie hinsichtlich des technologischen und regulatorischen Fortschritts aus [6, 25, 37]. Unsicherheit bezeichnet in diesem Kontext die Existenz unvollständigen Wissens über den zukünftigen Zustand von Rahmenbedingungen, die für die Zieldefinition der Fahrzeugentwicklung relevant sind. Hierzu zählen beispielsweise die von den Kunden zukünftig nachgefragten und von den Wettbewerbern angebotenen Fahrzeugfunktionen, potenzielle regulatorische Einschränkungen bestimmter Antriebsarten oder der technologische Fortschritt in der Elektronik (vgl. Abbildung 1.5) [27, 38, 39]. Spezifische Veränderungen der Rahmenbedingungen wie beispielsweise marktbezogen veränderte Funktionsumfänge, technologischer Fortschritt oder die Integration von Innovationen sind in der Praxis zunehmend zu beachten. Sie verursachen die Unsicherheit und beeinflussen die Gestalt des Software- und Hardware-Architekturkonzepts durch sich stetig verändernde Anforderungen an das Konzept [6, 16, 23, 38–42].

Beispielsweise sind die Lebenszyklus- und Innovationsintervalle von Elektronik und Software kürzer als der Produktlebenszyklus eines PKW [7, 23, 44, 45]. Aufgrund der Markt- und Funktionsüberlappung erlebt der Kunde die stetige und schnelle Einführung technologischer Neuerungen im Bereich der Unterhaltungs- und Kommunikationselektronik und überträgt diese Erwartungshaltung bezüglich Funktion und Technologie auf das Fahrzeug [41, 42, 44, 45]. Die kontinuierliche Weiterentwicklung von Fahrzeug und Fahrzeugfunktionen sowie das situative Hinzufügen gewünschter Funktionen, wird daher von Seiten der Automobilhersteller angestrebt [46, 47]. Unter dem Aspekt der Nachhaltigkeit und Sicher-

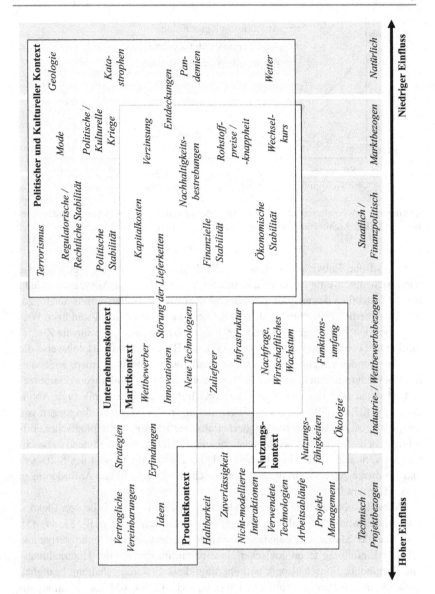

Abbildung 1.5 Potenzielle Veränderungsbereiche der Rahmenbedingungen für die Fahrzeug- und Produktentwicklung. (angepasst aus [25, 43])

heit erfolgt parallel dazu die fortlaufende Schaffung und Anpassung von Quasi-Standards, Normen und gesetzlichen Vorgaben (vgl. z. B. [10, 48–50]). Das Fahrzeug ist und wird Teil unterschiedlicher Ökosysteme, die beispielsweise die Bedarfe des Kunden, die Koordination des Verkehrs oder die Nutzung von Fahrzeugdaten adressieren (vgl. Abbildung 1.5 sowie z. B. [51, 52]). Sich derartig verändernde Anforderungen sind a priori nur schwer einzuschätzen und zu beeinflussen, da sich die zugehörigen Rahmenbedingungen außerhalb der unmittelbaren Unternehmenskontrolle befinden [37]. Damit der PKW über den Lebenszyklus hinweg die mit den Veränderungen der Rahmenbedingungen einhergehenden Anforderungsänderungen zur Produktzielerreichung erfüllen kann, muss seine Software und elektronische Hardware bei technologischen, marktbezogenen und regulatorischen Veränderungen der Rahmenbedingungen an die daraus resultierenden, ebenfalls veränderten Anforderungen angepasst werden können [16].

Eine Fahrzeug-Software- und -Hardware-Architektur wird als flexibel bezeichnet, wenn das Fahrzeug im Lebenszyklus durch aufwandsarme Änderungen der Software und Hardware[4] an einen während der Entwicklung prinzipiell vorgedachten Umfang an zukünftig potenziell geforderte Anforderungen angepasst werden kann (vgl. Abschnitt 2.1.3). Flexibilität ist dementsprechend eine anzustrebende Eigenschaft des Architekturkonzepts unter Unsicherheit der Rahmenbedingungen, wenn sie die notwendigen Anpassungen an die veränderten Rahmenbedingungen ermöglicht [53–55]. Sie unterstützt übergeordnete Ziele, die mit dem Produkt verfolgt werden, effektiv und ermöglicht es, diese Ziele auch unter veränderten Rahmenbedingungen durch die Anpassung von Software und elektronischer Hardware zu erreichen [6, 56]. Die Integration von Flexibilität in die Architektur muss dabei einerseits produktentwicklungsmethodisch unterstützt als auch technisch realisiert werden [57].

Im Jahr 2012 kam beispielsweise das Tesla Model S mit einer bis dato in Serienfahrzeugen neuen Steuergerätetopologie und flexiblen Softwarearchitektur auf den Markt. Die wenigen, zentral-ausgerichteten Hochleistungsrechner sowie die Fähigkeit zu Funktionsanpassung über Over-the-Air-Software-Updates (OTA-Updates) machten es Tesla Motors möglich, auf unvorhergesehene Kundenwünsche, Qualitätsdefizite und technologische Neuentwicklungen durch Anpassung der Fahrzeugsoftware zu reagieren (vgl. [58–63]). Flexibilität in der Fahrzeug-Software- und -Hardware-Architektur schien eine effiziente Möglichkeit zur effektiven Behandlung von Unsicherheit der technologischen, marktbezogenen und regulatorischen Rahmenbedingungen zu sein.

---

[4] d. h. zu geringen Kosten in kurzer Zeit

Im Jahr 2017 brachte die Audi AG das neue Modell des Audi A8 in Serie, dessen Hardwarearchitektur in ähnlicher Ausrichtung vorausschauend auf das automatisierte Fahren der Stufe 3 ausgelegt war, obwohl sich alle derartigen Funktionen zu diesem Zeitpunkt noch in der Entwicklung befanden und die Zulassungsfähigkeit ungeklärt war [64]. Im Jahr 2020 kündigte die Audi AG an, dass derartige Funktionen in der aktuellen Modellgeneration des Audi A8 nicht mehr implementiert werden. Der zusätzliche, durchaus hohe technologische und ökonomische Aufwand, das Fahrzeugmodell sensor- und steuergerätebezogen für die Stufe 3 des automatisierten Fahrens vorzubereiten, schien prospektiv gerechtfertigt zu sein. Retrospektiv stellte sich diese Entscheidung allerdings als falsch heraus, da sich die technologischen und regulatorischen Herausforderungen im Zeitverlauf anders als erwartet entwickelten (vgl. [64–67]). Im Kontrast dazu mussten die ersten Modelle des Porsche Taycans (Jahrgang 2019) für ein Software-Update der Ladestationen-Navigation, des Fahrwerks und des Antriebsstrangs in die Werkstatt, da die vorhandene OTA-Update-Funktionalität dies nicht unterstützte [68, 69]. Eine zu niedrige Flexibilität für vermutlich erwartbare Funktionsanpassungen führte technologiebezogen zu einem Reputationsverlust gegenüber Konkurrenten wie Tesla Motors und für die Fahrzeugkunden zu Unannehmlichkeiten durch den notwendigen Werkstattbesuch (vgl. [70, 71]). Flexibilität wurde technisch in der Sofware- und Hardware-Architektur vorgesehen. Die Ausgestaltung der Flexibilität erfolgte in Bezug auf die Rahmenbedingungen allerdings derart, dass sie sich rückblickend als nicht wirksam (vgl. Porsche Taycan) oder nicht wirtschaftlich (vgl. Audi A8) zur Absicherung der Produktziele unter der gegebenen und existierenden Unsicherheit herausstellte. Auf eine Veränderung der Rahmenbedingungen konnte nicht angemessen reagiert werden oder die vorgehaltenen Ressourcen zur Realisierung der Flexibilität waren zu hoch. Allerdings musste auch Tesla Motors im Jahr 2021 eine Ankündigung aus dem Jahr 2016 revidieren, die besagte, dass alle fortan produzierten Fahrzeugmodelle über eine elektronische Hardwareausstattung verfügen würden, die zukünftige Selbstfahrfunktionen unterstützt [72, 73].

Die Entwicklung sowie vorausschauende Beurteilung einer flexiblen Software- und elektronischen Hardware-Architektur zur zielgerichteten und wirtschaftlichen Behandlung marktbezogener, technologischer und regulatorischer Unsicherheit der Rahmenbedingungen durch Flexibilität scheint somit nach stichprobenartiger Betrachtung der industriellen Praxis neben den technischen auch mit gestalterischen und produktentwicklungsmethodischen Herausforderungen verbunden zu sein.

1.2   Industrielle Problemstellung

Die Integration von Flexibilität in die Fahrzeug-Software- und elektronische Hardware-Architektur kann zweckdienlich sein, um die Produktziele durch die Anpassbarkeit von Software und elektronischer Hardware gegen die Unsicherheit in den Rahmenbedingungen abzusichern [46, 56]. Die effektive Behandlung der Unsicherheit ist daher eine Zieldimension, die bei der Integration von Flexibilität in die Software- und Hardware-Architektur zu beachten ist, da sie den Einsatz der Flexibilität motiviert. Zur gleichzeitigen Erreichung der zeitlichen sowie wirtschaftlichen und kostenbezogenen Produktziele in der Fahrzeugentwicklung muss allerdings der effiziente Einsatz und die effiziente Realisierung dieser Flexibilität ebenfalls adressiert werden (vgl. [6, 16, 74, 75]). Die effiziente Realisierung der Flexibilität bezieht sich auf eine wirksame Konzeption der technischen Mechanismen, durch die aufwandsarme Änderungen der Architektur für die einzelnen, potenziellen Anforderungsänderungen ermöglicht werden (vgl. [74]). Sie wird im Rahmen des Fahrzeugentwicklungsprojekts durch die Gestaltung entsprechender Funktions- und Produktstrukturen sowie Vorhalte festgelegt (vgl. [21, 36, 57, 76, 77]).

Der effiziente Einsatz von Flexibilität adressiert hingegen den Umfang an zu berücksichtigenden Anforderungsänderungen vor dem Hintergrund der effektiven Behandlung der Unsicherheit. Eine flexible Fahrzeug-Software- und -Hardware-Architektur sichert die Produktziele gegen potenzielle Veränderungen der Rahmenbedingungen ab und hat damit im Änderungsfall einen positiven Effekt auf die Produktziele (vgl. [56]). Die Integration von Flexibilität in die Fahrzeug-Software- und -Hardware-Architektur weist in der Realisierung allerdings eine konfliktionäre Beziehung zu den weiteren Produkt- und Entwicklungsprojektzielen auf [46, 78, 79]. Es müssen Vorhalte in Form entsprechender Modulstrukturen, Komponenten und Mechanismen in der Architektur vorgesehen werden, um die aufwandsarme Änderbarkeit der Software und Hardware zu ermöglichen (vgl. [80]). Diese Vorhalte nehmen im Entwicklungsprozess Entwicklungskapazitäten und je nach technischer Gestaltung ebenfalls Produktionskapazitäten in Anspruch. Die eventuell zu berücksichtigenden Anforderungen müssen im Rahmen der Entwicklung abgesichert und auf Erfüllbarkeit überprüft werden (vgl. [6, 16]). Vor dem Hintergrund zeitlicher, qualitäts- und kostenbezogener Restriktionen des Entwicklungsprojekts kann die Ignoranz oder anderweitige Behandlung mancher Unsicherheiten daher eine effizientere[5] Lösung in Bezug auf die Produktziele darstellen [75, 81]. Der effiziente Einsatz von Flexibilität adressiert daher die zukunftsgerichtete und

---

[5] d. h. vor dem Hintergrund der Produkt- und Entwicklungsprojektziele kosten- und zeitbezogen wirksamere Lösung

langfristige Abwägung zwischen den Auswirkungen sich verändernder Rahmenbedingungen und den Auswirkungen der zur Behandlung notwendigen Investitionen
in eine flexible Architekturgestalt (vgl. [75]).

Die Entwicklung einer flexiblen Fahrzeug-Software- und -Hardware-Architektur
hat daher die effektive Behandlung der Unsicherheit durch Flexibilität sowie deren
effiziente Realisierung und deren effizienten Einsatz als Zieldimensionen der Gestaltung zu beachten, wobei die drei Zieldimensionen in einer zirkulären Abhängigkeits-
beziehung zueinander stehen (vgl. Abbildung 1.6).

Abbildung 1.6 Die drei Zieldimensionen zur Behandlung der Unsicherheit in den Rahmenbedingungen

Das Software- und Hardware-Architekturkonzept legt circa zwei bis drei Jahre
vor Serienanlauf die Funktions- und Produktstruktur sowie die Schnittstellenei-
genschaften der Software- und Hardwarekomponenten fest [23, 27, 28]. Der prinzipielle Umfang berücksichtigbarer Anforderungsänderungen sowie die Realisierung
der Flexibilität werden dadurch für die folgenden zwei bis drei Jahre der Entwicklung sowie fünfzehn bis fünfundzwanzig Jahre der anschließenden Produktion und
Nutzung präfabriziert [7, 23, 26, 27]. Aufgrund des Betrachtungshorizonts liegen zu
diesem Zeitpunkt wenige Informationen und geringes Wissen über die zeitliche Entwicklung und Existenz potenzieller Anforderungen sowie deren Zusammenhänge
vor. Es ist inhärent ungewiss, welche zukünftigen Rahmenbedingungen existieren

könnten, welche Anforderungen im Zeitverlauf erfüllt werden müssen und welche Abhängigkeitsbeziehungen zwischen den einzelnen Anforderungen bestehen. Die möglichen Zukünfte bilden sequentiell-parallele Pfade aus, die einerseits potenzielle Evolutionspfade der Rahmenbedingungen im Zeitverlauf beschreiben und andererseits ex-ante als parallele Existenz mehrerer möglicher, voneinander abhängiger Zukunftszustände der Rahmenbedingungen wahrgenommen werden (vgl. Abbildung 1.7) [82]. Mögliche Veränderungen in den Rahmenbedingungen akkumulieren und beeinflussen sich über den weiteren Entwicklungs- und Nutzungszeitraum und können zu stark veränderten Rahmenbedingungen und damit Anforderungen im Vergleich zum Konzeptionszeitpunkt führen (vgl. [25]). Mögliche Lösungsansätze zur Erfüllung potenziell notwendiger Anforderungen sind teilweise noch in der Entwicklung oder vollkommen unbekannt (vgl. z. B. [25, 27]).

Zeitlich-sequentielle Betrachtung der Abhängigkeiten
und Veränderungen von Rahmenbedingungen

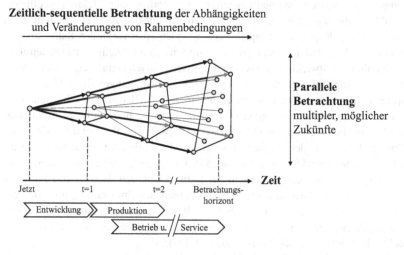

Abbildung 1.7 Prinzip der sequentiell-multiplen Zukunft. (in Anlehnung an [82])

Die Beurteilung des effizienten Einsatzes von Flexibilität ist nur eingeschränkt möglich, da die Auswirkungen einer Flexibilitätsintegration auf die Entwicklungsprojekt- und Produktziele nur grob oder gar nicht abgeschätzt werden können (vgl. z. B. [67]). Das Architekturkonzept ist noch nicht entworfen und die zukünftigen Zustände der Rahmenbedingungen sind unsicher. Die effektive Behandlung der Unsicherheit wird erschwert, da aufgrund der dynamischen Veränderungen der Rahmenbedingungen größtenteils unbekannt ist, welche Veränderungen überhaupt

existieren oder sich manifestieren könnten [27, 28, 41, 83]). Zur effizienten Realisierung der Flexibilität können daher nicht mehr einzelne Anforderungen optimiert
berücksichtigt werden, sondern es muss eine Menge an alternativen, voneinander
abhängigen, potenziellen Anforderungen betrachtet werden, die zu unterschiedlichen Zeitpunkten im Fahrzeuglebenszyklus existieren können (vgl. Abbildung 1.7).
Weitere Informationen und zusätzliches Wissen über die unsicheren Rahmenbedingungen kommen erst im Entwicklungsverlauf hinzu [25]. Aufgrund der Unsicherheit der marktbezogenen, technologischen und regulatorischen Rahmenbedingungen entsteht Unsicherheit darüber, wie das Architekturkonzept bezüglich der
Behandlung der Unsicherheit effektiv und bezüglich des Flexibilitätseinsatzes und
der -realisierung effizient zu gestalten ist (vgl. [16]).

Vorhandene Entwicklungsmethoden für Fahrzeug-Software- und Hardware-
Architekturen berücksichtigen das Element der Unsicherheit in den Rahmenbedingungen nur eingeschränkt und können die Konzeption einer effektiv und effizient
flexiblen Fahrzeug-Software- und -Hardware-Architektur aus diesem Grund nicht
erwirken (vgl. Kapitel 2). Beispielsweise wird Unsicherheit in den Rahmenbedingungen bei der Entwicklungsprojektziel- und Anforderungsdefinition in vielen aktuellen Fahrzeugentwicklungsprojekten nicht systematisch betrachtet, sondern durch
vorläufige Annahmen auf Basis erwarteter Rahmenbedingungen abgebildet, die sich
später allerdings wiederum ändern können [6, 84]. Die Unsicherheit bezüglich der
potenziell notwendigen Anforderungen an die Software- und Hardware-Architektur
wird auf die beteiligten Entwickler verlagert [25, 84]. Die effektive Behandlung der
Unsicherheit sowie der effiziente Einsatz von Flexibilität ist damit von der Ein-
schätzung des Individuums abhängig [84]. Gleichzeitig wirken Maßnahmen zur
Kosten- und Ressourceneffizienz in der Entwicklung dem Einsatz von Flexibilität entgegen [46]. Alternativ wird deshalb in manchen Entwicklungsprojekten ein
anzustrebender Umfang an Flexibilität auf Basis erwarteter Rahmenbedingungen
prognostiziert, der wegen des zeitlichen Horizonts allerdings, wie bereits dargestellt, nicht sicher abschätzbar ist (vgl. z. B. [67]).

Insgesamt besteht aufgrund fehlender methodischer Unterstützung das Risiko,
dass...

- ... Flexibilität in der Architekturgestalt für Komponenten vorgesehen wird, bei
  denen sie nicht benötigt wird (ineffizienter Einsatz, vgl. Audi A8 in Abschnitt
  1.1),

- ... an anderer Stelle Flexibilität fehlt, deren Vorhandensein aufgrund der Dynamik der Rahmenbedingungen angeraten wäre (ineffektive Behandlung, vgl. Porsche Taycan in Abschnitt 1.1)
- ... oder dass Flexibilität ineffizient realisiert wird, weil Abhängigkeitsbeziehungen ignoriert oder nicht ausgenutzt werden (ineffiziente Realisierung, vgl. Abbildung 1.7).

Im schlimmsten Fall würden zeitliche, qualitäts- oder kostenbezogene Restriktionen des Entwicklungsprojekts nicht eingehalten werden, um eine flexible Fahrzeug-Software- und -Hardware-Architektur zu konzipieren. Der Ressourceneinsatz zur Entwicklung und Realisierung der flexiblen Architektur wäre hoch und die Produktziele würden trotzdem verfehlt, weil zukünftige Anforderungen der unsicheren Rahmenbedingungen nicht durch die Flexibilität der Software- und Hardware-Architektur erfüllt werden können.

Industrielle Problemstellung: Die Gestaltung einer flexiblen Fahrzeug-Software- und Hardware-Architektur unter Unsicherheit der technologischen, marktbezogenen und regulatorischen Rahmenbedingungen wird von den vorhandenen, automobilen Entwicklungsmethoden nicht systematisch angeleitet. Durchzuführende Entwicklungstätigkeiten sowie Abwägungs- und Gestaltungsentscheidungen zur Absicherung der übergeordneten Produkt- und Entwicklungsprojektziele durch die Anpassbarkeit von Software und elektronischer Hardware unter der zielführenden Einhaltung der zeitlichen, qualitäts- oder kostenbezogenen Restriktionen des Entwicklungsprojekts sind nicht beschrieben. Die effektive Behandlung der Unsicherheit sowie der effiziente Einsatz und die effiziente Realisierung der Flexibilität kann nicht erwirkt werden.

Die Konzeption einer flexiblen Fahrzeug-Software- und Hardware-Architektur unter Unsicherheit muss daher methodisch unterstützt werden (vgl. [41]). Es ergibt sich die folgende Fragestellung aus industrieller Perspektive.

Industrielle Fragestellung: Wie muss die Fahrzeug-Software- und Hardware-Architektur unter unsicheren technologischen, marktbezogenen und regulatorischen Rahmenbedingungen in der frühen Entwicklungsphase methodisch konzipiert werden, um die Unsicherheit effektiv zu behandeln sowie die dafür benötigte Flexibilität effizient einzusetzen und zu realisieren?

1.3   Vorläufige Zielsetzung und Forschungsmethode

Abschnitt 1.1 und 1.2 zeigen den Forschungsbedarf bezüglich der effektiven Behandlung von Unsicherheit durch effizient eingesetzte und realisierte Flexibilität in der Fahrzeug-Software- und -Hardware-Architektur aus industrieller Perspektive auf. Aufgrund dieser Perspektive unterliegt der Forschungsbedarf allerdings einer Vorläufigkeit, da die Existenz einer wissenschaftlich zu lösenden Problemstellung oder Herausforderung bislang ungeklärt ist. Es bedarf einer Analyse des aktuellen Stands der Wissenschaft und Technik in Bezug auf die industrielle Problem- und Fragestellung, um anschließend im Rahmen einer wissenschaftlichen Kontextualisierung und Positionierung die Forschungslücke sowie die davon abzuleitende wissenschaftliche Herausforderung und Zielsetzung zu definieren (vgl. [85]).

Aus industrieller Perspektive ist das angestrebte, vorläufige Ziel dieser Arbeit, ein wissenschaftliches Verfahren – d. h. eine Methodik mit unterstützendem Werkzeug[6] – zu entwickeln, das die industrielle Problemstellung löst und die zugehörige Fragestellung beantwortet. Durch das Verfahren soll die Fahrzeug-Software- und -Hardware-Architektur unter unsicheren technologischen, marktbezogenen und regulatorischen Rahmenbedingungen derart konzipiert werden, dass die Unsicherheit effektiv behandelt und die dafür benötigte Flexibilität effizient eingesetzt und realisiert wird.

Forschungsgegenstand der Arbeit ist demzufolge die methodische Konzeption einer flexiblen Fahrzeug-Software- und -Hardware-Architektur unter Unsicherheit. Im Weiteren wird der Begriff der Hardware synonym für die Fahrzeugelektronik verwendet. Die Fahrzeugelektrik im Sinne der Leistungsversorgung durch das Bordnetz wird in dieser Arbeit explizit nicht betrachtet, da sich bereits aus der Berücksichtigung aller informationsaustauschenden und -verarbeitenden Komponenten ein ausreichendes Forschungspotenzial ergibt (vgl. [23]). Der Begriff der Fahrzeug-Software- und (elektronischen) -Hardware-Architektur ersetzt daher zur besseren terminologischen Abgrenzung den der Elektrik/Elektronik-Architektur (E/E-Architektur). Der Begriff des Fahrzeugs wird synonym zum Begriff des PKW verwendet. Industrieller Bezugsrahmen des Verfahrens ist die PKW-Entwicklung mit den zugehörigen Randbedingungen eines Fahrzeugentwicklungsprojekts.

Zur Erforschung und Entwicklung des Verfahrens wird der Forschungsmethode „Design Research Methodology" (DRM) nach Blessing et al. [85] gefolgt (vgl.

---

[6] Im Rahmen dieser Arbeit wird ein Verfahren als die Kombination einer Methode mit einem Werkzeug zur Umsetzung oder Unterstützung der Methode definiert (vgl. [86–88]). Die werkzeugbezogene Unterstützung in der Zielsetzung basiert auf der vorausschauenden Annahme einer vermutlich komplizierten Methodik.

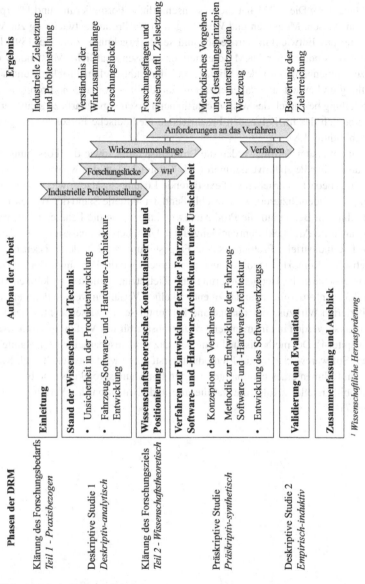

Abbildung 1.8 Aufbau der Arbeit

Abbildung 1.8). Die DRM hat die wissenschaftliche Formulierung und Überprüfung von Wissen, Methoden und Werkzeugen in der Produktentwicklung zur Verbesserung des Entwicklungsprozesses und seiner Ergebnisse zum Ziel [89]. Die deskriptive Studie 1 der DRM adressiert das wissenschaftliche Verständnis der Wirkzusammenhänge vor dem Hintergrund der industriellen Problem- und Fragestellung und eignet sich daher ebenfalls, um die hier vorhandene Problem- und Fragestellung bezüglich des wissenschaftlichen Forschungsbedarfs zu analysieren. Es ergibt sich das im Folgenden beschriebene methodische Forschungsvorgehen (vgl. Abbildung 1.8).

In einem ersten Schritt werden die Problemstellung sowie das Forschungsziel aus industrieller Perspektive definiert (vgl. Kapitel 1). Um den wissenschaftlichen Forschungsbedarf zu erheben und existierende Lösungsansätze sowie Wirkzusammenhänge zu identifizieren, wird anschließend der aktuelle Stand der Wissenschaft und Technik in Bezug auf die Produktentwicklung sowie die Fahrzeug-Software- und -Hardware-Architekturentwicklung unter Unsicherheit analysiert (vgl. Kapitel 2). Die industrielle Problem- sowie Fragestellung wird in den wissenschaftstheoretischen Kontext eingeordnet und positioniert, um die Forschungslücke sowie die wissenschaftliche Herausforderung und Zielsetzung ableiten zu können (vgl. Kapitel 3). Anforderungen an das zu entwickelnde Verfahren werden definiert. Die identifizierten Wirkzusammenhänge und Erkenntnisse der wissenschaftlichen Problemanalyse werden in einem ersten Lösungsansatz für das Verfahren synthetisiert (vgl. Kapitel 4). Der methodische Lösungsansatz wird ausgearbeitet (vgl. Kapitel 5) und das Softwarewerkzeug zur Methodikunterstützung wird entwickelt (vgl. Kapitel 6). Im Rahmen eines national geförderten Forschungsprojekts sowie bei einem Automobilhersteller erfolgt die Validierung und Evaluation des Verfahrens (vgl. Kapitel 7).

Stand der Wissenschaft und Technik

2

Das folgende Kapitel 2 repräsentiert die deskriptive Studie 1 der angewendeten Forschungsmethode. Im ersten Teil (vgl. Abschnitt 2.1) werden die Begriffe der Unsicherheit und Flexibilität bezüglich ihrer Eigenschaften und Wirkungsweise terminologisch eingeordnet und existierende Methoden zur flexiblen Produktentwicklung unter Unsicherheit aufgezeigt. Abschnitt 2.2 stellt den Stand der Wissenschaft und Technik im Bereich der Fahrzeug-Software- und -Hardware-Architekturentwicklung dar.

2.1 Unsicherheit und Flexibilität in der Produktentwicklung

Jede logisch geleitete Argumentation über die Zukunft – egal auf welchem Fachgebiet – ist inhärent mit unvollständigem Wissen und damit Unsicherheit verbunden [25]. Aus diesem Grund haben verschiedene Forschungsdisziplinen unterschiedliche Definitionen des Begriffs, diverse Gliederungsdimensionen und differierende, methodische Ansätze im Umgang mit Unsicherheit entwickelt [21, 90], die im Folgenden im Kontext der Produktentwicklung aufgezeigt werden sollen.

Ergänzende Information Die elektronische Version dieses Kapitels enthält Zusatzmaterial, auf das über folgenden Link zugegriffen werden kann https://doi.org/10.1007/978-3-658-42804-4_2.

2.1.1 Begriffsdefinition „Unsicherheit"

Nach Weck et al. [21] wird der Begriff „Unsicherheit" in der Produktentwicklung oft als amorphes Konzept verwendet. Dementsprechend differenziert zeigen sich auch wissenschaftliche Definitionsversuche der Unsicherheit sowie an- und abgrenzender Begrifflichkeiten. Einem Großteil der Definitionen liegt allerdings eine daten-, informations- oder wissensbezogene Perspektive zu Grunde.

So setzen Smets [91] und Luft et al. [83] ihren fokalen Beschreibungspunkt der Unsicherheit auf die Unvollkommenheit oder das vollständige Fehlen von Daten und Informationen zur Entscheidungsfindung. Smets [91] differenziert die Unvollkommenheit von Daten in Ungenauigkeit, Inkonsistenz und Unsicherheit aus. Ungenauigkeit und Inkonsistenz beschreiben den Inhalt der Daten. Unsicherheit entsteht durch fehlende Information und steht dementsprechend in einem Wechselspiel mit der Ungenauigkeit: Je genauer die angegebenen Daten, desto unsicherer ist üblicherweise die Aussage, die die Daten beinhaltet [91].

McManus et al. [92] und Walker et al. [93] definieren Unsicherheit als fehlendes Wissen. Wissen beschreibt miteinander verknüpfte Informationen, Kenntnisse und Fähigkeiten einer Person, die das Handeln in einem bestimmten Erfahrungskontext ermöglichen [94, 95]. Unsicherheit ist daher einerseits abhängig von der verfügbaren Information aber auch von der Unsicherheit wahrnehmenden Entität, die die Informationen abhängig vom Betrachtungsgegenstand interpretiert, in ihre Wissensstruktur einbettet und verknüpft [25, 92]. Für McManus et al. [92] und Kreye et al. [96] existiert Unsicherheit daher innerhalb der Wissensbasis einer Person oder einer Organisation. McManus et al. [92] unterscheiden nochmals zwischen einem Mangel an Wissen und einem Mangel an Definition. Der Mangel an Wissen resultiert aus fehlender Information, die bislang noch nicht erfasst oder generiert wurde beziehungsweise in der Zukunft angesiedelt ist. Ausstehende Entscheidungen oder eine noch nicht getätigte Spezifikationen verursacht den Mangel an Definition [25, 92].

Zusätzlich adressieren einige Autoren in ihrer Definition den spezifischen Kontext der Unsicherheit, in dem das unvollständige Wissen angewendet werden soll, und der der fehlenden Information beziehungsweise dem fehlenden Wissen damit erst Bedeutung zuweist. Zimmermann [97], Smets [91], Thunnissen [90] und Han et al. [53] beschreiben diesen Kontext beispielsweise als zu treffende Entscheidung, ausstehende Spezifikation, vorzunehmende Gestaltung oder Vorhersage eines zukünftigen Zustands für ein System, dessen Eigenschaften oder dessen Verhalten. Der Kontext definiert somit den Grad der Unsicherheit [25].

Weitere terminologische Abgrenzungen des Unsicherheitsbegriffs existieren (vgl. z. B. [25, 57, 78, 98, 99] die sich unter den genannten Aspekten subsumieren lassen. Im Zusammenhang der Produkt- beziehungsweise Architekturentwicklung definieren Suh et al. [78] und Naab [98] Unsicherheit beispielsweise als mögliche, zukünftige Veränderung der Produktgestalt oder -spezifikation. Unsicherheit tritt deshalb insbesondere dann auf, wenn mögliche, zukünftige Entwicklungen betrachtet werden [25].

Aufbauend auf diesen Begriffsdefinitionen wird Unsicherheit im Rahmen dieser Arbeit wie folgt definiert.

Definition „Unsicherheit": Unsicherheit repräsentiert einen individuellen Zustand unvollständigen Wissens über den zukünftigen Zustand einer Systemgröße von Interesse, wobei mehrere zukünftige Zustände möglich sind. Einer oder mehrere der möglichen, zukünftigen Zustände werden innerhalb eines als relevant definierten Betrachtungshorizonts angenommen.

Die möglichen, zukünftigen Zustände von Interesse werden als Ausprägungen bezeichnet. Ein Unsicherheitsfaktor beschreibt einen bestimmten Umstand von Unsicherheit, indem er eine konkrete, unsichere Systemgröße mit ihren Ausprägungen und Aspekten sowie den zugehörigen Informationen und dem Wissen darüber repräsentiert. Aspekte – auch Dimensionen genannt – sind spezifische Sichtweisen auf die Systemgröße von Interesse, die wiederum gemeinsam die Systemgröße vollständig beschreiben. Eine Kombination spezifischer Ausprägungen der jeweiligen Aspekte wird Szenario genannt und ist selbst wiederum eine Ausprägung.

In Abgrenzung zum Begriff der Unsicherheit stellt der eng verwandte Begriff des Risikos die „Auswirkung von Unsicherheit auf Ziele" dar [100]. Das Risiko wird dementsprechend oftmals als die Eintrittswahrscheinlichkeit[1] eines unsicheren Ereignisses multipliziert mit den bewerteten Auswirkungen des Ereignisses definiert [25, 99]. Die Bewertung von Unsicherheit bezüglich ihrer Relevanz im konkreten Betrachtungsfall – z. B. ob sie ignoriert, berücksichtigt oder behandelt werden soll – muss daher durch das damit verbundene Risikos erfolgen (vgl. Abschnitt 2.1.5).

2.1.2 Gliederungsdimensionen von Unsicherheit

Unsicherheiten als situative Zustände können sich bezüglich ihrer Merkmale unterscheiden. Für die Beschreibung dieser Merkmale sowie für die Einordnung und für

---

[1] zur Bezugsgröße „Wahrscheinlichkeit" im Kontext der Unsicherheit vgl. Abschnitt 2.1.4

den Umgang mit Unsicherheit existieren in der wissenschaftlichen Literatur daher
unterschiedliche Gliederungsdimensionen.

Die am weitesten verbreitete Gliederungsdimension unterteilt Unsicherheit
gemäß ihres Charakters in aleatorische und epistemologische Unsicherheit: Aleatorische Unsicherheit steht für systeminhärente Variabilität. Sie ist zufälligkeitsbasiert
und unvorhersehbar [43, 83]. Aleatorische Unsicherheit kann in vielen Fällen sto-
chastisch oder wahrscheinlichkeitstheoretisch beschrieben werden [43, 83] und ist
oft nicht durch die zusätzliche Akkumulation von Wissen, Informationen oder Daten
reduzierbar [25]. Epistemologische Unsicherheit basiert hingegen auf unvollständigen oder nicht vorhandenen Daten, Informationen oder Wissen [83] die mit rea-
listischem Aufwand zu beschaffen oder zu erzeugen wären [25]. Epistemologische
Unsicherheit wird daher auch als Ungenauigkeit oder subjektive Wahrscheinlichkeit
bezeichnet und mit mangelnder Festlegung oder unzureichender Informationsbeschaffung assoziiert [25, 43]. Sie ist reduzierbar [25]. Die Abgrenzung der beiden
Begrifflichkeiten ist dabei in der Literatur sowie in der Praxis nicht trennscharf. Im
Rahmen dieser Arbeit soll der Charakterisierung von Muschik [25] und Chalupnik et al. [43] gefolgt werden, die aleatorische Unsicherheit als nicht-reduzierbare,
unvorhersagbare und epistemologische Unsicherheit als reduzierbare Unsicherheit
definieren.

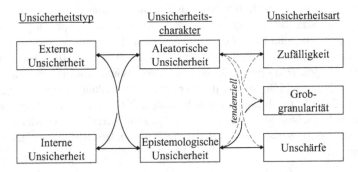

Abbildung 2.1 Gliederungsdimensionen von Unsicherheit in der Produktentwicklung. (in
Anlehnung an [53])

In Anlehnung an die Charakterisierung von Unsicherheit in aleatorisch und epis-
temologisch untergliedern Han et al. [53] diese nach dem Unsicherheitsgrund in die
Unsicherheit aufgrund von Zufälligkeit, Grobgranularität und Unschärfe, die im Folgenden als Unsicherheitsarten bezeichnet werden. Die Zufälligkeit entsteht durch

das betrachtete System, das sich inhärent variabel verhält [53]. Die Unsicherheit aufgrund von Grobgranularität stellt einen Sachverhalt dar, in dem Unsicherheit aufgrund akkurater, aber unvollständiger oder zu gering aufgelöster Informationen entsteht [53, 101]. Unsicherheit aufgrund von Unschärfe beschreibt einen Zustand, in dem entweder die Beschreibung der Daten ungenau oder deren gegenseitige Abgrenzung unscharf ist [53, 102]. Der Grund aleatorischer Unsicherheit ist daher tendenziell die Zufälligkeit, während sich die epistemologische Unsicherheit weiter in die Grobgranularität und die Unschärfe unterteilt (vgl. Abbildung 2.1) [53]. Grundsätzlich sind die beiden Gliederungsdimensionen jedoch unabhängig voneinander.

Orthogonal dazu wird als dritte Dimension bezüglich der Quelle der Unsicherheit zwischen interner (endogener) und externer (exogener) Unsicherheit unterschieden (vgl. Abbildung 2.2) [21, 37]. Externe Unsicherheitsquellen zeichnen sich durch einen zunehmenden Schwierigkeitsgrad der Unsicherheitsreduktion und eine abnehmende Möglichkeit der Einflussnahme gegenüber internen Unsicherheitsquellen aus [37]. Die anwendungsfallbezogene Unterteilung zwischen „intern" und „extern" ist von den gewählten Systemgrenzen abhängig [25] die jedoch oft produkt-, projekt- oder unternehmensbezogen gesetzt werden [21].

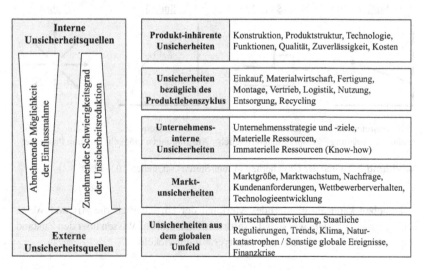

Abbildung 2.2 Interne und externe Quellen von Unsicherheit. (Quelle: [37])

Als weitere Gliederungsdimension unterteilen Courtney et al. [103, 104] und Romeike [105] Unsicherheit in fünf Stufen gemäß des Grades an Unsicherheit im spezifischen Kontext, in dem das Wissen angewendet werden soll (vgl. Abbildung 2.3). Unsicherheit der Stufe 0 bezeichnet einen Zustand absoluter Sicherheit unter vollständiger Information und Wissen. Stufe-1-Unsicherheit existiert, wenn die Variation möglicher Zukunftszustände so gering ist, dass sie für den spezifischen Anwendungskontext des Wissens irrelevant ist. Bei Unsicherheit der Stufe 2 existiert eine beschränkte, diskrete Menge alternativer Zukunftszustände. Stufe-2-Unsicherheit lässt sich zumeist bei ausstehenden regulatorischen und gesetzlichen Entscheidungen sowie in Bezug auf das Verhalten eines Wettbewerbers beobachten [103]. Bei Stufe-3-Unsicherheit kann die Bandbreite möglicher, zukünftiger Zustände abgeschätzt werden. Diskrete, alternative Prognosen sind allerdings nicht möglich [103, 104]. Bei Unsicherheit der Stufe 4 kann die Bandbreite zukünftiger Zustände nicht mehr mit Sicherheit bestimmt werden. Mögliche Zukunftsausprägungen sind vollkommen unbekannt[2] [103]. Stufe-4-Unsicherheit entsteht bei radikalen oder disruptiven technologischen, sozialen und wirtschaftlichen Veränderungen am Markt [104].

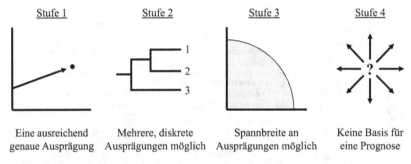

Abbildung 2.3 Grad der Unsicherheit in fünf Stufen[3]. (Quelle: [103–105])

Daneben kann als gliederndes Merkmal der Unsicherheit die Art und Weise herangezogen werden, wie sich die Informationen und das Wissen über den Zustand der Systemgröße von Interesse im Zeitverlauf entwickeln.

---

[2] nach Knight [106] „echte" Unsicherheit

[3] Die Stufe-0-Unsicherheit beschreibt einen Zustand vollständigen Wissens und ist daher hier nicht abgebildet.

In Abhängigkeit der unterschiedlichen Autoren wird dabei betrachtet...

- ... wie häufig sich das Wissen oder die Informationen über den Zustand der Systemgröße von Interesse verändern (Änderungsfrequenz, vgl. z. B. [79, 107]),
- ... wie plötzlich[4] neues Wissen oder neue Informationen hinzukommen (Abruptheit, vgl. z. B. [108]),
- ... wie schnell auf eine Wissens- beziehungsweise Informationsveränderung reagiert wird (Unverzüglichkeit, vgl. z. B. [57, 106]).

Weitere Gliederungsdimensionen für Unsicherheit sind zum Beispiel in Muschik [25], de Weck et al. [21], McManus et al. [92], Luft et al. [37], [83], Thunnissen [90], Armour [109]) sowie Zimmermann [110] beschrieben und fokussieren unter anderem die Verortung von Unsicherheit im Produktentwicklungsprozess oder die der Unsicherheit zugrunde liegende Datenqualität. Sie beschreiben für die Problemstellung und -lösung irrelevante Aspekte der Unsicherheit und werden daher aus Umfangsgründen im Folgenden nicht weiter berücksichtigt. Unsicherheit wird im Rahmen dieser Arbeit entlang von vier Gliederungsdimensionen betrachtet (vgl. [21, 25, 37, 43]):

- Die interne und externe Unsicherheit beschreibt die Gliederungsdimension „Typ".
- Die Gliederungsdimension „Charakter" unterteilt die Unsicherheit in aleatorische (nicht-reduzierbare) und epistemologische (reduzierbare) Unsicherheit.
- Die Unsicherheit entsteht aufgrund inhärenter oder wahrgenommener Zufälligkeit des Systems, aufgrund von Grobgranularität durch unvollständige Informationen oder aufgrund von Unschärfe in den Daten (Gliederungsdimension: Art) [53].
- Der Grad der Unsicherheit als Gliederungsdimension wird in die fünf Stufen nach Courtney et al. [103] untergliedert (vgl. Abbildung 2.3).

Bei der Unsicherheit der technologischen, marktbezogenen und regulatorischen Rahmenbedingungen handelt es sich um externe, aleatorische Unsicherheit, die nur eingeschränkt reduzierbar oder zu kontrollieren ist (vgl. [25, 37]). Die Änderungsfrequenz und -abruptheit des der Unsicherheit zugrunde liegenden Wissens und der Informationen ergibt sich bei einer zeitlich fortlaufenden Beschreibung der Unsicherheit in den genannten Gliederungsdimensionen aus denselben.

---

[4] d. h. konzentriert auf einen kurzen Zeitabschnitt

2.1.3 Begriffsdefinition „Flexibilität"

Unsicherheit ist nach Naab [98] inhärent mit dem Begriff der Flexibilität verbunden. Flexibilität unterstützt die mit dem Produkt verfolgten Ziele und ermöglicht es, diese auch unter veränderten Rahmenbedingungen – das heißt Unsicherheit – zu erreichen [56]. Gemäß Löffler [111] und Westkämper et al. [112] wird ein System „als flexibel bezeichnet, wenn es im Rahmen eines prinzipiell vorgedachten Umfangs von Merkmalen sowie deren qualitativen und quantitativen Ausprägungen an veränderte Gegebenheiten unter geringem Aufwand, das heißt in kurzer Zeit zu geringen Kosten, [...] anpassbar ist." Flexibilität stellt damit eine prinzipielle Möglichkeit zur Behandlung von Unsicherheit dar, wenn sie die aufwandsarme Anpassung eines Systems an sich verändernde, initial unsichere Gegebenheiten ermöglicht (vgl. Abschnitt 1.2) [43, 57, 77]). Chalupnik et al. [43] unterscheiden grundsätzlich drei Strategien im Umgang mit Unsicherheit:

• Unsicherheit kann ignoriert und auf Veränderungen nur reaktiv agiert werden.

• Unsicherheit kann durch die Akkumulation von weiteren Informationen und Wissen reduziert werden.

• Das System kann gegen den Einfluss der Unsicherheit abgesichert werden.

Die Reduktion von Unsicherheit durch die zusätzliche Akkumulation von Informationen und Wissen ist nur bei reduzierbarer (epistemologischer) Unsicherheit möglich. Der Aufwand zur Sammlung von Informationen und Ableitung von Wissen ist in der Praxis jedoch oft aufwendig oder nicht möglich [43]. Chalupnik et al. [43] kommen daher zu dem Ergebnis, dass die Absicherung des zu entwickelnden Systems gegen die Folgen von Unsicherheit, wie es beispielsweise durch die Integration von Flexibilität erfolgt, die einzig praktikable Strategie im Umgang mit nicht-reduzierbarer (aleatorischer) Unsicherheit darstellt [43]. Die Notwendigkeit von Flexibilität beziehungsweise deren Umfang ist damit an den Unsicherheitscharakter und die -art gekoppelt [80].

    In Abhängigkeit der gewählten Flexibilitätsdefinition ist der Umfang an potenziell notwendigen Anpassungen, der durch die Unsicherheit impliziert und durch die Flexibilität aufwandsarm ermöglicht werden soll, daher absehbar [111–113] bis vollkommen unbekannt [54] und kann sowohl die Funktions- als auch die Produktstruktur umfassen [114]. Spath et al. [80] definieren Flexibilität als „Fähigkeit zur Veränderung in vorgehaltenen Dimensionen und Szenarien sowie definierten Zeiträumen" und adressieren damit zwei weitere Aspekte der Flexibilität. Einerseits wird der prinzipiell vorgedachte Umfang an möglichen Anpassungen nicht nur ausprägungsbezogen verstanden sondern auch zeitbezogen aufgefasst. Andererseits wird auf die notwendigen Anpassungen eines Produkts zur Realisierung von Flexibilität hingewiesen. Die Realisierung von Flexibilität umfasst einen antizipierenden Anteil, der die vorausschauende, proaktive Ausgestaltung des Produkts für die spätere, aufwandsarme Anpassbarkeit betrifft. Zusätzlich existiert ein reaktiver Anteil, der die aufwandsarme Anpassungsfähigkeit des Produkts im Bedarfsfall adressiert (vgl. Abbildung 2.4) [80].

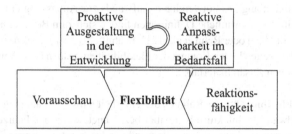

Abbildung 2.4 Die Realisierung von Flexibilität als Kombination eines antizipierenden und reaktiven Anteils. (in Anlehnung an [80])

Die Realisierung von Flexibilität weist die Charakteristika einer Option auf: In Analogie zu einer Finanzoption stellt sie das Recht dar, etwas unter vordefinierten Bedingungen tun zu können (reaktiver Anteil, Anpassbarkeit im Bedarfsfall), ohne damit die Verpflichtung einzugehen, es tun zu müssen. Eine Option muss zur Ausübung allerdings zuerst geschaffen[5] werden (antizipierender Anteil, proaktive Ausgestaltung) [115, 116]. Flexible Elemente eines Systems können somit als reale Optionen im Produktentwicklungskontext angesehen werden [115, 117].

In unscharfer Abtrennung zum Begriff der Flexibilität lassen sich in der Literatur Begrifflichkeiten wie Resilienz, Wandelbarkeit, Adaptivität und Robustheit finden. Robustheit bezeichnet in Abhängigkeit der unterschiedlichen Autoren die Eigenschaft eines Systems, seine Einsatzfähigkeit unter externer Unsicherheit aufrecht zu erhalten [57, 118], sein Verhalten bei streuenden Eingangsgrößen nur minimal zu verändern [83] oder die Fähigkeit, die intendierte beziehungsweise spezifizierte Funktion zu erfüllen [43, 55], [57, 117]. Eine reaktive Anpassung oder Änderung des Systems ist dabei nicht notwendig [55]. Wandelbarkeit wird in der Produktionsforschung in Abgrenzung zur Flexibilität und Robustheit als Anpassungsmöglichkeit definiert, die eine Veränderung der zugrunde liegenden Struktur ermöglicht und es damit erlaubt, zwischen prinzipiell vorgedachten Umfängen – sogenannten Flexi-

[5] im Finanzwesen gekauft

bilitätskorridoren – zu wechseln [111–113, 119]. Eine derartige Unterscheidung lässt sich in der Produktentwicklungsforschung bis auf wenige Ausnahmen (vgl. z. B. [82]) nicht feststellen. Das Neu- und Umgestalten von Produkten sowie das Vordenken der anpassungsfähigen Strukturen ist Teil der Produktentwicklungsaufgabe und unterscheidet sich nur durch den damit verbundenen Aufwand von der Ausübung von Flexibilität beziehungsweise Wandlungsfähigkeit (vgl. [77, 113]). Block [77] definiert Flexibilität und Wandelbarkeit beispielsweise nahezu synonym als Kontinuum entlang des notwendigen Aufwands zur Anpassung eines Systems (vgl. Abschnitt 2.1.4). Ähnliche Definitionen finden sich zum Beispiel in Fricke et al. [55], Bischof [120] oder Rehn et al. [121]. In ähnlicher Weise lassen sich die weiteren Begrifflichkeiten in den Kontext der Flexibilität einordnen (vgl. Anhang A.3.1 im elektronischen Zusatzmaterial).

Definition „Flexibilität": Im Rahmen dieser Arbeit wird eine Fahrzeug-Software- und -Hardware-Architektur als flexibel bezeichnet, wenn das Fahrzeug bis zu einem bestimmten Zeitpunkt im Lebenszyklus durch aufwandsarme[6] Änderungen der Software und Hardware an einen während der Entwicklung prinzipiell vorgedachten Umfang an zukünftig potenziell geforderte Anforderungen angepasst werden kann.

Flexibilität beschreibt demzufolge eine Anpassbarkeitseigenschaft der Fahrzeug-Software- und -Hardware-Architektur. Die technischen Lösungen, um Flexibilität in der Architektur zu realisieren, werden im Folgenden als Flexibilitätsmechanismen bezeichnet (vgl. [123–126]). Flexibilitätsmechanismen sind in sich geschlossene, zwangsläufig funktionierende Systeme, die die aufwandsarmen Anpassungen ermöglichen und durch die die Anpassungen im Bedarfsfall durchgeführt werden können (vgl. [125–127]). Sie schaffen Optionen für die aufwandsarmen Änderungen und verfügen daher über einen antizipierenden und reaktiven Anteil (vgl. Abbildung 2.4). Robustheit als Insensitivität gegenüber äußeren Veränderungen[7], Wandelbarkeit als Flexibilität mit großem reaktiven Anteil (vgl. [77]) und Adaptivität als Möglichkeit zur Selbstanpassung unterstützten die Flexibilität eines Systems

---

[6] Der Aufwand wird im Rahmen dieser Arbeit als Mitteleinsatz verstanden [122], der eine zeitbezogene Dimension (z. B. Änderung in kurzer Zeit) sowie eine wertbezogene Dimension (z. B. Änderung zu geringen Kosten) aufweist (vgl. [111]). Im Kontext flexibler Software- und Hardware-Architekturen wird die aufwandsarme Änderung vornehmlich in der wertbezogenen Dimension verstanden, während in der zeitbezogenen Dimension die Rechtzeitigkeit oftmals ausreichend ist (z. B. dass auf neue Kundenbedürfnisse schnell genug reagiert werden kann, sodass keine Marktanteile verloren gehen).
[7] reaktiver Änderungsaufwand gleich null

und bezeichnen unterschiedliche Arten, Flexibilität zu realisieren. Der Flexibilitätsgrad beschreibt den prinzipiell vorgedachten Umfang an zu berücksichtigenden, zukünftig potenziell geforderten Anforderungen der Flexibilität.

2.1.4 Mathematische Theorien zur Beschreibung von Unsicherheit und Flexibilität

Während die Begriffsdefinitionen und Gliederungsdimensionen von Unsicherheit und Flexibilität maßgeblich der qualitativen Beschreibung und Eingrenzung dienen, definieren die mathematischen Theorien Operationen auf den vorhandenen Informationen und dem vorhandenen Wissen, um Kennzahlen zum Umgang mit und zur Bewertung von Unsicherheit und Flexibilität zu generieren [21, 110, 128, 129]. Sie bauen dabei auf einem axiomatischen Verständnis der Begrifflichkeiten auf [110, 130], die eine bestimmte Art der Unsicherheit und Flexibilität beschreiben [97, 110, 128]. In Bezug auf diese wird im Folgenden für die mathematische Beschreibung von Unsicherheit die Gliederung nach Han et al. [53] in Zufälligkeit, Unschärfe und Grobgranularität zugrunde gelegt (vgl. Abschnitt 2.1.2). Es wird die Wahrscheinlichkeitstheorie nach den Axiomen vom Kolmogorov, die Fuzzy-Set-Theorie, die Rough-Set-Theorie sowie die Evidenztheorie nach Dempster und Shafer einführend vorgestellt (vgl. Abbildung 2.5). Eine ausführliche Definition und tiefergehende Einführung in die einzelnen Theorien bieten zum Beispiel (Seising [131], Ayyub et al. [130] und Beierle et al. [128]).

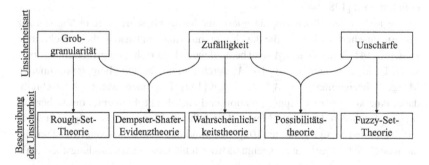

Abbildung 2.5 Schematische Zuordnung der mathematischen Theorien zu den Unsicherheitsarten. (in Anlehnung an [53])

Die inhärente oder wahrgenommene Zufälligkeit eines Systems wird in der bayes'schen Interpretation der Wahrscheinlichkeitstheorie[8] durch eine Zufallsvariable $\mathscr{X}$ mit der Ergebnismenge Ω sowie ihren Ausprägungen $\omega \in \Omega$ beschrieben, die den Axiomen von Kolmogorov genügen [130, 132–135]: Jeder Menge $A \subseteq \Omega$ wird eine Wahrscheinlichkeit $P(A) \in [0; 1]$ zugeordnet[9], wobei $P(\Omega) = 1$ und $P(A \cup B) = P(A) + P(B)$ gilt, mit $A \cap B = \emptyset$ und $A, B \subseteq \Omega$ [134]. $P(A)$ beschreibt dabei, wie plausibel das Auftreten von A unter dem aktuell vorhandenen Wissen ist [132].

Unsicherheit, die aufgrund unscharfer Datenbeschreibung, -abgrenzung oder aufgrund vager Konzepte existiert, kann mathematisch durch die Theorie unscharfer Mengen (Fuzzy-Set-Theorie) abgebildet werden [53, 136]. Eine unscharfe Menge A wird im Gegensatz zu einer „klassischen" Menge nicht durch ihre Elemente, sondern durch eine Zugehörigkeitsfunktion $\mu_A : \Omega \to [0; 1]$ definiert, die jedem Element ω der Grundgesamtheit Ω einen Zugehörigkeitsgrad zwischen 0 und 1 zur Menge A zuweist [128, 137]. Während wahrscheinlichkeitstheoretische Modellierungen eine Aussage über die Wahrscheinlichkeit machen, dass eine Zufallsvariable eine gewisse Ausprägung annimmt, sind unscharfe Mengen dazu geeignet, Unschärfe zum Beispiel in Form vager Konzepte oder unscharfer Hypothesen abzubilden [53, 138]. Sie werden beispielsweise zur Kodierung sprachlicher Formulierungen wie „deutlich größer", „ungefähr" oder auch „schön" eingesetzt [137, 139]. Unscharfe Mengen können wiederum durch sogenannte Alpha-Niveaumengen $A_{>\alpha} = \{a \in A | \mu_A(a) > \alpha\}$ mit $\alpha \in [0; 1]$ als diskrete Mengen $A_{>\alpha}$ dargestellt werden [128]. Für den Vereinigungsoperator unscharfer Mengen gilt üblicherweise $\mu_{A \cup B} := \max\{\mu_A, \mu_B\}$, während für die Schnittmenge $\mu_{A \cap B} := \min\{\mu_A, \mu_B\}$ definiert wird [128, 140].

Die Rough-Set-Theorie repräsentiert eine Mengenbeschreibung orthogonal zur Theorie unscharfer Mengen, die die Grobgranularität von Unsicherheit beschreiben kann [53, 141]: Eine Menge A wird bei fehlenden Unterscheidungsmerkmalen zwischen Elementen intervallartig $[\underline{A}; \overline{A}]$ durch ihre untere und obere approximative Menge $\underline{A}$ beziehungsweise $\overline{A}$ beschrieben [142]. Die untere Menge $\underline{A}$ beschreibt dabei eine konservative Approximation und enthält alle Elemente, die sicher zur Menge A gehören. Die obere Menge $\overline{A}$ enthält alle Elemente, die möglicherweise zur definierten Menge gehören [101]. Aufgrund des approximativen Charakters ist die Rough-Set-Theorie dazu geeignet, trotz fehlender Unterscheidungsmerkmale

---

[8] Eine ausführlichere Diskussion der Unterschiede zwischen frequentistischer und subjektiver sowie objektiver bayes'scher Interpretation der Wahrscheinlichkeitstheorie bieten Beck [132], Jaynes [133] und Ayyub et al. [130].

[9] $P(A) \triangleq P(\mathscr{X} \in A)$

Aussagen über Elemente von A zu treffen. Sie eignet sich daher zur Beschreibung von scharfer aber unvollständiger oder zu gering aufgelöster Information [53].

Parallel zu den mathematischen Theorien, die die Unsicherheit einzeln entweder als Grobgranularität, Unschärfe oder Zufälligkeit modellieren, existieren weitere Theorien, die in ihren Axiomen mehrere dieser Aspekte vereinigen (vgl. Abbildung 2.5). Unter spezifischen Interpretationen und Annahmen können diese auch als Kombination der bereits vorgestellten mathematischen Theorien aufgefasst werden (vgl. Abbildung 2.5, [141, 143, 144]).

Die Dempster-Shafer-Evidenztheorie modelliert beispielsweise grobgranulare Informationen in zufälligem Umfeld durch eine untere Wahrscheinlichkeit $bel(A) \leq P(A)$, die sogenannte Glaubensfunktion (Belief Function), und eine obere Wahrscheinlichkeit $pl(A) \geq P(A)$, die sogenannte Plausibilitätsfunktion (Plausibility Function), für jede Menge $A \subseteq \Omega$ an möglichen Ausprägungen [145, 146]. Die Eintrittswahrscheinlichkeiten $P(\omega)$ bestimmter Ereignisse $\omega \in \Omega$ müssen dabei nicht feingranular bestimmt sein, sondern können auch grob über die Zuweisung eines Wertes zu einer Menge $A \subseteq \Omega$ erfolgen [147]. Gemäß der Terminologie vertritt die Dempster-Shafer-Evidenztheorie dabei eine subjektivistische Interpretation, die die Wahrscheinlichkeitsaussagen als Glaubenseinschätzung (sog. Glaubensaussagen) eines Betrachters bezüglich des realen Zustands von etwas interpretiert, wobei der Betrachter als informationsverarbeitendes System agiert und den Zustand gemäß der ihm zur Verfügung stehenden Daten und Informationen wiedergibt [110, 148]. Glaubensaussagen unterschiedlicher Betrachter lassen sich über sogenannte Kombinationsregeln aggregieren, um Widersprüche in den Aussagen zu verarbeiten oder aufzulösen (vgl. z. B. [145, 149]). Durch die obere und untere Wahrscheinlichkeit $bel(A)$ und $pl(A)$ kann grobgranulare Unsicherheit bezüglich der Eintrittswahrscheinlichkeit oder bezüglich der zu Grunde liegenden Informationen bei vorhandener Zufälligkeit abgebildet werden (vgl. [128, 141, 150, 151]). Für Aussagen, bei denen die obere und untere Wahrscheinlichkeit $bel(A) = pl(A)$ ist und alle Wahrscheinlichkeiten Einzelelementen zugeordnet sind, reduziert sich die mathematische Beschreibung auf die Wahrscheinlichkeitstheorie nach den Axiomen von Kolmogorov [128, 151].

Die Possibilitätstheorie liegt formal gesehen zwischen der Theorie unscharfer Mengen und der Wahrscheinlichkeitstheorie [152]. Nach Zadeh [143] induziert eine unscharfe Menge von Ausprägungen einer Zufallsvariablen eine Verteilung, die die Möglichkeit $pos(\omega)$ und Notwendigkeit $nec(\omega)$ beschreibt, dass die reale Ausprägung $\omega \in \Omega$ der Zufallsvariablen zu dieser Menge gehört. In Relation zur Dempster-Shafer-Evidenztheorie beschreiben die Begriffe Notwendigkeit und Möglichkeit ebenfalls untere und obere Grenzen für die Wahrscheinlichkeit, die hingegen unschärfeinduziert sind (vgl. [145, 152]).

Weitere mathematische Theorien zur Beschreibung von Unsicherheit, wie die Rough-Numbers-Theorie (vgl. [101]), die Grey-System-Theorie (vgl. [153]) oder die Intervallarithmetik (vgl. [154]) lassen sich in ähnlicher Weise im Umfeld der bereits genannten mathematischen Theorien verorten (vgl. [110, 130]). Sie sind allerdings für das weitere Verständnis dieser Arbeit von untergeordneter Bedeutung, da sie entweder aus den bereits vorgestellten Theorien abgeleitet werden können oder spezifische Aspekte der Unsicherheit beschreiben, die für die Problemstellung und -lösung dieser Arbeit irrelevant sind. Die zeitliche Entwicklung der Unsicherheit bezüglich Änderungsfrequenz und -abruptheit kann über Zeitreihen beschrieben und analysiert werden (vgl. [105, 108]).

Komplementär dazu beschreibt die normative Entscheidungstheorie sowie die Spieltheorie präskriptive, mathematische Modelle zur Bewertung und Entscheidungsfindung unter Unsicherheit. Obermaier et al. [135], Luft et al. [83] und Kreye et al. [129] bieten einen Überblick über die Anwendung der zugehörigen mathematischen Konstrukte unter anderem für Entwicklungsprozesse unter Unsicherheit und zeigen Ansätze zur Entscheidungsfindung bei unbekannten Zukunftsausprägungen oder unbekannten Wahrscheinlichkeitswerten auf. Die Unsicherheit wird dabei gemäß der Risikodefinition durch die möglichen Auswirkungen bewertet [135]. Die Ergebnisse werden durch eine Risikonutzenfunktion, die die Risikoaversion, -neutralität oder -freude des Entscheidungssubjekts beschreibt, transformiert [135].

Analog zur Bewertung und Kennzahlengenerierung für die Unsicherheit stehen ebenfalls mathematische Theorien der Flexibilität zur Verfügung. Yassine et al. [155], Clarkson et al. [156], Eckert et al. [157], Suh et al. [158], Martin et al. [159], Giffin [107] und Koh [160] analysieren die Flexibilität und Wandelbarkeit von Produkten auf Basis der Design-Struktur-Matrix: Entlang materieller, energetischer, informationsbezogener oder räumlicher Interaktionen der einzelnen Konstruktionselemente wird untersucht, wie sich möglichen initiale Änderungen an einem Element auf weitere Konstruktionselemente auswirken [157, 161, 162]. Helander et al. [163], Foith-Förster et al. [164] und Block [77] basieren ihre Bewertungsmethode für Flexibilität hingegen auf dem Ansatz des Axiomatic Designs nach Suh [165, 166]: Die aktuellen und zukünftig möglichen Ausprägungen jeder Anforderung i an ein Produkt werden als Wahrscheinlichkeitsverteilungen $P(\mathcal{X})_i$ dargestellt. Die Flexibilität eines Produkts wird dann über den Informationsgehalt $I_i = -log_2(p_i)$ bestimmt, der beschreibt, welchen Anteil p_i der möglicherweise notwendigen Anforderungsausprägungen i das aktuelle Produktdesign erfüllt. Block [77] erweitert diesen Gedanken um den Mitteleinsatz e zur Anpassung der aktuellen Produktgestalt an sich verändernde Anforderungen i. Flexibilität wird als erfüllter Anforderungsbereich der Wahrscheinlichkeitsverteilungen p_i pro Mitteleinsatz e zur Anpassung der Produktgestalt definiert (vgl. Abbildung 2.6).

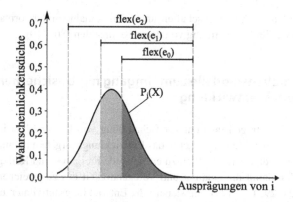

Abbildung 2.6 Umfang der Flexibilität in Abhängigkeit des Änderungsaufwands *e*. (Quelle: [77])

Unter dem Verständnis von Flexibilität als Option (vgl. Abschnitt 2.1.3) stellt die Realoptionsanalyse weitere Bewertungsverfahren von Flexibilität aus der Betriebswirtschaftslehre zur Verfügung [115, 116]. Aufgrund der Analogie mit einer Finanzoption können entsprechende mathematische Bewertungsmethoden wie das Black-Scholes-Modell (vgl. [167]), die Kapitalwertmethode (vgl. [115, 168]) oder spezifischere Bewertungsverfahren (vgl. [169–171]) übertragen werden. Die Realoptionsanalyse quantifiziert den Wert von Flexibilität durch den Wert der Option, die damit geschaffen wird, abzüglich des Aufwands zur Schaffung der Option [168]. Flexibilität wird als Möglichkeit zur Erweiterung oder Abänderung des Produkts unter Unsicherheit bewertet. Dadurch kann die Realoptionsanalyse unter anderem die zusätzliche Informationsbeschaffung oder zeitliche Verschiebung einer Gestaltungsentscheidung unter Unsicherheit zu Gunsten von mehr Information und Wissen bewerten [83, 116, 135, 172], wobei die Informationsbeschaffung oder zeitliche Verschiebung der Entscheidung oftmals ebenfalls mit Aufwand oder anderweitigen Nachteilen verbunden ist [135].

Mathematische Theorien zur Beschreibung von Unsicherheit und Flexibilität eignen sich daher, um Kennzahlen über die im Produktentwicklungskontext vorhandene Unsicherheit und im Produkt realisierte Flexibilität zu generieren. Die Effektivität und Effizienz werden messbar. Die mathematischen Theorien bieten allerdings keine methodische Anleitung, wie Flexibilität effektiv und effizient realisiert werden kann. Sie werden daher in Entwicklungssituationen konkret durch Vorgehensmodelle und Methoden komplementiert. Diese definieren die aufeinanderfolgenden Arbeitsschritte und durchzuführenden Aktivitäten zur Realisierung der gewünschten Produkteigenschaften unter den Annahmen der formalen Theorien sowie unter Berücksichtigung von deren Kennzahlen [86, 110].

2.1.5 Vorgehensmodelle zum Umgang mit Unsicherheit in der Produktentwicklung

Vorgehensmodelle tragen inhärent zur Behandlung von Unsicherheit in der Produktentwicklung bei. Sie strukturieren das Entwicklungsvorgehen in einzelne Phasen und Schritte, definieren zeitlich zu erreichende Freigabe- und Reifegradstufen und überprüfen damit die Qualität und Vollständigkeit des zu erreichenden Wissensstands [24, 29, 173, 174]. Sie steuern die Entwicklungsaktivitäten und dienen daher als Sicherungssystem der Produktentwicklung [29, 37]. Im Folgenden werden Vorgehensmodelle vorgestellt, die den Umgang mit externer, nicht-reduzierbarer Unsicherheit adressieren. Derartige Vorgehensmodelle eigenen sich prinzipiell als Entwicklungsgrundlage für eine Methode zur Lösung der industriellen Problem- und Fragestellung.

In der Praxis werden externe Unsicherheit in der Produktentwicklung und die daraus resultierenden Auswirkungen vor allem durch das Risikomanagement betrachtet. Der Risikomanagementprozess leitet in einzelnen, branchenunabhängigen Phasen und Schritten das Risikomanagement an [81, 100, 105]. Nach DIN ISO 31000 [100] bestehen die Kernphasen des Risikomanagementprozesses aus der Definition des Anwendungsbereichs, der Risikobeurteilung und der Risikobehandlung (vgl. Abbildung 2.7). Diese werden flankiert von den parallel laufenden Prozessen ständiger Kommunikation und Konsultation, fortlaufender Dokumentation sowie kontinuierlicher Überwachung und Überprüfung der Annahmen und Ergebnisse [100].

Im Schritt der Definition des Anwendungsbereichs, des Kontexts und der Kriterien wird festgelegt, welche externen und internen Einflussfaktoren sowie welche Elemente des Entwicklungsprozesses Gegenstand des Risikomanagements sind [81, 100]. Dabei werden die Bewertungskriterien für die Signifikanz des Risikos festgelegt und der Risikomanagementprozess maßgeschneidert [100]. Die Risikobeurteilung gliedert sich wiederum in die einzelnen Prozessschritte der Risikoidentifikation, -analyse und -bewertung, wobei die Grenzen und Zuständigkeiten der einzelnen Schritte in der Literatur und Praxis verschwimmen (vgl. z. B. [100] gegenüber [105]). Die Risikoidentifikation zielt darauf ab, Faktoren zu finden und zu beschreiben, die eine positive Zielerreichung verhindern könnten [100]. Die Risikoanalyse betrachtet die identifizierten Risiken bezüglich ihrer Ursachen, Eintrittswahrscheinlichkeiten und Auswirkungen beim Eintreten. Im Rahmen der Risikobewertung findet ein Vergleich der Analyseergebnisse mit festgelegten Schwel-

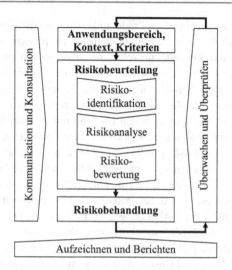

Abbildung 2.7 Risikomanagementprozess nach DIN ISO 31000 [100]. (Darstellung nach [105])

lenwerten statt [81, 100]. Je nach Verhältnis kann beschlossen werden, Maßnahmen zur Risikobehandlung einzuleiten oder das Risiko weiter zu beobachten. Der effiziente Einsatz von Maßnahmen zur Risiko- und damit Unsicherheitsbehandlung wird festgelegt. Die Risikobehandlung adressiert abschließend die Steuerung und Kontrolle des Risikos, indem entweder die Eintrittswahrscheinlichkeiten oder die Auswirkungen verringert werden [105].

Neben dem Risikomanagement werden in der Wissenschaft und Praxis des Weiteren inkrementell-iterativ ausgerichtete Entwicklungsprozesse und Vorgehensmodelle – auch agile Methoden genannt – als Lösungsansatz zum Umgang mit externer Unsicherheit und zur Generierung flexibler Produkte genannt (vgl. z. B. [175–177]). Inkrementell-iterative Methoden unterscheiden sich durch wiederkehrende Schleifen von Informationsbeschaffung und -generierung sowie anschließender explorativer Gestaltung des Produkts von den eher sequentiell geprägten Methoden, wie dem V-Modell [178] oder dem Wasserfallmodell [179]. Sich im Zeitverlauf auflösende Unsicherheit wird dadurch berücksichtigt. Es wird bewirkt, dass Gestaltungsentscheidungen erst bei ausreichender Information und Wissen getroffen werden [180]. Kurze, wiederkehrend durchlaufene Schritte im Vorgehen ermöglichen die schnelle Reaktion auf Veränderungen [181]. Je nach Ausgestaltung führt das inkrementell-iterative Vorgehen bei der Produktgestaltung allerdings dazu, dass die Produktarchitektur stückweise aus den einzelnen Produktinkrementen emergiert [182]. Strukturabhängige Eigenschaften wie Flexibilität können nicht proaktiv realisiert werden. Eine suboptimale Produktarchitektur folgt, die aufgrund von Pfadabhängigkeiten lediglich ein lokales Optimum unter der erstgewählten Architekturstrukturierung darstellt [169, 176, 182]. Schuh et al. [180] und Fernandez-Sanchez et al. [181] erweitern ausgewählte agile Methoden deshalb um vorausschauende Arbeitsschritte.

Vorgehensmodelle, die spezifisch den Umgang mit externer Unsicherheit und Flexibilität adressieren, finden sich beispielsweise in Cardin et al. [117], Hu et al. [183] und Neufville et al. [184]. Cardin et al. [117] leitet aus einer Analyse existierender Methoden ein allgemeines Vorgehen zur flexiblen Produktgestaltung unter Unsicherheit ab (vgl. Abbildung 2.8). Hu et al. [183] stellen ein ähnliches Vorgehen vor und ergänzen dieses um das spätere Ausüben der Flexibilität, wenn sich die Unsicherheit auflöst (vgl. Abbildung 2.9). Im ersten Schritt wird bei beiden Autoren das sogenannte Basisdesign entworfen, das als Ausgangspunkt für alle folgenden Unsicherheits- und Flexibilitätsbetrachtungen dient. Der nächste Schritt identifiziert und analysiert die Unsicherheit sowie mögliche Auswirkungen auf das Produkt. Die abstrakt vorhandene Unsicherheit wird auf die jeweils spezifische Entwicklungssituation und gegebenenfalls auf die Produktkomponenten und -module abgebildet [117, 183]. Anschließend werden Konzepte zur Anpassung des Basisdesigns oder alternative Produktarchitekturen entworfen, die das Produkt proaktiv gegen die identifizierte Unsicherheit absichern. Dabei wird zwischen der konzeptionellen Strategie zum Umgang mit der Unsicherheit und der konkreten technischen Umsetzung unterschieden [117]. Es folgt die Evaluation der Anpassungen (vgl. [183]) beziehungsweise der alternativen Produktarchitekturen (vgl. [117]) zur Auswahl eines zweckdienlichen Produktdesigns. Das Vorgehen von Hu et al. [183] schließt mit dem Ausüben der Flexibilitätsoptionen ab, wenn die jeweilige Anpassung aufgrund der Rahmenbedingungen notwendig wird [183].

Allen Vorgehen ist gemein, dass sie als Vorgehensmodelle lediglich generische Phasen und Schritte sowie deren prototypische Abfolge in der Produktentwicklung beschreiben. Auf welche Art und Weise die einzelnen Entwicklungsaktivitäten in den Phasen und Schritten durchzuführen sind, wird nicht definiert (vgl. [86]). Die vorgestellten Vorgehensmodelle können daher als Grundlage zur Entwicklung einer entsprechenden Methode dienen, lösen die industrielle Problemstellung allerdings nicht.

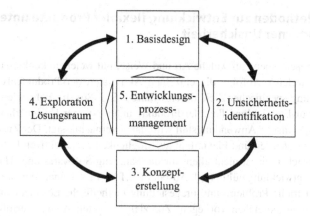

Abbildung 2.8 Vorgehen zur Entwicklung flexibler Produkte unter Unsicherheit nach Cardin et al. [117]

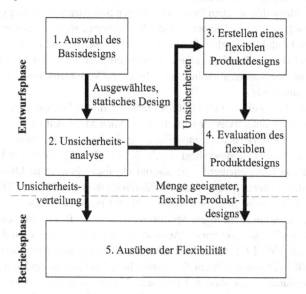

Abbildung 2.9 Vorgehen zur Entwicklung flexibler Produkte unter Unsicherheit nach Hu et al. [183]

2.1.6 Methoden zur Entwicklung flexibler Produkte unter externer Unsicherheit

Methoden beschreiben, auf welche Art und Weise, mit welchem konkreten Ergebnis und in welcher Abfolge die einzelnen Aktivitäten der Produktentwicklung zur Erreichung spezifischer Ziele durchzuführen sind [86]. Im Folgenden werden Methoden zur Entwicklung flexibler Produkte unter externer Unsicherheit vorgestellt. Der spezifische Anwendungsfall wird dabei vernachlässigt. Der Zusammenhang von Unsicherheit und Flexibilität als Möglichkeit zur effektiven Behandlung externer Unsicherheit ist nicht allein für die Fahrzeug-Software- und -Hardware-Architekturentwicklung gültig (vgl. Abschnitt 2.1.3). Es soll analysiert werden, ob für die industrielle Problem- und Fragestellung methodische Lösungen aus anderen Anwendungsbereichen vorliegen. Zur zielgerichteten Analyse erfolgt dabei eine Einschränkung auf Vorgehen und Methoden, die entwicklungsprojektexterne Unsicherheit beschreiben und deren Behandlung durch eine flexible Produktgestalt adressieren. Methoden aus dem Bereich der reinen Softwareentwicklung (vgl. z. B. [98, 185, 186]) sowie im Themenbereich der flexiblen, wandelbaren und wandlungsfähigen Produktion (vgl. z. B. [111–113, 187]) werden aus Umfangsgründen und aufgrund von der Problemstellung stark divergierenden Anforderungen nicht berücksichtigt. Sie wurden allerdings im Rahmen der Verfahrensentwicklung stichprobenartig untersucht.

Tabelle 2.1 bietet eine Übersicht über unterschiedliche Methoden zur flexiblen Produktgestaltung unter externer Unsicherheit. Allen Methoden ist dabei gemein, dass ihnen die Modularisierung entweder als grundlegendes Verständnis oder als gestalterischer Ansatz zugrunde liegt (vgl. z. B. [77, 120, 157, 159]). Ein Modul ist eine Menge von Komponenten[10], die sowohl physisch als auch funktional unabhängig von den weiteren Modulen der Produktarchitektur sind [27, 35]. Die Modularisierung zielt auf die Schaffung funktional und physisch möglichst unabhängiger Komponentenmengen in der Produktarchitektur ab. Bei einem potenziellen Austausch eines Moduls werden die Auswirkungen auf die weiteren Module reduziert [35, 159, 169, 197]. Flexibilität adressiert die aufwandsarme Änderbarkeit eines Produkts für einen prinzipiell vorgedachten Umfang an Änderungen (vgl. 2.1.3). Diese Änderungen können durch einen Modulaustausch aufwandsarm vorgenommen werden. Die änderungsgerechte Modularisierung ist daher eine inhärente Voraussetzung für die flexible Produktgestaltung. Da die Produktarchitektur

---

[10] Eine Komponente ist die Aggregation einer oder mehrerer Elemente der Produktstruktur zu einer Einheit mit klar definierten Schnittstellen, die eine bestimmte Funktion im Produkt realisiert [27, 196].

Tabelle 2.1 Übersicht analytisch-präskriptiver Methoden zur Produktentwicklung unter externer Unsicherheit

	Unsicherheitsart[1]	Methode zur Flexibilitätsanalyse u. -bewertung	Anpassung der Produktstruktur[2]	Industrieller Bezugsrahmen
Block [77]	Z	Axiomatic Design, DSM	✓	Fahrzeug-Software- und -Hardware-Architekturentwicklung
Derichs [188]	Z, G, U	Konzept der „Informationsreife"	✗	nicht gegeben
Eckert et al. [157, 161]	N/D	DSM	✗	Helikopterentwicklung
Engel et al. [171, 172, 189]	Z	Realoptionsanalyse	✓	u.a. Antriebsstrangentwicklung für Lastkraftwagen
Foith-Förster et al. [164]	Z, G	Axiomatic Design	✗	Auswahl einer veränderbarer Fertigungszelle im Karrosserierohbau
Fricke et al. [55]	N/D	DSM	✓	Automobilindustrie
Gamba et al. [170]	Z	Realoptionsanalyse	✓	Fahrgestellentwicklung
Gembarski et al. [79]	Z	Bayes'sches Netzwerk	✗	Dosierschleuse für Heißgetränke
Gustavsson et al. [168]	Z	Realoptionsanalyse	✗	E/E-Architektur
Kang et al. [167]	Z	Realoptionsanalyse	✗	Motorauslegung
Koh et al. [160]	Z	DSM	✗	Motorentwicklung für Lastkraftwagen
de Lessio et al. [190]	Z	DSM, Realoptionsanalyse	✗	Auslegung eines Mobilitätssystems
Mak [191]	Z	Bayes'sches Netzwerk, Realoptionsanalyse	✗	u.a. Auslegung eines Telekommunikationssystems
Martin et al. [159]	N/D	Basierend auf der DSM	✓	Wasserkühlgerät
Mikaelian [116]	Z	DSM, Realoptionsanalyse	✗	Drohnenauslegung
Mikaelian et al. [124]	Z	Realoptionsanalyse	✗	u.a. Unternehmensrestrukturierung
Rajan et al. [192, 193]	Z	Basierend auf der FMEA	✗	Weiterentwicklung einer Stichsäge
Suh et al. [78]	Z	Realoptionsanalyse	✗	Fahrzeugunterbodenentwicklung
Suh et al. [158]	Z, G	DSM, Realoptionsanalyse	✗	Entwicklung einer PKW-Plattform
Wei et al. [194]	U	Axiomatic Design	✗	Plattformentwicklung für Traktionsmaschinen
Zhu et al. [195]	G	Rough-Numbers-Theorie, Grey-Systems-Theorie	✗	Entwicklung eines Digitalmikroskops

1 Z = Zufälligkeit, U = Unschärfe, G = Grobgranularität, N/D = Nicht festgelegt
2 ✓ = Methodisch angeleitet, ✗ = Nicht methodisch angeleitet

die Module definiert, wird die Flexibilität maßgeblich über die Produktarchitektur-gestaltung bestimmt [21, 36], [57, 76, 77]. Die Methoden in Tabelle 2.1 analysieren die Flexibilität bereits vorhandener, modularisierter Produktarchitekturen und passen deren Modulschnittstellen oder -struktur durch präskriptive Gestaltungsempfehlungen an. In Abhängigkeit der Methode werden dabei unterschiedliche Arten der Unsicherheit und diverse industrielle Bezugsrahmen adressiert.

In Bezug auf die Anwendung in der Automobilindustrie nutzen beispielsweise Kang et al. [167] die Realoptionsanalyse, um Fahrzeugdesignparameter unter regulatorischer Unsicherheit und Unsicherheit der Spritkosten zu optimieren (vgl. Tabelle 2.1). Gustavsson et al. [168] beschreiben eine mathematische Methode zur Bewertung von Optionen in E/E-Architekturen. Die Zuweisung von Funktionen zu Steuergeräten (ECU) und die Bandbreitenauslegung von Bussystemen findet unter Unsicherheit der Fahrzeugfunktionen statt. Eine detaillierte, methodische Anleitung zur flexiblen Gestaltung ist allerdings nicht vorhanden. Block [77] stellt in seinem Vorgehen elf generische Handlungsschemata zur Flexibilisierung von Fahrzeug-Software- und -Hardware-Architekturen unter Zuhilfenahme des Axiomatic Designs und der Flexibilitätsbewertung nach Suh et al. [158] vor. Weitere Ansätze mit Bezug zur Automobilindustrie lassen sich außerdem in Fricke et al. [55], Suh et al. [158], Koh et al. [160], Gamba et al. [170] und Engel et al. [189] finden.

Ergänzend zu diesen analytischen Methoden mit verfahrenskomplementärem Charakter in Tabelle 2.1 existieren in Wissenschaft und Praxis gesamtheitlich konzipierte Entwicklungsmethoden, die Unsicherheit und Flexibilität durchgängig integrieren. Silver et al. [198] definieren beispielsweise einen fünfstufigen Prozess, bei dem zuerst je eine Systemkonfiguration für ausgewählte Zukunftsszenarien entwickelt wird. Die möglichen Systemkonfiguration je Zeiteinheit und die zugehörigen Wechselkosten zwischen den Konfigurationen konstituieren ein graphenbasiertes Optimierungsproblem, das bezüglich der temporär-optimalen Systemauslegungen gelöst wird. Abschließend werden die entwickelten Systemkonfigurationen auf Basis der aktuellen Lösung angepasst und das Vorgehen erneut iterativ durchlaufen [198]. Nilchiani et al. [199] und Luft et al. [37] stellen in ähnlicher Weise Methodiken vor, die Flexibilität durch spezifische Methoden zur Identifikation und Analyse von Unsicherheit sowie zur Produktgestaltung integrieren. Zentraler Ansatzpunkt ist dabei ein unsicherheitsspezifisches Vorgehen wie zum Beispiel in Hu et al. [183], Cardin et al. [117] und Neufville et al. [184] beschrieben (vgl. Abschnitt 2.1.5).

Die Integration von Flexibilität in das Produkt durch passende Denkweisen, Grundeinstellungen und Leitlinien der Entwickler stellt neben den bereits vorgestellten Methoden einen alternativen Lösungsansatz dar. Den Arbeiten von Neufville et al. [115, 184] liegt dabei die Denkweise des Real Option Thinking zu Grunde. In Analogie zur Realoptionsanalyse (vgl. Abschnitt 2.1.4) wird die proaktive, flexible Gestaltung der Produktarchitektur durch Schaffung zukünftiger Entscheidungsoptionen anstatt der nachträglichen Analyse von Flexibilitätsdefiziten adressiert. Effecutation beschreibt in diesem Zusammenhang einen methodischen Ansatz zur proaktiven Gestaltung der Zukunft im Rahmen von Stufe-4-Unsicherheit [200]. Unter Berücksichtigung der zur Verfügung stehenden Mittel wird vom zu erreichenden Ziel rückwärts auf passende Handlungsalternativen geschlossen [104, 200]. Keese et al. [201] und Tilstra et al. [202] sowie Bischof et al. [120] leiten aus einer Patentanalyse sowie empirischen Untersuchung flexibler Produkte 24 beziehungsweise 34 allgemeine Richtlinien zur Entwicklung flexibler Produkte ab und weisen deren Zweckdienlichkeit exemplarisch anhand eines Anwendungsfalls nach. Diese Richtlinien werden während der Entwicklung von flexiblen und robusten Produkten als Leitfaden, als Entscheidungshilfe und Gedächtnisstütze verwendet.

Abschließend kann eine Fülle an Literatur identifiziert werden, die sich lediglich auf die Bewertung der Flexibilität von Produkten konzentriert (vgl. z. B.[39, 54, 107, 203]). Präskriptive Empfehlungen zur flexiblen Gestaltung spezifischer Produkte werden von diesen Methoden allerdings nicht gegeben.

Zusammenfassend lässt sich somit feststellen, dass durch die analysierten Methoden mindestens eine ungefähre, wenn auch keine spezifisch für den Anwendungsfall validierte Lösung für die industrielle Problemstellung vorzuliegen scheint. Die Methoden adressieren die effektive Behandlung der externen Unsicherheit durch Flexibilität sowie deren effiziente Realisierung, wenn auch bislang ungeprüft ist, ob sie dabei die spezifischen Charakteristika der Fahrzeug-Software- und -Hardware-Architekturentwicklung berücksichtigen. Keine der aufgeführten Methoden adressiert alle Unsicherheitsarten nach Han et al. [53]. Des Weiteren ist allen analysierten Methoden gemein, dass sie die Festlegung des effizienten Einsatzes von Flexibilität zur Behandlung der Unsicherheit nicht berücksichtigen. Die Existenz beziehungsweise spezifische Definition einer Forschungslücke ist von den Charakteristika der Fahrzeug-Software- und -Hardware-Architekturentwicklung sowie der darin stattfindenden Festlegung des effizienten Flexibilitätseinsatzes abhängig. Insofern ist es zweckdienlich, diese im Folgenden durch den Stand der Wissenschaft und Technik zur Fahrzeug-Software- und -Hardware-Architekturentwicklung zu erheben.

2.2   Software- und Hardware-Architekturentwicklung für Personenkraftwagen

Bei der Entwicklung der Software- und Hardware-Architektur eines PKW handelt es sich wissenschaftlich gesehen um ein Produktentwicklungsvorhaben, das allerdings spezifischen, für die Automobilindustrie typischen Randbedingungen unterliegt (vgl. Abschnitt 1.1) [7]. Daher sind Methoden und Prozesse zur Absicherung des Fahrzeugentwicklungsprojekts und des Entwicklungsergebnisses „PKW" gegen Unsicherheit und deren adverse Auswirkungen in der Automobilindustrie zur Zielerreichung zweckdienlich und etabliert (vgl. z. B. [16, 23]).

Abschnitt 2.2.1 gibt eine grundlegende Einführung in die einzelnen Komponenten einer Fahrzeug-Software- und -Hardwarearchitektur, um darauf aufbauend das Vorgehen zur Entwicklung derselben darzustellen (vgl. Abschnitt 2.2.2). Der gegenwärtige Umgang mit Unsicherheit in der Software- und Hardware-Architekturentwicklung wird in Abschnitt 2.2.3 und 2.2.4 dargestellt. Abschnitt 2.2.5 behandelt abschließend technische Veränderungen in der Architektur, die die Gestaltung einer flexiblen Fahrzeug-Software- und Hardware-Architektur unterstützen und ermöglichen.

2.2.1   Komponenten der Software- und Hardware-Architektur

In der Wissenschaft und Praxis wird unter einer Fahrzeug-Software- und -Hardware-Architektur beziehungsweise E/E-Architektur einerseits die logische Funktionsstruktur sowie deren Anforderungen als auch andererseits die technische Realisierung dieser Funktionsstruktur durch Elektrik, Elektronik und Software verstanden[11] [7, 27, 77]. Die logische Funktionsstruktur stellt eine lösungsneutrale Gliederung der für die Gesamtfunktionen zu erfüllenden Einzelfunktionen dar [7, 23, 27]. Die technische Realisierung wird wiederum durch die Produktstruktur der Fahrzeug-Software- und -Hardware-Architektur beschrieben. Sie umfasst konkrete physische oder softwarebasierte Komponenten wie Sollwertgeber und Sensoren, Steuergeräte und Software, Aktoren und Ausgabegeräte sowie Bussysteme, die gesamtheitlich zur Realisierung neuer sowie Verbesserung existierender Funktionen unter Einhaltung der spezifischen Rahmenbedingungen und Anforderungen eingesetzt werden [7, 23, 204].

---

[11] Diese Definition ist äquivalent zu der allgemeinen Definition einer Produktarchitektur [36].

Eine Fahrzeug-Software- und -Hardware-Architektur kann aus unterschiedlichen Perspektiven, zum Beispiel bezüglich der Anforderungen, der logischen Funktionsstruktur, der Softwarearchitektur aber auch der physischen Steuergeräteverteilung und -topologie, der Kabelbäume sowie der Kommunikation betrachtet werden [23, 40, 204]. Abbildung 2.10 zeigt eine mögliche Darstellung der Software- und Hardware-Architekturkomponenten eines PKW, die die unterschiedlichen Elemente einer E/E-Architektur in Strukturgruppen aggregiert.

Die Produktstruktur der informationsverarbeitenden Komponenten einer E/E-Architektur besteht aus Sollwertgeber, Sensoren, Steuergeräten, Aktoren sowie Ausgabegeräten [7, 23, 204]. Diese realisieren im Verbund Steuerungs-, Regelungs- und Überwachungsfunktionen [7] indem Ist- und Zielwerte durch Sensoren und Sollwertgeber aufgenommen und in den Steuergeräten durch Algorithmen in Software und Hardware verarbeitet werden, um deren Ergebnis anschließend durch Aktoren und Ausgabegeräte in maschinelle oder menschlich hervorgerufene Aktionen umzusetzen (vgl. [7, 23]). Steuergeräte stellen dabei die eigentlichen Steuerungs- und Regelungsfunktionen über elektronische Hardwarebausteine zum Beispiel mittels Analog/Digital-Wandlern, Pegelwandlern, Filtern oder Anwendungsspezifischen Integrierten Schaltungen (ASIC) zur Verfügung oder ermöglichen deren Umsetzung in softwareimplementierten oder durch elektronische Hardware wie z. B. Microcontroller, Digitale Signalprozessoren (DSP), Field Programmable Gate Arrays (FPGA) oder weitere spezielle Prozessoren und deren Peripherie [23]. Aufgrund der gestiegenen Komplexität, des Innovationspotenzials von Software sowie der Bedeutung für die Funktionsumsetzung und -absicherung haben sich für die Fahrzeugsoftware spezifische Architekturen (vgl. z. B. AUTOSAR) herausgebildet, die auf den unterschiedlichen Steuergerätearchitekturen aufsetzen. In Summe bilden sich drei disziplinenspezifische Architekturen für die Elektronik/Elektrik, für die Software sowie für die Mechanik aus [7, 23, 40, 207]. Bei der Gestaltung einer Fahrzeug-Software- und -Hardware-Architektur handelt es sich somit um ein mechatronisches Entwicklungsvorhaben, das Aspekte aller drei Disziplinen berücksichtigen muss, wobei im Rahmen dieser Arbeit die zwei erstgenannten Disziplinen fokussiert betrachtet werden [7].

Die Software- und elektronischen Hardwarekomponenten sind räumlich über das Fahrzeug verteilt (vgl. Abbildung 2.11). Sie nutzen zum Austausch von Steuerungs- und Kontrollinformationen eine Kommunikationsinfrastruktur, die durch unterschiedliche Bussysteme wie zum Beispiel CAN, LIN, MOST, FlexRay und zunehmend auch Ethernet mit zum Beispiel AVB, BroadR-Reach, SOME/IP oder DDS realisiert wird [23, 33, 40, 208]. Die Komponenten der Architektur müssen besonderen Umgebungsbedingungen und Anforderungen im Hinblick auf zum Beispiel Erschütterungen und Vibrationen, Temperaturbereiche, Feuchtigkeitswerte, elektro-

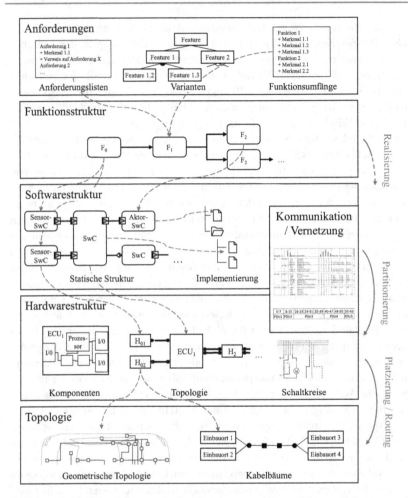

Abbildung 2.10 Perspektiven auf die Komponenten einer Fahrzeug-Software- und Hardware-Architektur. (in Anlehnung an [27, 34, 204–206])

magnetische Verträglichkeit, Zuverlässigkeit, Verfügbarkeit und Echtzeitfähigkeit sowie einer langen Betriebszeit genügen [7, 204, 209]. Historisch und technisch-organisatorisch bedingt werden sie spezifischen Kommunikations- und Entwicklungsdomänen zugeordnet, wie beispielsweise dem Antriebsstrang, dem Fahrwerk, der Karosserie, dem Multi-Media-System oder den Fahrerassistenzsystemen (vgl. Abbildung 1.1) [7].

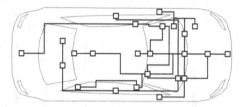

Abbildung 2.11 Schematisches Beispiel einer verteilten Fahrzeug-Software- und -Hardware-Architektur

2.2.2 Entwicklung der Software- und Hardware-Architektur

Die Entwicklung der Fahrzeug-Software- und Hardware-Architektur ist Teil des Produktentstehungsprozesses eines Gesamtfahrzeugs. Der Gesamtfahrzeugentwicklungsprozess definiert die Randbedingungen, die Phasen sowie die zu erreichenden Meilensteine zur Entwicklung der Fahrzeug-Software- und -Hardware-Architektur [27, 174]. Das Vorgehen und die Organisation des Gesamtfahrzeugentwicklungsprozesses sind aufgrund des Projektcharakters unternehmens- und fahrzeugmodellabhängig [23]. Wegen der ähnlichen Entwicklungsinhalte und der grundsätzlich wiederkehrenden Abläufe haben sich in Wissenschaft und Praxis allerdings Referenzprozesse zur Beschreibung etabliert, die die Charakteristika eines Fahrzeugentstehungsprozesses abbilden [23, 174]. Sie strukturieren den Entstehungsprozess in einzelne Phasen und definieren zeitlich zu erreichende Freigabe- und Reifegradstufen an Projektmeilensteinen, die den Entwicklungsstand des Fahrzeugs überprüfen (vgl. Abbildung 2.12) [24, 29, 173, 174].

Ausgangspunkt eines Fahrzeugentwicklungsprojekts ist die Projektfreigabe sowie der damit zusammenhängende Projektauftrag zur Entwicklung eines neuen oder zur Weiterentwicklung eines bestehenden Modells eines Personenkraftwagens [24, 29, 210]. Der Projektauftrag beschreibt die Entwicklungsprojektziele und enthält eine technische Dimension, die die anzustrebenden Funktionen und Eigenschaften des Fahrzeugs beschreibt, sowie eine entwicklungsprojektbezogene

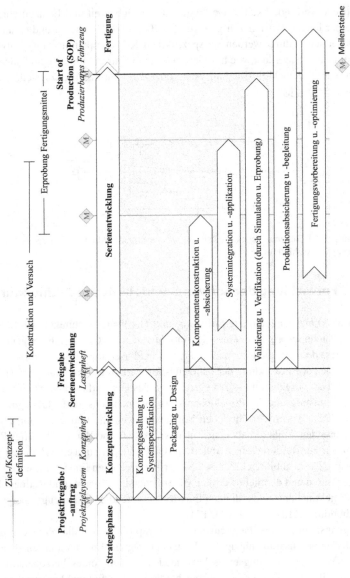

Abbildung 2.12 Schematische Darstellung eines Fahrzeugentwicklungsprozesses. (in Anlehnung an [24, 27, 28, 34, 174, 210, 211])

Dimension, die die Vorgaben an das Entwicklungsvorhaben bezüglich Zeit, Ressourcen und Qualität definiert [6, 24]. Der Projektauftrag entstammt einer vorangegangenen Strategiephase „Produktplanung" [29]. In ihr wird auf Basis der Zukunftsannahmen bezüglich der technologischen, regulatorischen und marktbezogenen Rahmenbedingungen sowie auf Basis der Unternehmensstrategie eine entsprechende Positionierung des Fahrzeugs am Markt festgelegt [24, 29, 34]. Hinter dieser Festlegung stehen produktspezifische Ziele wie beispielsweise eine angestrebte Profitabilität des Fahrzeugmodells, die Ansprache eines spezifischen Kundensegments oder die Darstellung technologischen Fortschritts zur Erreichung unternehmensstrategischer Ziele [24]. Mit dem Entwicklungsauftrag werden diese strategischen Produktziele in das Projekt übertragen und dort schrittweise in konkrete Anforderungen und die Gestalt des Fahrzeugs überführt. (Ropohl et al. [212], Muschik et al. [25]. und Albers et al. [213]) verwenden hierbei den Begriff des Projektzielsystems, das ausgehend von den allgemeinen Rahmenbedingungen und Produktzielen die Anforderungen und Ziele sowie deren Zusammenhänge im Entwicklungsprojekt beschreibt [25, 214].

Nach Festlegung des Projektauftrags erfolgt im Rahmen der Konzeptphase die Detaillierung der darin enthaltenen Ziele zu konkreten Anforderungen sowie die Definition der Produktarchitektur. Die Funktions- und Bauraumverteilung findet statt. Die Innovationen sowie die technische Machbarkeit des Konzepts werden untersucht und abgesichert [24, 27, 215]. Das Konzeptheft als frühes Zwischenergebnis der Konzeptphase beschreibt ein abgestimmtes, technisches Fahrzeugkonzept inklusive der fahrzeugspezifischen Projektziele, die sich aus dem Entwicklungsauftrag ableiten. Das finale Ergebnis der Konzeptphase ist das Lastenheft. Es definiert die konkreten Anforderungen an das Fahrzeugsystem und seine Komponenten und legt damit die Grundlage zur parallelisierten Serienentwicklung der Einzelkomponenten und -systeme [7, 27, 28, 210].

Die Serienentwicklung adressiert den Entwurf, das Ausarbeiten sowie das Verifizieren der Einzelkomponenten, -funktionen und -systeme [27–29]. Es erfolgt die schrittweise Integration und Absicherung zum finalen Gesamtfahrzeug (vgl. [29]). Die Serienentwicklung zeichnet sich durch eine parallelisierte Entwicklung und Verifizierung der einzelnen Komponenten, Funktionen und Systeme aus[12] [7]. Die Entwicklungstätigkeiten werden von unterschiedlichen Mitarbeitern, teilweise team- und firmenübergreifend ausgeführt [7, 27]. Zur Erprobung, Validierung, Verifizierung und testweisen Integration der Komponenten und Systeme kommen im Verlauf des Entwicklungsprozesses wiederkehrend Prototypenmuster unterschiedlichen Reifegrads zum Einsatz [210, 215]. Parallel zu den produktbezogenen Ent-

---

[12] sogenanntes Simultaneous Engineering, vgl. z. B. Luft et al. [37]

wicklungstätigkeiten laufen in der Serienentwicklung die Aktivitäten der Fertigungsplanung und des Anlagenbaus [210, 216]. Der eigentliche Entwicklungsprozess endet mit der Freigabe aller Komponenten, der Subsysteme und des Gesamtfahrzeugs zur Serienproduktion und dauert circa drei bis vier Jahre [7, 29]. Aufgrund der Produktionsvolumen spielen die Herstellungskosten pro Stück bereits in der Fahrzeugentwicklung eine relevante Rolle [23].

Das Fahrzeug-Software- und Hardware-Architekturkonzept wird in der frühen Konzeptphase entwickelt (vgl. Abbildung 2.13). Es beschreibt einen abgesicherten Entwurf für die Realisierung der Funktionen durch eine entsprechende Funktions- und Produktstrukturierung sowie Schnittstellengestaltung der Einzelkomponenten und erfüllt die zugrundeliegenden Anforderungen zum Beispiel bezüglich Kosten, Funktionen und Innovationen prinzipiell [27, 28, 34, 204]. Es werden insbesondere die Konzepttauglichkeit architekturrelevanter Innovationen, die technische Machbarkeit und Integrierbarkeit aller Komponenten sowie die Qualitätsmerkmale[13] der Architektur überprüft und nachgewiesen. Die erzielbaren Eigenschaften der Architektur werden untersucht [27]. Das Architekturkonzept bildet die Grundlage für die weitere Systemdetaillierung und damit für die Definition der Kommunikationsmatrix, des Systemlastenhefts und der einzelnen Komponentenlastenhefte (vgl. Abbildung 2.13) [27, 28, 34, 220]. Diese gehen wiederum als Vorgabe in die Serienphase des Entwicklungsprozesses ein, in der die Entwicklung der Software- sowie der Hardwarekomponenten und -subsysteme parallelisiert je Fachbereich, Domäne und Disziplin vonstattengeht [27, 29]. Aufgrund des präskriptiven Charakters für die folgenden Entwicklungstätigkeiten muss das Software- und Hardware-Architekturkonzept daher bereits in einer frühen Entwicklungsphase einen hohen Reifegrad besitzen und validiert werden können [24, 27, 29]. Die Software- und Hardware-Architekturkonzeption endet üblicherweise mit der Definition des Konzepthefts und der darauf folgenden Detaillierung des Systems [27].

Die fahrzeugspezifische Software- und Hardware-Architektur wird in der Praxis aus einer baureihen- oder plattformbezogenen Architektur abgeleitet [28, 204]. Diese definiert wiederzuverwende Software- und Hardware-Module, aus denen die spezifische Architektur durch Auswahl, Anpassung und Erweiterung erstellt werden kann [28]. Beim Variantenmanagement können in ähnlicher Weise für ein Fahrzeugmodell unterschiedliche Architekturvarianten, abhängig von der Ausstattung, existieren (vgl. z. B. [7]). Im Rahmen dieser Arbeit werden die Restriktionen

---

[13] vgl. „Qualität der Fahrzeug-Software- und -Hardware-Architektur" im Glossar, z. B. Zuverlässigkeit und Sicherheit (ISO 26262 [217], ISO 21448 [218], ISO/SAE 21434 [219]), Änderbarkeit oder Elektromagnetische Verträglichkeit (EMV) [7, 16, 23].

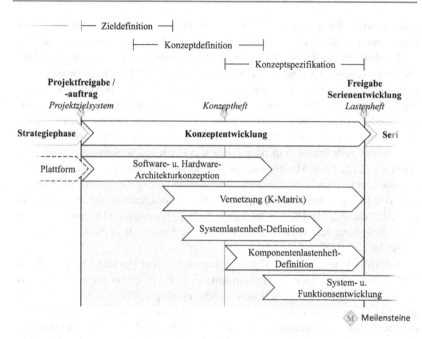

Abbildung 2.13 Schematische Darstellung der Software- und Hardware-Aktivitäten in der Konzeptphase. (in Anlehnung an [24, 27, 28, 34, 174, 210, 211])

und Herausforderungen der plattformbasierten und variantengerechten Software- und Hardware-Architekturentwicklung nicht betrachtet. Die Ausgangssituation bezüglich der Unsicherheit bei der flexiblen Fahrzeug-Software- und Hardware-Architekturkonzeption bedarf aufgrund der ihr bereits innewohnenden Komplexität und aufgrund des aktuellen Forschungsstands zum Thema einer separierten Betrachtung (vgl. Kapitel 3).

Die Konzeption und Entwicklung der Fahrzeug-Software- und Hardware-Architektur verfügt über einige Charakteristika, die ein spezifisches Entwicklungsvorgehen innerhalb des Gesamtentwicklungsvorgehens erfordern. So handelt es sich bei der Fahrzeug-Software- und Hardware-Architektur um ein mechatronisches System, das aufgrund der Verwendung von Software und Elektronik eine größere Entwurfsfreiheit als rein mechanische Systeme bietet, dadurch aber auch Interdisziplinarität in der Entwicklung verlangt [7]. Die Spezifikation und Entwicklung erfolgt einmal in Bezug auf die einzelnen Fachdisziplinen der Software-, Steuergeräte-,

Aktor- sowie Sollwertgeber- und Sensorentwicklung, während die Absicherung der Funktionen anschließend sowohl intra- als auch interdisziplinär geschehen muss [7]. Bewährte Methoden für die Software- und Hardware-Architekturentwicklung sind zum Beispiel der Ansatz der Mechatronik (vgl. [221]), die Systemorientierung durch das Systems Engineering (vgl. [7, 222]) und das Vorgehen gemäß des V-Modells (vgl. Abbildung 2.14) [7, 178]. Ein System ist dabei die „Gesamtheit geordneter Elemente [... die] aufgrund ihrer Eigenschaften miteinander durch Relationen verknüpft sind" [223]. Systemelemente können dabei atomar – also nicht weiter zerteilbar – sein oder selbst wiederum ein sogenanntes Subsystem ausbilden [222]. Im V-Modell wird ausgehend von den Anforderungen zuerst die logische und technische Systemarchitektur definiert, um anschließend die Subsysteme und Komponenten pro Disziplin parallel zu spezifizieren und zu entwickeln (vgl. Abbildung 2.14). Die Eigenschaften der Komponenten und Subsysteme werden anschließend durch eine inverse, schrittweise Integration in das Gesamtsystem abgesichert [7, 178].

Die Anforderungen stellen den Ausgangspunkt einer Entwicklung gemäß des V-Modells dar. Die logische Systemstruktur bildet in einem ersten Schritt das System als Struktur von Funktionen aus diesen ab [7, 204]. Sie beschreibt eine abstrakte Lösung zur Erfüllung der Anforderungen, die aber noch keine Aussage bezüglich der technischen Realisierung trifft [7, 23]. Die Produktstruktur wird durch Systementwickler des zugehörigen E/E-Architektur-Fachbereichs festgelegt [7, 40, 204, 224]. Die Funktionen und Teilfunktionen werden auf Software- und Hardware-Komponenten verteilt sowie die Schnittstellen und notwendige Kommunikation zwischen diesen logisch spezifiziert [7, 27]. Dabei erfolgt eine Unterteilung des Gesamtsystems in einzelne Subsysteme und schließlich Komponenten. Die Einzelsysteme und -komponenten werden bezüglich ihrer technischen Realisierung in der Produktstruktur gekapselt, sodass die Umsetzung in den weiteren Entwicklungsphasen parallelisiert erfolgen kann [40]. Bei der Entwicklung der Funktions- und Produktstruktur sind daher die unterschiedlichen Fachbereiche mit der jeweils spezifischen Expertise bereits eingebunden [27, 204]. Die Kommunikationskanäle zwischen den Komponenten werden physisch in Form von Bussystemen und logisch in Form von Kommunikationsmatrizen konzeptionell definiert [7, 27, 40]. Nach Festlegung der logischen Systemstruktur und der technischen Produktstruktur ist das Software- und Hardware-Architekturkonzept entwickelt [27]. Analog zum V-Modell definiert der AUTOSAR-Standard ein entwicklungsbezogenes Vorgehen für die E/E-Architekturentwicklung. Dieses ist inhaltlich äquivalent zu den vorgestellten Schritten des V-Modells und kann im Detail beispielsweise in (Staron et al. [40]) nachvollzogen werden.

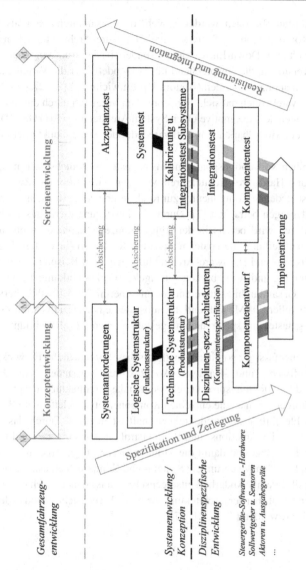

Abbildung 2.14 V-Modell in der Anwendung zur Entwicklung von Fahrzeug-Software- und -Hardware-Architekturen. (in Anlehnung an [7, 28, 174])

Wertschöpfungsbezogen werden sowohl die Gesamtarchitektur als auch die einzelnen Komponenten der Software- und Hardware-Architektur selten komplett neu entwickelt (Top-Down-Entwicklung), sondern basieren auf Vorgängermodellen oder Basisversionen, die entsprechend für das Modell oder die Variante angepasst oder lediglich appliziert werden (Bottom-Up-Entwicklung) [23, 27, 28]. Insbesondere im Softwarebereich hat sich im historischen Vergleich durch die Standardisierung im Rahmen der Automotive Open System Architecture (AUTOSAR) die (teilweise) Wiederverwendbarkeit von Softwarecode oder ganzer Funktionen erhöht [40, 224].

In der frühen Konzeptionsphase und in der späten Systemabsicherungsphase der Software- und Hardware-Architekturentwicklung wird daher das Zusammenwirken der verschiedenen Komponenten zur Realisierung der gewünschten Funktionen und Anforderungen betrachtet [7]. Durch die Festlegung hierarchisch übergeordneter Strukturen wird bereits in der frühen Konzeptionsphase zu einem großen Teil die Arbeitsteilung, die später realisierten Kosten sowie weitere Eigenschaften der Software- und Hardware-Architektur – wie zum Beispiel Zuverlässigkeit, Funktionsumfang und Änderbarkeit – festgelegt (vgl. Abbildung 1.3 und 1.4) [7, 24, 39]. Die Gesamtarchitekturverantwortung übernimmt daher üblicherweise der Fahrzeughersteller (OEM) während die Subsysteme bei spezialisierten Zulieferern entwickelt, getestet und später auch hergestellt werden[14] (vgl. Abbildung 2.15) [7, 39, 40].

Zusammengefasst ist somit ein methodisches Vorgehen zur Entwicklung von Fahrzeug-Software- und -Hardware-Architekturen vorhanden. Auf Basis der Produkt- und Entwicklungsprojektziele werden das Architekturkonzept spezifiziert und die Anforderungen an die einzelnen Komponenten abgeleitet. Die Berücksichtigung von Flexibilität als Produkteigenschaft ist möglich. Durch das Architekturkonzept wird die Funktions- und Produktstruktur der Software- und Hardware-Architektur festgelegt und damit die Modularisierung (vgl. Abschnitt 2.1.6). Aus dem Konzept werden wiederum die System- und Komponentenlastenhefte abgeleitet. Die Flexibilität als Änderbarkeitseigenschaft muss daher durch entsprechende Maßnahmen bereits bei der Architekturkonzeption berücksichtigt und in der Modulgestalt realisiert werden [7, 16, 21, 57].

---

[14] In Bezug auf die Software lässt sich beobachten, dass aufgrund des mit ihr verbundenen Innovationspotenzials von den Original Equipment Manufacturer / Fahrzeughersteller (OEM) versucht wird, die Kernprozesse der Entwicklung, Bereitstellung und Wartung der Software stärker im eigenen Unternehmen zu verankern (vgl. [225–227]).

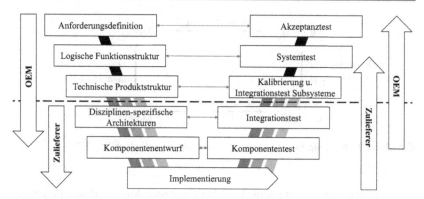

Abbildung 2.15 Schematische Darstellung der Aufteilung von Verantwortlichkeiten zwischen OEM und Zulieferer. (in Anlehnung an [7, 28, 40])

2.2.3   Modellierung in der Software- und Hardware-Architekturentwicklung

Die Interdisziplinarität der Fahrzeug-Software- und -Hardware-Architekturentwicklung erfordert ein gemeinsames Verständnis der Entwicklungsherausforderungen und Lösungsansätze entlang der einzelnen Fachdisziplinen und Domänen. In der Wissenschaft und Entwicklungspraxis haben sich hierfür Modelle etabliert [7, 27, 40]. Nach Stachowiak [228] ist ein Modell ein Abbild eines konkreten oder abstrakten Originals und ist durch die drei Merkmale der Abbildung, der Verkürzung und des Pragmatismus gekennzeichnet. Dementsprechend werden in einem Modell je nach Einsatzzweck sowie Sichtweise und Verständnis des Modellierers unterschiedliche Daten, Informationen und Wissen über ein System durch die Modellelemente, deren Eigenschaften und Zusammenhänge abstrahiert festgehalten [25, 174, 222, 223, 229]. Das Erstellen und Manipulieren von Modellen wird als „modellieren" bezeichnet [223]. Durch eine Abfolge von Abstraktion, Vergröberung und Formalisierung kann das originale System durch ein Modell repräsentiert und Herausforderungen sowie Eigenschaften darin analysiert und gelöst werden (vgl. Abbildung 2.16) [222, 229, 230].

Bei der Fahrzeug-Software- und -Hardware-Entwicklung wird die modellbasierte Entwicklung unter anderem dafür angewendet, die Konzeptions- und Entwurfstätigkeit zu unterstützen sowie die Ergebnisse der Entwicklung zu bewerten, abzusichern und zu dokumentieren, bevor der Ressourceneinsatz zur eigentlichen Systemgestaltung und -erstellung signifikante Ausmaße annimmt [27, 41, 222].

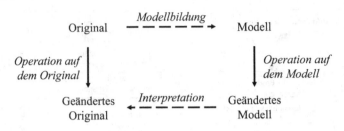

Abbildung 2.16 Bezug zwischen Originalsystem und Modell. (Quelle: [229])

Die Modellierung reduziert interne Unsicherheit. Architekturspezifische Fragestellungen wie beispielsweise die erwartete Buslast und das Zeitverhalten (vgl. [23, 27, 220]), das Gewicht des Leitungssatzes (vgl. [27]), Änderungsauswirkungen (vgl. [27, 220, 231]) aber auch die Verifikation von Spezifikationen (vgl. [7, 29]) können durch statische Analysen oder – bei ausreichendem Formalisierungsgrad – durch Ausführung der entwickelten Architektur- und Komponentenmodelle (Simulation) beantwortet werden [23, 27]. In der Praxis werden die einzelnen Entwicklungsphasen daher inhaltlich durch Modelle der Fahrzeug-Software- und -Hardware-Architektur aber auch umgebender Systeme unterstützt [7, 29]. Insbesondere in der frühen Phase haben diese Modelle einen präskriptiven Charakter. Sie spezifizieren das zukünftige Entwicklungsergebnis, an dem sich die folgenden Entwicklungsschritte orientieren [27, 28].

Zur Modellierung kommen formale Architekturbeschreibungssprachen zum Einsatz [27, 232]. Diese legen die Notation für die einzelnen Modellelemente und deren Beziehungen sowie teilweise die standardisierten Sichten auf das Modell sowohl syntaktisch als auch semantisch fest [27, 222, 232, 233]. Ein sogenanntes Metamodell stellt dabei die Modellelemente und Beziehungen der Beschreibungssprache wiederum als Modell dar [25, 234–236].

Zur entsprechenden Abbildung von Fahrzeug-Software- und Hardware-Architekturen sind in Wissenschaft und Technik die Modellierungssprachen Systems Modeling Language (SysML) [237], das AUTOSAR-Metamodell [238, 239], die Architecture Analysis and Design Language (AADL) [240] sowie die Electronics Architecture and Software Technology - Architecture Description Language (EAST-ADL) [241, 242] verbreitet [27, 232]. SysML erlaubt unter anderem die Modellierung von Anforderungen, Verhalten und Struktur, während beispielsweise das AUTOSAR-Metamodell nur die Strukturmodellierung ermöglicht, diese dafür aber detailliert beschreiben kann [237, 243]. Eine ausführliche Übersicht und

Einordnung der Ausdrucksstärke der einzelnen Architekturbeschreibungssprachen und ihrer Metamodelle findet sich in (Dajsuren et al. [232]).

In Bezug auf die industrielle Problemstellung werden durch die Modellierung die vorhandenen Daten, Informationen und das Wissen über die zu entwickelnde Architektur dokumentiert [25, 174, 222, 223, 229]. Interne Unsicherheit kann durch entsprechende Modellanalysen und Simulation reduziert werden. Zusammen mit dem präskriptiven Charakter der Architektur ist die Modellierung daher dazu geeignet, die Architektur vor ihrer Realisierung auf eine definierte Menge an Eigenschaften hin zu optimieren [28]. Externe Unsicherheit mit Bezug zur Architekturgestaltung wird gegenwärtig allerdings in keinem der Modelle abgebildet und kann daher auch nicht behandelt werden.

2.2.4   Umgang mit Unsicherheit in der Software- und -Hardware-Architekturentwicklung

Unsicherheit wird im Gesamtfahrzeug- sowie Software- und Hardware-Architekturentwicklungsprozess divers berücksichtigt und behandelt (vgl. Abbildung 2.17). Der Gesamtfahrzeugentwicklungsprozess legt übergeordnet die Randbedingungen zur Fahrzeugentwicklung fest und definiert bereits Mechanismen und Restriktionen zum Umgang mit Unsicherheit [27, 174]. Er gibt zeitlich zu erreichende Reifegradstufen an Projektmeilensteinen vor, die die Qualität und Vollständigkeit des zu erreichenden Wissensstands über das Produkt sowie dessen Kontext überprüfen (vgl. Abbildung 2.12) [24, 29, 173, 174]. Dieses Sicherungssystem steuert die Entwicklungsaktivitäten zur Reduktion der entwicklungsprojektinternen, epistemologischen Unsicherheit, beispielsweise bezüglich der Realisierung angestrebter Produkteigenschaften, der Fertigungskosten oder der gewählten Lieferbeziehungen [29, 37]. Explizit ist hierbei für die Software- und Hardware-Architektur im V-Modell das frühzeitige Testen und Absichern der entwickelten Komponenten auf Einzel- und Integrationsebene sowie später auf Sub- und Gesamtsystemebene verankert (vgl. Abbildung 2.14). Die interne Unsicherheit bezüglich der realisierten Produkteigenschaften und Anforderungen wird systematisch gegen die Spezifikation geprüft [7, 178].

Externe Unsicherheiten im Zielsystem werden in der Produkt- und Projektzieldefinition nicht systematisch betrachtet, sondern durch vorläufige Annahmen, die sich später wiederum ändern können, abgebildet [6, 84]. Gemäß der Definition wird beim V-Modell beispielsweise davon ausgegangen, dass die Anforderungen zu Beginn vollständig bekannt sind [7, 27]. Der Fahrzeugentwicklungsprozess folgt dem Denkansatz des Frontloadings (vgl. Abbildung 1.4): Zu einem frühen Entwicklungszeit-

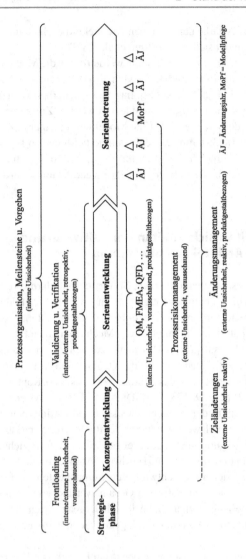

Abbildung 2.17 Umgang mit unterschiedlichen Typen von Unsicherheit im Fahrzeugentwicklungsprozess. (in Orientierung an [28])

punkt wird durch Technologiemanagementmethoden, Marktrecherchen und Studien sowie Mitarbeit in politischen und standardisierenden Gremien versucht, ein möglichst großes Produktwissen und ein genaues Bild der Zukunft zu erzeugen, um entwicklungsprozessinterne und -externe Unsicherheit zu reduzieren [6, 7, 24, 25, 82]. Gleichzeitig werden die eigentlichen Entscheidungspunkte so spät wie möglich im Prozess verankert, um entsprechende Freiheitsgrade in der Produkt- und Komponentengestalt offen zu halten [6, 244]. Im Rahmen der Software- und Hardware-Architekturentwicklung sind die Architekturmodelle zentrale Entwicklungsartefakte des Frontloadings [27]. Sie dokumentieren die vorhandenen Informationen sowie das Wissen und erlauben durch Modellanalyse und Simulation die Inferenz zukünftiger Produkteigenschaften (vgl. Abschnitt 2.2.3). Externe Unsicherheit ist allerdings inhärent nur schwer zu beeinflussen und zu reduzieren (vgl. Abschnitt 2.1.2). Durch das Frontloading wird daher maßgeblich entwicklungsprojektinterne Unsicherheit behandelt. Externe, aleatorische Unsicherheiten werden indessen transparent und sollen durch die prinzipielle Bestrebung, entsprechende Freiheitsgrade in der Produkt- und Komponentengestalt offen zu halten, behandelt werden [6]. Eine methodische Anleitung zur konkreten Behandlung – zum Beispiel durch Flexibilität – ist im Prinzip des Frontloadings allerdings nicht vorhanden.

Zur Erprobung, Validierung, Verifizierung und testweisen Integration der Komponenten und Systeme kommen im Verlauf der Serienentwicklung wiederkehrend Prototypenmuster unterschiedlichen Reifegrads zum Einsatz [210, 215]. Sie reduzieren die interne Unsicherheit produktgestaltungsbezogen nach Generierung der entsprechenden Entwicklungszwischenergebnisse. Die Erprobung dieser Muster im Rahmen der Integration findet daher je nach Fortschritt des Entwicklungsprozesses durch spezielle Simulations- oder Testverfahren (z. B. Model-, Software-, Processor- oder Hardware-in-the-Loop) oder in realen Versuchsfahrzeugaufbauten statt [7, 224]. Die frühe Kundenerprobung zur Validierung der Anforderungen trägt unter anderem zur Reduktion des Entwicklungsrisikos aufgrund interner und externer, reduzierbarer Unsicherheit bei [69]. Unsicherheiten mit Auswirkungen auf die Produktgestalt werden für entwicklungsprojekt- und unternehmensinterne Unsicherheit vorausschauend durch Risiko- und Qualitätsmanagementprozesse gesteuert (vgl. [6, 224]). Beispiele hierfür sind die FMEA, das Quality Function Deployment (QFD) oder die Fehlerbaumanalyse, die vor allem im Bereich der Zuverlässigkeitsbetrachtung zum Einsatz kommen [6, 16, 23].

Mit dem zeitlichen Fortschritt des Entwicklungsprojekts verändert sich der Informations- und Wissensstand über die externe Unsicherheit der Rahmenbedingungen (vgl. [25]). Die Produkt- und Projektzieldefinition werden während des Fahrzeugentwicklungsprojekts angepasst [84]. Die produktgestaltbezogenen Auswirkungen derartiger Zielanpassungen werden vornehmlich im Änderungsfall durch reaktive Produktanpassungen während der Entwicklung oder im Rahmen der Änderungsjahre und der Modellpflege berücksichtigt (vgl. Abbildung 2.17) [23, 27]. Organisatorisch werden sie über das technische Änderungsmanagement gesteuert (vgl. [245–247]). Der Änderungsbedarf wird analysiert, hinsichtlich der materiellen sowie immateriellen Auswirkungen untersucht und entschieden. Bei Freigabe wird anschließend die Änderungsdurchführung betreut [245–247]. Auch für eventuell notwendige Anpassungen des Fahrzeugs nach dem Entwicklungsende zeichnet sich das Änderungsmanagement verantwortlich [245, 247].

Da der fortschreitende Reifegrad des Entwicklungsprozesses jeweils durch den aktuellen Zustand des Projektzielsystems definiert ist, kann eine rein reaktive Anpassung der Produktarchitektur weitreichende Folgen für die Projektzielerreichung haben [6]. Unter zeitinstabilen technologischen, regulatorischen und marktbezogenen Rahmenbedingungen muss in diesem Fall eine Anpassung der Projektziele zur Produktzielerreichung in der Projektverantwortung liegen [6, 24]. Die strategischen und operativen Interessen der Organisation treffen aufeinander (vgl. [27]). Muschik et al.[25] beschreibt hierzu eine Methode, die die Ableitung sowie Konkretisierung zukunftsorientierter Anforderungen aus dem Projektzielsystem unter Unsicherheit der Rahmenbedingungen anleitet. (Derichs et al. [188]) zeigt, dass sich durch die Nutzung unsicherer Informationen beim Frontloading und Simultaneous Engineering die Produktentwicklungszeit verkürzen lässt.

Block et al. [84] finden durch eine empirische Studie bei einem Automobilhersteller heraus, dass sich die initial definierten Projektziele und Anforderungen im Verlauf der Konzeption und Entwicklung aufgrund externer Unsicherheit oft noch ändern. Erfahrene Entwickler können diese Änderungen prognostizieren und bei ausreichendem Wissen sogar mögliche, zu erwartende Anforderungsausprägungen nennen. Die potenziellen Änderungen werden individuell in die Zukunft extrapoliert. Die Motivation der Entwickler ist dabei eine möglichst flexible und robuste Produktgestaltung, um reaktiven Änderungen vorzubeugen. Aufgrund der fehlenden methodischen Unterstützung und der fehlenden systematischen Verankerung im Entwicklungsprozess kann dies aber nur eingeschränkt und lokal begrenzt realisiert werden. Maßnahmen zur Kosten- und Ressourceneffizienz in der Entwicklung wirken dem Einsatz von Flexibilität beziehungsweise der robusten Gestaltung entgegen [46, 84]. So kann beispielsweise ein zusätzlicher Ressourceneinsatz zur Flexibilisierung gegenüber den Entscheidungsträgern nur bedingt begründet werden, da die Extrapolation der Anforderungen auf individueller Information und Wissen beruht. Der aktuelle Zustand des Projektzielsystems bildet den Anpassungsbedarf nicht ab. Dies wirkt sich in einer geringen Kosteneffizienz bei der Flexibilitätsintegration aus oder führt zu einer fehlenden Architekturanpassbarkeit für zukünftig relevante Funktionen [46, 84, 248–250]. Bei methodischer Unterstützung könnten diese individuellen Informationen und das Wissen zur besseren Prognose im Projektzielsystem und in den Änderungsentscheidungen verwendet werden (vgl. [84]). Die punktuelle Festlegung der initialen Anforderungen verursacht Unsicherheit bei den Entwicklern, da eine spätere Änderung der Anforderungen erwartet wird. Dementsprechend reduziert sich die Unsicherheit mit fortschreitendem Entwicklungsverlauf [25, 84].

Aufgrund der sich ändernden Rahmenbedingungen finden die bereits in Abschnitt 2.1.5 beschriebenen, inkrementell-iterativen Vorgehensweisen in der Fahrzeug-Software- und -Hardware-Entwicklung neben dem V-Modell zunehmend Anwendung [175, 251]. Dokumentierte Vorteile lassen sich vor allem in der Softwareentwicklung feststellen [23]. Bei der Elektronik befinden unter anderem (Borgeest et al. [23] und Staron et al. [251]) deren Einsatz aus Kostengründen, wegen fehlender Freiheitsgrade und aufgrund der meistens softwarebedingten Applikation von Hardware als ungeeignet. Eine Übersicht automobilrelevanter, agiler Entwicklungsmethoden bietet beispielsweise (Borgeest et al. [23]).

Das Projektmanagement behandelt im Rahmen des Projektrisikomanagements teilweise ebenfalls externe Unsicherheiten, allerdings ohne spezifischen Bezug zur Architektur- und Gestaltungskonzeption (vgl. [81]). Risiken externer Unsicherheit werden identifiziert und gemäß des vorgestellten Risikomanagementprozesses bewertet, beobachtet und eventuell behandelt (vgl. Abschnitt 2.1.5).

Insgesamt erfolgt die Identifikation, Kontrolle und Behandlung von Unsicherheit im Fahrzeug- sowie Software- und Hardware-Architekturentwicklungsprozess vor allem in Bezug auf interne, epistemologische Unsicherheit (vgl. Abbildung 2.17). Externe Unsicherheit der Rahmenbedingungen wird bei der Projektzieldefinition auf punktuelle Prognosen der Zukunft reduziert [27, 84]. Im weiteren Entwicklungsverlauf wird auf Veränderungen der Rahmenbedingungen durch Zielanpassung und Änderungen am zu entwickelnden Produkt reagiert [84]. Dies betrifft auch methodische Ansätze, wie zum Beispiel von Muschik [25], die Anforderungen und Rahmenbedingungen als punktuell determiniert betrachten. Flexibilität kann unter dieser Perspektive nicht effektiv realisiert werden, da die Notwendigkeit einer Anpassung aus Entwicklungssicht durch die punktuellen Prognosen verborgen ist (vgl. Abschnitt 2.1.6). Flexibilität wird individuell durch die einzelnen Entwickler auf Basis von deren Informationen und Wissen über die Unsicherheit realisiert [84]. Die Festschreibung eines zu berücksichtigenden Flexibilitätsumfangs in den Anforderungen des Projektzielsystems, wie beispielsweise beim Audi A8 geschehen, könnte dies teilweise beheben. Eine effektive und effiziente Festlegung des Umfangs zu Beginn des Fahrzeugentwicklungsprozesses ist aufgrund der sequentiell-multiplen Zukunft und ihrer Abhängigkeitsbeziehungen allerdings nur schwer zu realisieren (vgl. Kapitel 1). Eine methodische Unterstützung im Software- und Hardware-

Architekturprozess lässt sich nicht feststellen. Spätere Änderungen des Flexibilitätsgrads und damit der zukünftig potenziell zu berücksichtigenden Anforderungen können nicht ausgeschlossen werden (vgl. [82, 84]).

2.2.5 Flexibilität in der Software- und Hardware-Architektur

Flexibilität in der Fahrzeug-Software- und -Hardware-Architektur wird in der Praxis über eine passende Modulstruktur (vgl. Abschnitt 2.1.6) sowie über die entsprechende technische Konzeption der einzelnen Komponenten realisiert [7, 16]. Vor dem Hintergrund der dargestellten Ausgangssituation wurden und werden technische und topologische Weiterentwicklungen von Elektronik, Software und Architekturgestalt vorangetrieben, die die Entwicklung einer flexiblen Software- und Hardware-Architektur ermöglichen.

So wird Flexibilität beispielsweise historisch durch die logische oder hardwaretechnische Trennung von Programm und Parameterdaten erreicht. Varianten und Anpassungen des Steuerungs- oder Regelungsalgorithmus können durch die Neukodierung des Parametersatzes im Speicher aufwandsarm realisiert werden [7]. Aktuelle Entwicklungen im Rahmen von Standardisierungsvorhaben, wie die AUTOSAR Classic Plattform (vgl. z. B. [207]) und die AUTOSAR Adaptive Plattform (vgl. z. B. [252]), entkoppeln durch eine schichtenbasierte Softwarearchitektur die Applikationssoftware weitgehend von der darunter liegenden elektronischen Hardware [7, 40, 224]. Applikationssoftware sowie hardwarebezogene Komponenten sind unabhängig voneinander wiederverwendbar und können zum Beispiel für Multisourcingstrategien oder bei weiteren Modellreihen aufwandsarm ausgetauscht werden [253]. Die AUTOSAR Adaptive Plattform erweitert außerdem die fahrzeuginterne Kommunikation und ermöglicht es den Softwarekomponenten, durch eine service-orientierte Architektur plattform- und referenzunabhängig zu kommunizieren (vgl. [40, 252, 254, 255]). Weitere Ansätze mit ähnlichen Möglichkeiten existieren in Forschung und Praxis (vgl. z. B. [256–258]).

Hardwarebezogen findet dabei der Einsatz von Virtualisierungslösungen zunehmend Berücksichtigung (vgl. z. B. [250, 255, 259]). Gemeinsame Rechen-, Speicher- und Kommunikationsressourcen der Hardware können über voneinander virtuell separierte Steuergeräte verteilt werden [40, 259]. Durch eine bedarfsgerechte virtuelle Zuweisung von Ressourcen kann die Flexibilität sowie Skalierbarkeit einzelner Anwendungen gesteigert werden [33, 250, 259]. Daher werden die einzelnen, speziellen Steuergeräte zunehmend zu leistungsfähigen Rechnern für komplette Fahrzeugdomänen oder für geometrische Zonen des Fahrzeugs verti-

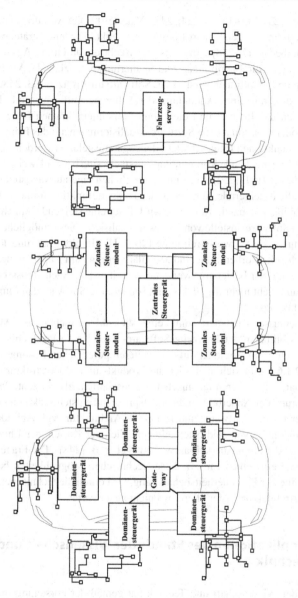

Abbildung 2.18 Mögliche Architekturmuster zukünftiger Fahrzeug-Software- und -Hardware-Architekturen (v. li.: Domänenarchitektur, Zonale Architektur, Zentrale Architektur, nach [248])

kal integriert [23, 33, 41, 42, 224, 248, 256, 259]. Dies verkürzt einerseits die
Kabelstrecken im Fahrzeug, spart Energie und senkt die Steuergerätekosten sowie
den Bauraumbedarf [7, 248]. Andererseits erlaubt es, durch die Aggregation der
Rechenressourcen die Flexibilitäts- und Skalierungspotenziale der Virtualisierung
auszunutzen und Funktionen verstärkt in Software umzusetzen [33, 248, 255, 259,
260]. Wird dies mit einer Anbindung der Fahrzeug-Software- und -Hardware-
Architektur an das Internet und die Cloud kombiniert, können fehlerbereinigte,
angepasste oder funktional neue Softwareaktualisierungen auf das Fahrzeug aufge-
spielt sowie Funktionen freigeschaltet oder sogar ausgelagert werden [33, 46, 248,
260], [261]. Entsprechende Kommunikationsstacks sind beispielsweise durch Standards spezifiziert (vgl. [252, 262]) und ermöglichen eine aufwandsreduzierte und
damit flexibilitätssteigernde Anpassung des Fahrzeugfunktionsumfangs [261]. Um
diese Flexibilitätspotenziale zu heben, wird daher eine steigende Anzahl an Funktionen durch Software anstelle von Hardware realisiert. Dies ermöglicht gegenüber
der Elektronik neue Entwurfsfreiräume [260]. Die Implementierung lässt sich –
bei entsprechender Vorbereitung und Modularisierung zum Anpassen der Software
– leichter revidieren beziehungsweise überarbeiten [7]. Nach Reuss et al. [260]
bestimmt dann nicht mehr die Elektronik, sondern die Software den Funktionsumfang des Fahrzeugsystems.

Zusammenfassend existiert somit eine Vielzahl an technischen Möglichkeiten, um Flexibilität in der Fahrzeug-Software- und -Hardware-Architektur effizient zu realisieren. Im Abgleich mit den weiteren potenziellen Lösungsansätzen in
Abschnitt 2.1.6 ergibt sich auch hier die Produkt- und Modulstruktur der Architektur, gepaart mit weiteren technischen Eigenschaften, als ein zentrales Element
zur Realisierung der Änderbarkeit. Dementsprechend entstehen aktuell neue Architekturmuster für die Software- und Hardware-Architektur (vgl. Abbildung 2.18),
die unterschiedliche Vor- und Nachteile bezüglich der Kosten, des Entwicklungs-
aufwands und der Anpassbarkeit aufweisen (vgl. z. B. [248]). Die Frage nach dem
effektiven und effizienten Einsatz dieser technischen Möglichkeiten beziehungsweise der Güte der Unsicherheitsbehandlung wird durch die technischen Möglichkeiten und Architekturmuster allerdings nicht beantwortet.

2.3 Implikationen des Stands der Wissenschaft und Technik

Der Stand der Wissenschaft und Technik hat gemäß der Forschungsmethode die
Aufgabe, das wissenschaftliche Verständnis der Wirkzusammenhänge vor dem Hintergrund der industriellen Problem- und Fragestellung aufzuzeigen und die indus-

trielle Problemstellung bezüglich potenzieller, bereits existierender Lösungen zu analysieren (vgl. Abschnitt 1.3). Im Folgenden werden die zentralen Erkenntnisse dieser Analyse zusammengefasst, um die Implikationen für diese Arbeit und den wissenschaftlichen Forschungsbedarf abzuleiten.

Bei der in Kapitel 1 beschriebenen, für die Problem- und Fragestellung relevanten Unsicherheit der Rahmenbedingungen handelt es sich gemäß der Gliederung in Abschnitt 2.1.2 um externe, aleatorische Unsicherheit. Sie ist nur schwer zu reduzieren oder zu beeinflussen und wirkt sich über das Projektzielsystem und die sich potenziell ändernden Anforderungen darin auf die Fahrzeug-Software- und Hardware-Architektur aus. Sie impliziert mögliche Software- und Hardwareanpassungen, um die Produktziele auch unter veränderten Rahmenbedingungen zu erreichen (vgl. Abschnitt 2.2.2 und 2.2.4). Flexibilität in der Software- und Hardware-Architektur kann diese Anpassungen aufwandsarm ermöglichen und stellt damit eine effektive Lösung zum Umgang mit externer, aleatorischer Unsicherheit der Rahmenbedingungen dar (vgl. Abschnitt 2.1.3).

Abschnitt 2.1.5 und 2.1.6 zeigen auf, dass es für die effektive Behandlung der Unsicherheit und die effiziente Realisierung der Flexibilität durch Flexibilitätsmechanismen prinzipiell eine Vielzahl an bereits existierenden Vorgehensmodellen und Methoden gibt, die mindestens eine ungefähre, wenn auch keine spezifisch für den Anwendungsfall validierte Lösung bieten. Keines der analysierten Vorgehensmodelle, Methoden oder Prozesse adressiert allerdings gleichzeitig den effizienten Einsatz von Flexibilität unter unsicheren, externen Rahmenbedingungen (vgl. Abschnitt 2.1.6). Die Risikobewertung im Risikomanagementsprozesses hat beispielsweise den effizienten Einsatz von Maßnahmen zur Unsicherheitsbehandlung zum Ziel, leitet die effektive und effiziente Realisierung von Flexibilität im Produkt jedoch nicht an (vgl. Abschnitt 2.1.5). Abschnitt 2.2.5 listet exemplarisch Mechanismen auf, die die effiziente, technische Realisierung von Flexibilität in der Fahrzeug-Software- und -Hardware-Architektur ermöglichen.

Abschnitt 2.2.2 bis 2.2.4 legen das methodische Vorgehen zur Entwicklung von Fahrzeug-Software- und -Hardware-Architekturen unter Unsicherheit dar. Durch den Gesamtentwicklungsprozess und die damit verknüpften Methoden wird vornehmlich interne, epistemologische Unsicherheit bei der Fahrzeug-Software- und -Hardware-Architekturentwicklung behandelt. Die Berücksichtigung von Flexibilität als Produkteigenschaft der Fahrzeug-Software- und Hardware-Architektur zur effektiven Behandlung externer Unsicherheit im Fahrzeugentwicklungsprozess ist prinzipiell möglich (vgl. Abschnitt 2.2.4). Die dafür geeigneten Vorgehensmodelle und Methoden (vgl. Abschnitt 2.1.5, 2.1.6 und 2.2.2) fokussieren allerdings erneut die effektive Behandlung von Unsicherheit durch eine effiziente Gestaltung der Flexibilitätsmechanismen unter vorgegebenem Flexibilitätsgrad.

Es besteht eine Forschungslücke bezüglich der industriellen Problem- und Fragestellung. Es existiert keine Methode, die die aleatorische, externe Unsicherheit der Rahmenbedingungen effektiv behandelt sowie gleichzeitig die dafür benötigte Flexibilität effizient einsetzt und realisiert. Block et al. [84] stellen in diesem Zusammenhang fest, dass im industriellen Bezugsrahmen der Software- und Hardware-Architekturentwicklung daher wiederkehrend Zielanpassungen und Änderungen am zu entwickelnden Produkt auftreten (vgl. Abschnitt 2.2.4). Die Chance, die Produkt- und Entwicklungsprojektziele durch Flexibilität gegen die Unsicherheit der technologischen, regulatorischen und marktbezogenen Rahmenbedingungen abzusichern, kann nicht genutzt werden. Um die mit der Forschungslücke verbundene wissenschaftliche Herausforderung vollständig zu erfassen, bedarf es daher einer Kontextualisierung der industriellen Problem- und Fragestellung in die festgestellten wissenschaftlichen Wirkzusammenhänge des Stands der Wissenschaft und Technik.

Wissenschaftstheoretische Kontextualisierung und Positionierung

3

Um dem wissenschaftlichen Anspruch des Forschungsvorhabens gerecht zu werden, muss die industrielle Problem- und Fragestellung gemäß Blessing et al. [85] ins Verhältnis zur aktuellen Praxis und Forschung gesetzt werden. Sie wird daher im Folgenden bezüglich des wissenschaftlichen Anspruchs analysiert (vgl. Abschnitt 3.1), um die wissenschaftliche Herausforderung sowie die zugehörige Fragestellung und Zielsetzung dieser Arbeit zu definieren (vgl. Abschnitt 3.1 und 3.2). Die Abgrenzung und wissenschaftstheoretische Positionierung der Arbeit findet in Abschnitt 3.3 statt.

3.1 Problemanalyse und wissenschaftliche Herausforderung

Die skizzierte industrielle Problem- und Fragestellung beschreibt die Herausforderung, die Fahrzeug-Software- und Hardware-Architektur unter extern- und aleatorisch-unsicheren, technologischen, marktbezogenen und regulatorischen Rahmenbedingungen derart zu gestalten, dass die Unsicherheit effektiv behandelt und die dafür benötigte Flexibilität effizient eingesetzt und realisiert wird (vgl. Abschnitt 1.2). Im Folgenden wird diese industrielle Problem- und Fragestellung analysiert, um die zugrunde liegende wissenschaftliche Herausforderung zu extra-

Ergänzende Information Die elektronische Version dieses Kapitels enthält Zusatzmaterial, auf das über folgenden Link zugegriffen werden kann https://doi.org/10.1007/978-3-658-42804-4_3.

hieren. Dies erfolgt, indem die Wirkweise der unsicheren Rahmenbedingungen auf die Fahrzeug-Software- und -Hardware-Architekturentwicklung aus den Erkenntnissen des Stands der Wissenschaft und Technik synthetisiert und in Beziehung zur industriellen Problem- und Fragestellung gesetzt wird (vgl. Abbildung 3.1).

Die effektive Behandlung der aleatorischen Unsicherheit der Rahmenbedingungen durch Flexibilität bedingt, dass die finale Gestalt der Fahrzeug-Software- und -Hardware-Architektur im Bedarfsfall mit geringem Aufwand an die möglichen Zukunftsausprägungen der Rahmenbedingungen angepasst werden kann. Die aleatorische Unsicherheit der Rahmenbedingungen impliziert im Projektzielsystem der Entwicklung eine aleatorische Unsicherheit darüber, welche Anforderungsausprägungen wann erfüllt werden müssen (vgl. Abbildung 3.1 re.). Diese aleatorische Unsicherheit muss in der Architekturkonzeption zur nutzbringenden Flexibilitätsintegration betrachtet und durch Flexibilitätsmechanismen behandelt werden. Diverse wissenschaftliche und praktisch angewendete Methoden adressieren eine derartige Gestaltung bereits im Bereich der Fahrzeugarchitekturentwicklung; teilweise spezifisch im Anwendungsfall der E/E-Architekturen (vgl. [27, 77, 168] in Abschnitt 2.1.6). Dabei unterstützen sie unter anderem die Auswahl einer effizienten, technischen Realisierung der Flexibilitätsmechanismen.

Der effiziente Einsatz von Flexibilität adressiert hingegen die Fragestellung, welche Zukunftsausprägungen der unsicheren Rahmenbedingungen durch Flexibilität überhaupt behandelt werden sollten (vgl. Abschnitt 1.2). Diese abwägende Entscheidung wird in der Fahrzeugentwicklung erstmals in der strategischen Phase approximativ auf Basis punktueller Zukunftsprognosen getroffen und im weiteren Entwicklungsverlauf bei neuer Information und neuem Wissen wiederkehrend korrigiert (vgl. [25, 27, 84] in Abschnitt 2.2.4). Es entsteht eine zweite Unsicherheit epistemologischen Charakters im Projektzielsystem der Entwicklung, die ihren Ursprung in der externen, aleatorischen Unsicherheit der Rahmenbedingungen hat. Sie beschreibt die Unsicherheit, welche Zukunftsausprägungen bei der Gestaltung des flexiblen Fahrzeug-Software- und -Hardware-Architekturkonzepts berücksichtigt werden sollen (vgl. Abbildung 3.1 li., [25, 84]). Aufgrund der korrigierenden Entscheidungen bei neuer Information oder neuem Wissen stellen die anfangs zu betrachtenden Zukunftsausprägungen aus der strategischen Phase nur eine grobe Approximation der später final zu betrachtenden Zukunftsausprägungen dar.

Die epistemologische Unsicherheit reduziert sich mit dem Entwicklungsfortschritt (vgl. [25, 84]). Einerseits generiert die Entwicklung das zur Produktzielerreichung notwendige Fahrzeug und im dafür notwendigen Zeitraum kommen neue Informationen und neues Wissen über potenziell relevante Zukunftsausprägungen hinzu. Andererseits entstehen durch die Architekturkonzeptentwicklung neue Informationen und neues Wissen über die Auswirkungen der Flexibilitätsintegration

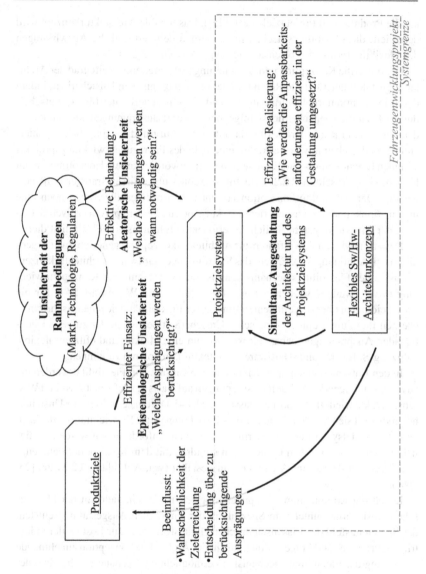

Abbildung 3.1 Schematische Darstellung der wissenschaftlichen Problembeschreibung

auf die Produkt- und Projektziele (vgl. [25]). Das flexible Architekturkonzept wird
detailliert, die Flexibilitätsmechanismen werden definiert und die Auswirkungen
des Flexibilitätseinsatzes offensichtlich (vgl. Abschnitt 2.2.2).

Der durch die Konzeption und Absicherung fortschreitende Reifegrad der Architekturgestalt unterstützt die Reduktion der epistemologischen Unsicherheit, indem
durch ihn kontinuierlich Informations- und Wissensgenerierung für die Entscheidungen bezüglich der zu berücksichtigenden Zukunftsausprägungen und damit über
den effizienten Einsatz der Flexibilität stattfindet. Aufgrund der Entscheidungshierarchien und Zielverantwortlichkeiten innerhalb des Fahrzeugentwicklungsprojekts
stimmen Entwicklungs- und Entscheidungsverantwortlichkeiten dabei oftmals nicht
überein (vgl. Abschnitt 2.2.2). Ein Informations- und Wissenstransfer wird notwendig. Der Architekturkonzeption kommt neben der gestalterischen noch eine
informations- und wissensgenerierende Aufgabe zu, die zur approximativen Schätzung der Auswirkungen bezüglich des effizienten Einsatzes von Flexibilität dient.

Das zu entwickelnde Verfahren zur Architekturkonzeption generiert zwei Ergebnisse (vgl. Abbildung 3.2): Erstens das Software- und Hardware-Architekturkonzept
inklusive der Flexibilitätsmechanismen als finales Ergebnis der Konzeptentwick-
lung sowie zweitens wiederkehrend Informations- und Wissensartefakte für die
Entscheidungen über den effizienten Einsatz der Flexibilität. Die aleatorische Unsicherheit muss unter epistemologischer Unsicherheit bezüglich der zu berücksichtigenden Ausprägungen behandelt werden, um eine effektiv und effizient flexible
Fahrzeug-Software- und -Hardware-Architektur konzipieren zu können.

In den Entscheidungen über den effizienten Einsatz von Flexibilität werden die
zu berücksichtigenden Zukunftsausprägungen auf Basis der Informations- und Wissensartefakte wiederkehrend angepasst [25, 27, 84]. Die epistemologische Unsicherheit reduziert sich mit dem Konzeptions- beziehungsweise Entwicklungsfortschritt.
Das Projektzielsystem und die darin vorhandenen Anforderungen werden bezüglich der epistemologischen Unsicherheit simultan mit dem Konzept der Fahrzeug-
Software- und -Hardware-Architektur ausgestaltet (vgl. Abbildung 3.2 Mitte, [25,
169]).

Durch die Kombination der epistemologischen Unsicherheit mit der aleatorischen Unsicherheit unter dem Spezifikum der simultanen Ausgestaltung entsteht
das Spannungsfeld der wissenschaftlichen Herausforderung zur Lösung der indus-
triellen Problem- und Fragestellung: Die in der Architekturkonzeption zunehmende
Festlegung der Flexibilitätsmechanismen ermöglicht eine genauere Schätzung der
Auswirkungen auf die Produkt- und Projektziele bei Berücksichtigung oder Nicht-
berücksichtigung einzelner Zukunftsausprägungen. Gleichzeitig werden durch die
Festlegung der Flexibilitätsmechanismen allerdings der zur Schätzung betrachtete
Gestaltungsraum sukzessive einschränkt und weniger Informationen bezüglich der
Auswirkungen unter alternativen Ausprägungskombinationen für die Entscheidun-

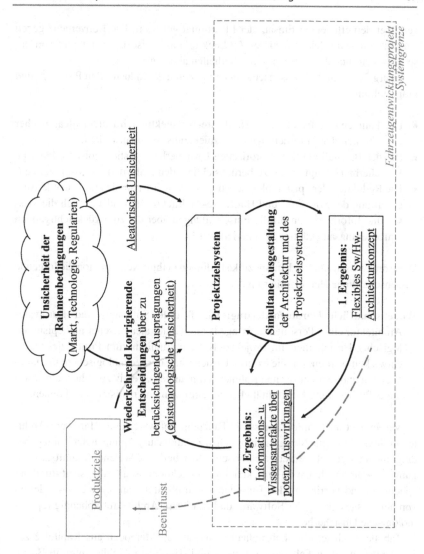

Abbildung 3.2 Schematische Darstellung der wissenschaftlichen Herausforderung

gen über den effizienten Einsatz der Flexibilität generiert. Die Konvergenz gegen ein effizient und effektiv flexibles Architekturkonzept ist daher inhärent von der spezifischen Interaktion beider Unsicherheiten abhängig. Es ergeben sich drei wissenschaftliche Spezifika der industriellen Problem- und Fragestellung:

- Die Fahrzeug-Software- und -Hardware-Architektur wird unter aleatorischer Unsicherheit der Anforderungen im Projektzielsystem entwickelt.
- Bei der Behandlung der aleatorischen Unsicherheit existiert epistemologische Unsicherheit bezüglich der zu berücksichtigenden Anforderungsausprägungen.
- Die Reduktion der epistemologischen Unsicherheit ist an die zunehmende Ausgestaltung der Software- und Hardware-Architektur gebunden, durch die Wissen und Informationen für die Entscheidungen über die zu berücksichtigenden Anforderungsausprägungen generiert werden.

Diese drei wissenschaftlichen Spezifika bedingen in ihrer Kombination die folgende wissenschaftliche Herausforderung.

Wissenschaftliche Herausforderung: Die flexible Software- und Hardware-Architektur eines Personenkraftwagens muss unter aleatorischer und epistemologischer Unsicherheit im Projektzielsystem simultan zum Projektzielsystem entwickelt werden, um die externe Unsicherheit der technologischen, marktbezogenen und regulatorischen Rahmenbedingungen effektiv zu behandeln sowie die dafür benötigte Flexibilität effizient einsetzen und realisieren zu können.

Vereinfacht ausgedrückt, muss die Fahrzeug-Software- und -Hardware-Architektur flexibel für eine Menge an möglichen Zukunftsausprägungen der Rahmenbedingungen ausgelegt werden (aleatorische Unsicherheit). Welche Zukunftsausprägungen zu dieser Menge im Projektzielsystem gehören, ist allerdings aufgrund der wiederkehrend korrigierenden Entscheidungen ebenfalls unsicher und wiederum von der Ausgestaltung der Software- und Hardware-Architektur abhängig (epistemologische Unsicherheit).

Tabelle 3.1 listet eine beispielhafte Auswahl an Methoden aus Kapitel 2 zur Konzeption flexibler Fahrzeug-Software- und -Hardware-Architekturen in Bezug auf diese wissenschaftliche Herausforderung auf. Nach Analyse lässt sich in Analogie zu Abschnitt 2.3 feststellen, dass keine der in Kapitel 2 aufgeführten Methoden die Entwicklung eines flexiblen Fahrzeug-Software- und -Hardware-Architekturkonzepts unter aleatorischer und epistemologischer Unsicherheit simultan zum Projektzielsystem unterstützt. Ein Großteil der Methoden adressiert

Tabelle 3.1 Analyse ausgewählter Methoden zur Konzeption flexibler Software- und -Hardware-Architekturen

	Flexible Produktgestaltung[1]	Aleatorische Unsicherheit[2]	Epistemologische Unsicherheit[2]	Simultane Ausgestaltung[3]	Industrieller Bezugsrahmen
Gesamtfahrzeugprozess (vgl. Kap. 2.2.2)	○	○	○	○	Automobilindustrie
V-Modell nach VDI 2206 [187][a]	○	○	○	○	u.a. Fahrzeug-Software- und -Hardware-Entwicklung
Methode nach Muschik [37]	○	●	●	●	Frühe Phase der Fahrzeugentwicklung
Methode nach Derichs [196]	○	●	●	●	nicht gegeben
CMEA [200, 201]	●	●	○	○	Haushaltsgeräte-Entwicklung
Methode nach Silver et al. [206]	◐	●	○	○	Entwicklung einer Trägerrakete
Methode nach Nilchiani et al. [207]	○	●	●	○	Raumfahrttechnik
Methode nach Koh et al. [169]	●	○	●	●	Motorentwicklung für Lastkraftwagen
Methode nach Kang et al. [176]	◐	●	○	○	Motorauslegung für PKW
Methode nach Block [87]	●	●	○	○	Fahrzeug-Software- und -Hardware-Architekturentwicklung
Design for variety [168]	●	●	○	○	Entwicklung eines Wasserkühlgeräts
Methode nach Engel et al. [180, 181, 197]	●	●	○	●	u.a. Antriebsstrangentwicklung für Lastkraftwagen
Design for flexibility principles [65]	●	●	●	●	Automobilindustrie

1 ● = Methodische Anleitung vorhanden, ◐ = Analyse der Flexibilität, allerdings keine methodische Anleitung, ○ = Anleitung nicht vorhanden

2 ● = Methodische Anleitung zum Umgang mit Unsicherheit vorhanden, ◐ = Berücksichtigung als Randbedingung ohne methodische Anleitung, ○ = Keine Berücksichtigung

3 ● = Methodische Anleitung vorhanden, ◐ = Berücksichtigung der Koexistenz als Randbedingung ohne methodische Anleitung, Keine methodische Anleitung vorhanden

a Bewertung gemäß Beschreibung in Schäuffele et al. [21]

lediglich die Behandlung aleatorischer Unsicherheit unter Ignoranz der epistemologischen Unsicherheit. Dadurch findet die Generierung der Informations- und Wissensartefakte nicht systematisch und methodisch statt. Eine Beurteilung des effizienten Einsatzes von Flexibilität in den wiederkehrend korrigierenden Entscheidungen über die zu berücksichtigenden Zukunfts- und Anforderungsausprägungen ist nicht möglich. Es existiert eine Wissens- und damit Forschungslücke in Bezug auf die Behandlung aleatorischer Unsicherheit durch Flexibilität in der Fahrzeug-Software- und Hardware-Architektur bei gleichzeitiger Existenz epistemologischer Unsicherheit über den Flexibilitätsgrad.

3.2   Forschungsfragen und wissenschaftliche Zielsetzung

Ziel der Arbeit ist es, ein Verfahren zu konzipieren, das die Entwicklung einer flexiblen Software- und Hardware-Architektur eines Personenkraftwagens unter externer, aleatorischer und epistemologischer Unsicherheit im Projektzielsystem anleitet und die simultane Ausgestaltung der Architektur und des Projektzielsystems berücksichtigt, um die aleatorische Unsicherheit der Rahmenbedingungen effektiv zu behandeln sowie die Flexibilität effizient einzusetzen und zu realisieren.

Zweck der flexiblen Architekturgestalt ist es, das Risiko der Produkt- und Projektzielverfehlung aufgrund potenzieller technologischer, regulatorischer und marktbezogener Veränderungen der Rahmenbedingungen zu verringern. Die Wahrscheinlichkeit der strategischen Produkt- sowie operativen Projektzielerreichung bildet somit das Kriterium aus, durch das die Güte des zu entwickelnden Verfahrens hinsichtlich Effizienz und Effektivität bei aleatorischer Unsicherheit zu bewerten ist. Es ergibt sich folgende Forschungsleitfrage:

Forschungsleitfrage: Wie muss die flexible Software- und Hardware-Architektur eines Personenkraftwagens unter aleatorischer und epistemologischer Unsicherheit im Projektzielsystem methodisch und simultan zum Projektzielsystem entwickelt werden, um die externe Unsicherheit der technologischen, marktbezogenen und regulatorischen Rahmenbedingungen effektiv zu behandeln sowie die dafür benötigte Flexibilität effizient einsetzen und realisieren zu können?

Das Software- und Hardware-Architekturkonzept präfabriziert bereits in einer frühen Entwicklungsphase die Flexibilitätseigenschaft (vgl. Abschnitt 1.2 und 2.2.2). Fokus dieser Arbeit ist daher die Konzeptionsphase der Fahrzeug-Software- und -Hardware-Architekturentwicklung. Gemäß der wissenschaftlichen Spezifika der industriellen Problem- und Fragestellung existieren daher zwei untergeordnete

Herausforderungsbereiche, die in der simultanen Ausgestaltung gekoppelt sind und zur Beantwortung der Forschungsleitfrage adressiert werden müssen (vgl. Abschnitt 3.1). Dies ist einerseits die methodische Konzeption einer flexiblen Fahrzeug-Software- und -Hardware-Architektur unter aleatorischer Unsicherheit und andererseits die methodische Ausgestaltung des Fahrzeug-Software- und -Hardware-Architekturkonzepts simultan zum Projektzielsystem (vgl. Abbildung 3.1). Aus der Forschungsleitfrage ergeben sich somit zwei Forschungsfragen:

Forschungsfrage 1: Wie muss die flexible Software- und Hardware-Architektur eines Personenkraftwagens unter externer, aleatorischer Unsicherheit im Projektzielsystem methodisch konzipiert werden, um die Unsicherheit der Rahmenbedingungen durch effiziente Flexibilitätsmechanismen effektiv behandeln zu können?

Forschungsfrage 2: Wie muss das Fahrzeug-Software- und -Hardware-Architekturkonzept unter epistemologischer Unsicherheit simultan zum Projektzielsystem ausgestaltet werden, damit die Flexibilität zur Behandlung der unsicheren Rahmenbedingungen effizient eingesetzt werden kann?

Die gleichzeitige Beantwortung der Forschungsfragen in einem Verfahren muss das in Abschnitt 3.1 dargestellte Spannungsfeld der wissenschaftlichen Herausforderung auflösen. Die Konvergenz gegen ein effizient und effektiv flexibles Software- und Hardware-Architekturkonzept ist daher vom Zusammenspiel der methodischen Bausteine zur Beantwortung der einzelnen Fragestellungen abhängig.

3.3   Abgrenzung und wissenschaftstheoretische Positionierung

Gemäß der Zielsetzung fokussiert die Arbeit die methodische Konzeption einer flexiblen Fahrzeug-Software- und -Hardware-Architektur. Die folgende Abgrenzung und wissenschaftliche Positionierung soll dieses Ziel in Anlehnung an Blessing [85] im Kontext des Wissenschaftsgebildes verorten und gegenüber weiteren Arbeiten abgrenzen.

Wissenschaftlich ist die Arbeit im Forschungsbereich der methodischen Produktentwicklung unter Unsicherheit zu positionieren, mit spezifischem Anwendungsfall auf die flexible Software- und Hardware-Architekturkonzeption von Personenkraftwagen. Die methodische Produktentwicklung beschreibt dabei in Anlehnung an Pahl et al. [223] „ein geplantes Vorgehen mit konkreten Handlungsanweisungen zum Entwickeln und Konstruieren technischer Systeme". Unter Beachtung der Ziele wird durch Gestaltungsregeln, -prinzipien und -methoden die Verwirklichung des Produkts angestrebt [223]. Gemäß der Wissenschaftssystematik von Ulrich et al. [263] ist das Forschungsvorhaben damit den angewandten Realwissenschaften zuzuordnen (vgl. Abbildung 3.3), wobei zur Durchführung der Entwicklungsmethodik Modelle als Teil der Formalwissenschaften zum Einsatz kommen (vgl. Abschnitt 4.4). Die Produktentwicklung beschäftigt sich im Kern mit den angewandten, ingenieurwissenschaftlichen Entwurfs- und Entwicklungstätigkeiten, wobei darunter beispielsweise auch die Tätigkeitsbereiche der Elektrotechnik, der Informatik und der Arbeitswissenschaften verstanden werden (vgl. [223]).

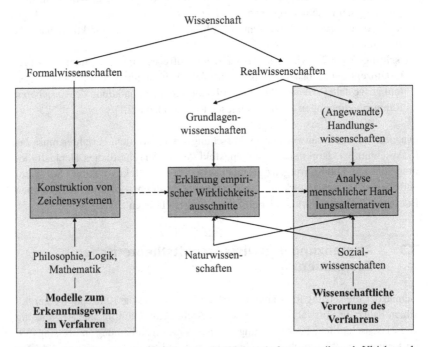

Abbildung 3.3 Einordnung der Arbeit in die Wissenschaftssystematik nach Ulrich et al. [263] (angepasst übernommen aus [263, 264])

Der industrielle Bezugsrahmen dieser Arbeit ist die Konzeptphase der Fahrzeugentwicklung, in der die Funktions- und Produktstruktur festgelegt sowie die Eigenschaften und Schnittstellen der Komponenten definiert werden (vgl. Abbildung 3.4). Übergeordneter, projektbezogen wahrnehmbarer Bezugsrahmen ist das

Fahrzeugentwicklungsprojekt selbst, wobei der Verantwortungsbereich der Software- und Hardware-Architekturkonzeption eine Untermenge der darin stattfindenden Aktivitäten ausbildet, die in einer frühen Phase ablaufen und einen signifikanten Einfluss auf die Produkt- und Projektzielerreichung haben (vgl. Abschnitt 1.1). Die detaillierte Ausgestaltung der disziplinenspezifischen Architekturen und die Entwicklung von Einzelkomponenten in der Serienphase werden nicht betrachtet.

Ebenfalls außerhalb des Betrachtungsrahmens dieser Arbeit liegen die Prozesse zur nicht-gestaltungsbezogenen Entscheidungsfindung in den jeweiligen Situationen sowie deren ablauf- und aufbauorganistorische Verankerung. Die Entscheidungen über die zu berücksichtigenden Zukunftsausprägungen sind damit nicht Teil der wissenschaftlichen Betrachtung[1]. Sie müssen vom Verfahren als relevante Schnittstelle zu den übergeordneten Entscheidungsprozessen für die Produkt- und Projektzielerreichung betrachtet werden. Die Architekturkonzeption ist durch die zu generierenden Informations- und Wissensartefakte an den Entscheidungen beteiligt und durch die zu berücksichtigenden Zukunftsausprägungen vom Ergebnis unmittelbar betroffen (vgl. Abbildung 3.2). Die Entscheidungen über die zu berücksichtigenden Zukunftsausprägungen werden daher als projektlaterale Entscheidungen bezeichnet. Die Entscheidungsfindung selbst ist dabei je nach Umfang strategisch oder operativ getrieben.

Produktsystembezogen wird das zu entwickelnde Verfahren auf den Gestaltungsbereich der fahrzeuginternen Systeme angewendet. Schnittstellen zur Umwelt (z. B. für OTA-Updates) sollen zwar als Randbedingungen betrachtet, die fahrzeugexternen Systemarchitekturen allerdings nicht gestaltet werden, da bei derartigen Systemen andere Randbedingungen vorherrschen [7]. Gemäß der Aufgabenstellung werden außerdem lediglich die externen, aleatorischen und epistemologischen Unsicherheiten im Projektzielsystem betrachtet (vgl. Abschnitt 3.1). Sie entstehen durch potenzielle Veränderungen der technologischen, marktbezogenen und regulatorischen Rahmenbedingungen und implizieren Unsicherheiten bezüglich der konkreten Architekturanforderungen und hinsichtlich der Architekturgestalt.

---

[1] Dies bedeutet, dass das Verfahren den effizienten Einsatz der Flexibilität nicht abschließend erwirken kann, da die Entscheidungen über den Flexibilitätsgrad verfahrensextern sind. Im Folgenden wird daher unter der Verwirklichung des effizienten Einsatzes eine derartige Unterstützung der projektlateralen Entscheidungen durch die Informations- und Wissensartefakte verstanden, dass dadurch eine Beurteilung des effizienten Einsatzes in den Entscheidungssituationen ermöglicht wird (vgl. Abschnitt 5.5, Anhang A.3.3 im elektronischen Zusatzmaterial).

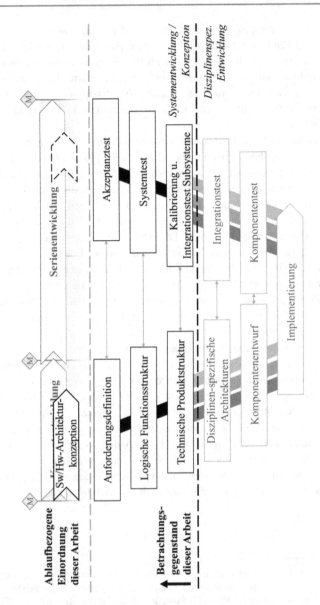

Abbildung 3.4 Abgrenzung der Arbeit im Vorgehensmodell der Fahrzeug-Software- und -Hardware-Entwicklung (in Anlehnung an [7])

Konzeption des Verfahrens 4

Die Konzeption des Verfahrens generiert einen ersten methodischen und werkzeug-bezogenen Lösungsansatz (vgl. Abschnitt 4.2 bis 4.5), um die wissenschaftliche Herausforderung zu adressieren und die Forschungsfragen zu beantworten. Die daraus entstehende Methodik (vgl. Kapitel 5) und das Softwarewerkzeug (vgl. Kapitel 6) bilden zusammen das angestrebte Verfahren. Gemäß der in dieser Arbeit angewendeten Forschungsmethode müssen allerdings zuerst die Anforderungen an das zu entwickelnde Verfahren abgeleitet werden (vgl. Abschnitt 4.1).

4.1 Anforderungen an das Verfahren

Anforderungen dienen der späteren Validierung und Evaluation des Verfahrens, leiten aber auch die zielgerichtete Konzeption und Definition desselben an [85]. Sie beschreiben die notwendigen Eigenschaften des Verfahrens zur Lösung der industriellen Problem- und Fragestellung sowie der wissenschaftlichen Herausforderung [197, 265]. Im Folgenden werden zuerst die Anforderungen an die zwei Verfahrensergebnisse „Software- und Hardware-Architekturkonzept" sowie „Wiederkehrende Informations- und Wissensartefakte" (vgl. Abbildung 3.2) definiert, um anschließend darauf basierend die Anforderungen an das Verfahren selbst abzuleiten.

Ergänzende Information Die elektronische Version dieses Kapitels enthält Zusatzmaterial, auf das über folgenden Link zugegriffen werden kann https://doi.org/10.1007/978-3-658-42804-4_4.

Das Fahrzeug-Software- und -Hardware-Architekturkonzept als finales Ergebnis des zu entwickelnden Verfahrens muss gemäß der zu lösenden industriellen Problem- und Fragestellung...

Anforderung 1.1 ... Flexibilität für alle zu berücksichtigenden Ausprägungen der aleatorischen Unsicherheit integrieren.

Anforderung 1.2 ... diese Flexibilität bedarfsorientiert einsetzen.

Anforderung 1.3 ... die zugehörigen Flexibilitätsmechanismen effizient gestalten.

Anforderung 1.4 ... zum Ende der Konzeptphase vollständig definiert sein und die initialen Anforderungen erfüllen, die sicher zum Zeitpunkt des Start of Production (SOP) an die Fahrzeug-Software- und -Hardware-Architektur gestellt werden.

Anforderung 1.5 ... robust gegen marginale Veränderungen in den Rahmenbedingungen sowie im aktuellen Wissens- und Informationsstand darüber sein.

Anforderung 1.1 folgt aus dem im Kontext dieser Arbeit definierten Zweck der Flexibilität, die Unsicherheit der Rahmenbedingungen effektiv zu behandeln. Die Architektur muss für die im Projektzielsystem definierten Anforderungsausprägungen der aleatorischen Unsicherheit mit geringem Aufwand anpassbar sein. Anforderung 1.2 und 1.3 stellen Teilaspekte des effizienten Einsatzes und der effizienten Realisierung von Flexibilität dar. Flexibilität kommt nur dort zum Einsatz, wo sie aufgrund unterschiedlicher Zukunftsausprägungen in den Rahmenbedingungen benötigt wird (Anforderung 1.2) und wird derart in Flexibilitätsmechanismen umgesetzt, dass sie vor dem Hintergrund des aktuellen Informations- und Wissensstands die Lösung mit den über alle Lebenszyklusphasen hinweg erwartet „besten" Auswirkungen auf die Projekt- und Produktzielerreichung realisiert. Anforderung 1.4 beugt einer Verlagerung der Unsicherheit in die nachfolgenden Entwicklungsphasen vor. Dies ist insbesondere im Hinblick auf den industriellen Bezugsrahmen der Automobilentwicklung mit spezifischen Sicherheit- und Zuverlässigkeitsanforderungen relevant. Die vollständige Spezifikation des Architekturkonzepts inklusive aller Anforderungen bildet die Grundlage für die Absicherung der Fahrzeugeigenschaften im Entwicklungsprozess und ermöglicht die parallelisierte und disziplinenspezifische Entwicklung der Subsysteme und Komponenten in der Serienentwicklung (vgl. Abschnitt 2.2.2). Die Erfüllung der initialen, zum SOP sicher erforderlichen Anforderungen garantiert die Entwicklung eines zum Einführungszeitpunkt marktfähigen Fahrzeugs. Anforderung 1.5 stellt sicher, dass das Verfahren dasselbe flexible Architekturkonzept unter hinreichend kleinen Veränderungen in den unsicheren Rahmenbedingungen produzieren würde, um einer Überspezifizierung der Architekturgestalt und der Flexibilitätsmechanismen auf den zum Ende der

Konzeptphase vorhandenen, temporären Wissens- und Informationsstand entgegen-zuwirken.

Parallel zum Software- und Hardware-Architekturkonzept muss das Verfahren gemäß der wissenschaftlichen Herausforderung (vgl. Abschnitt 3.1) die wiederkeh-renden Informations- und Wissensartefakte als weiteres Ergebnis für die projektlate-ralen Entscheidungen generieren. Die Informations- und Wissensartefakte müssen unter dem aktuellen Informations- und Wissensstand möglichst „genau" ausfal-len, um einen effizienten Einsatz der Flexibilität zu ermöglichen. Die Genauigkeit bezeichnet, dass durch die Informations- und Wissensartefakte eine Auswirkungs-schätzung in den projektlateralen Entscheidungen ermöglicht wird, die möglichst deckungsgleich mit den später realisierten Auswirkungen bei Berücksichtigung der Zukunftsausprägungen ist. Für die wiederkehrenden Informations- und Wissensar-tefakte der projektlateralen Entscheidungen muss gelten:

Anforderung 2.1 Erwartungstreue bezüglich der geschätzten Auswirkungen je Flexibilitätsgrad

Anforderung 2.2 Informationsbezogene Effizienz bezüglich der Varianz der mög-lichen Auswirkungen

Anforderung 2.3 Suffizienz bezüglich der verarbeiteten Informationen und des verarbeiteten Wissens

Die wiederkehrenden Informations- und Wissensartefakte sollten keine einsei-tige Tendenz zur systematischen Unter- oder Überschätzung der Auswirkungen (Anforderung 2.1) sowie eine möglichst kleine Varianz (Anforderung 2.2) aufwei-sen. Die existierende Unsicherheit sowie die vorhandene Information und das vor-handene Wissen sollten durch sie derart für die projektlaterale Entscheidungsfin-dung aufbereitet werden, dass relevante Informationen und relevantes Wissen, das durch die Architekturkonzeption generiert wird, erhalten bleibt (Anforderung 2.3, vgl. [266]).

Zweck des zu entwickelnden Verfahrens zur Lösung der industriellen Problem-stellung und wissenschaftlichen Herausforderung ist es daher, die beiden Ver-fahrensergebnisse zu generieren (Anforderung 3.1). Das Verfahren muss inhä-rent eine systematische Vorgehensbeschreibung zur Gestaltung dieser Ergebnisse umfassen (vgl. [88]), die die unterschiedlichen Unsicherheitsgrade und -arten nach Courtney et al. [103] und Han et al. [53] berücksichtigt (Anforderung 3.2, vgl. Abschnitt 2.1.2). Zusammen mit der Anforderung 1.3 folgt daraus, dass eine zeit-abhängige und vorausschauende Betrachtung des Informations- und Wissensstands durch das Verfahren erfolgt, die die Übersetzung des Wissens und der Informa-tionen über die Unsicherheit in mögliche Implikationen für die Architekturgestalt umfasst. Aufgrund der simultanen Ausgestaltung von Projektzielsystem und Architekturkonzept sollte das Verfahren die Entwicklung des Fahrzeug-Software- und -Hardware-Architekturkonzepts mit der Generierung der Informations- und Wissensartefakte für die projektlateralen Entscheidungen synchronisieren, um die gewonnenen Erkenntnisse aus der fortschreitenden Architekturdefinition und - absicherung darin zur Verfügung zu stellen (Anforderung 3.3, vgl. wissenschaftliche Herausforderung). Des Weiteren muss das Verfahren die Software- und Hardware-Architekturgestaltung derart anleiten, dass inkrementelle Änderungen an den zu berücksichtigenden Zukunftsausprägungen im Projektzielsystem lediglich marginale Änderungen der Funktions- und Produktstruktur nach sich ziehen. Die Entwicklung des Architekturkonzepts ist unabhängig von der temporären Projektzielsystemgestalt stetig (Anforderung 3.4). Hinsichtlich der Verfahrensergebnisse muss das Verfahren daher ...

Anforderung 3.1 ... die Verfahrensergebnisse unter Einhaltung der an sie gerichteten Anforderungen generieren.

Anforderung 3.2 ... dies unter unterschiedlichen Unsicherheitsgraden und -arten der aleatorischen Unsicherheit methodisch anleiten.

Anforderung 3.3 ... die Generierung der Informations- und Wissensartefakte für die projektlateralen Entscheidungen mit dem aktuellen Wissens- und Informationsstand der Architekturkonzeption synchronisieren.

Anforderung 3.4 ... die Stetigkeit der Architekturkonzeptgestalt unter epistemologischer Unsicherheit garantieren.

Im Kontext des industriellen Bezugsrahmens ergeben sich abschließend vier weitere Anforderungen an das Verfahren:

Anforderung 4.1 Berücksichtigung automobilentwicklungsspezifischer Anforderungen und Charakteristika

Anforderung 4.2 Wirtschaftliche Integration des Verfahrens in bestehende Entwicklungsprozesse, -aktivitäten und -werkzeuge

Anforderung 4.3 Reduktion der gestaltungsbezogenen Komplexität[1]

Anforderung 4.4 Angemessene Verfahrenskompliziertheit[2]

Anforderung 4.5 Nachvollziehbarkeit des Verfahrens und der Verfahrensergebnisse

---

[1] bzgl. Definition vgl. „Gestaltungsbezogene Komplexität" im Glossar
[2] bzgl. Definition vgl. „Verfahrenskompliziertheit" im Glossar

Anforderung 4.1 fordert, dass die spezifischen Charakteristika einer Fahrzeugentwicklung, wie beispielsweise lange Modell- und Produktlebenszyklen, hohe Sicherheits-, Zuverlässigkeits- und sonstige Qualitätsanforderungen sowie Kosten- und Terminrestriktionen, bei der Konzeption der Fahrzeug-Software- und -Hardware-Architektur neben den bereits formulierten Zielen und Anforderungen berücksichtigt werden können. Sie adressieren den industriellen Bezugsrahmen des Verfahrens und stellen keinen Kern der Problemstellung oder industriellen Herausforderung dar, beeinflussen allerdings die Gestalt der Flexibilitätsmechanismen, wirken sich auf die Festlegung des Flexibilitätsgrads aus und bedingen das automobilspezifische Entwicklungsvorgehen (vgl. Abschnitt 1.1, 2.2.2 und 2.2.4). Die Anforderungen 4.2 bis 4.4 entstammen allgemeinen Anforderungen an eine Methodik (Nachvollziehbarkeit, wirtschaftlicher und zweckmäßige Methodeneinsatz sowie Angemessenheit von Komplexität und Kompliziertheit, vgl. [86]), die durch den industriellen Bezugsrahmen konkretisiert werden. Diese adressieren unter anderem die in Block et al. [84] festgestellten Unzulänglichkeiten bei der Fahrzeugentwicklung, wie sie ohne methodische Anleitung zum Umgang mit Unsicherheit auftreten (vgl. Abschnitt 2.2.4).

4.2 Lösungsansatz

Gemäß Abschnitt 3.1 und 3.2 liegt die wissenschaftlich-neuartige Herausforderung dieser Arbeit in der gleichzeitigen Existenz aleatorischer und epistemologischer Unsicherheit durch die simultane Ausgestaltung des Projektzielsystems mit der Software- und Hardware-Architektur (vgl. Abschnitt 3.1). Die flexible Gestaltung adressiert dabei die aleatorische Unsicherheit, muss aber aufgrund dieser zeitgleich unter epistemologischer Unsicherheit eines indeterminierten Projektzielsystems erfolgen (vgl. Forschungsfrage 1 und 2).

Der Lösungsansatz adressiert daher die weitgehende Entkopplung der aleatorischen von der epistemologischen Unsicherheit im methodischen Architekturentwicklungsvorgehen, um einerseits die wesentlichen Kriterien und Stellhebel bei der Konzeption der flexiblen Architektur und des Projektzielsystems voneinander zu trennen (vgl. Anforderung 1.1, 4.4 und 4.5) ohne andererseits die Konvergenz gegen eine insgesamt effizient und effektiv flexible Gestaltungslösung zu gefährden (vgl. Anforderung 3.3 und 3.4). Dazu wird die Software- und Hardware-Architektur in zwei Abstraktionsebenen aufgeteilt: In die probabilistische Software- und Hardware-Architektur und in die konkret ausgestaltete, determinierte Architektur.

Die probabilistische Software- und Hardware-Architektur abstrahiert und vereint vor dem Hintergrund unsicherer Rahmenbedingungen alle zukünftig hypothetisch notwendigen Software- und Hardware-Architekturkonfigurationen in einer Gesamtarchitektur (vgl. Abbildung 4.1 und 4.2). Die zukünftig hypothetisch notwendigen Architekturen sind dabei jeweils passende Software- und Hardware-Architekturen für die unterschiedlich möglichen Zukunftsausprägungen der unsicheren Rahmenbedingungen (vgl. [198]). Die hypothetischen Architekturen werden jeweils einzeln und exemplarisch für eine spezifische Kombination an Ausprägungen der Rahmenbedingungen konzipiert. Entwickler können dadurch ihre existierenden Kompetenzen bezüglich der Architekturentwicklung unter Ignoranz der aleatorischen Unsicherheit einsetzen. Es muss jeweils nur eine Architektur für eine hypothetische, dafür aber determinierte Zukunft konzipiert werden. Die kognitive, gestaltungsbezogene Komplexität in der Architekturkonzeption wird reduziert (vgl. Anforderung 4.3).

Die einzelnen hypothetischen Architekturen werden anschließend zur probabilistischen Architektur synthetisiert. Dazu kommt ein Ansatz ähnlich der Produktlinienentwicklung nach DeBaud et al. [267] und Moon et al. [268] zum Einsatz: Gemeinsamkeiten – sogenannte Kommunalitäten [27, 269] – und Unterschiede – sogenannte Architekturausprägungen – zwischen den hypothetischen Architekturen werden in einem gemeinsamen Architekturmodell dargestellt. Unterschiede werden durch Variationspunkte in der Funktions- oder Produktarchitektur abgebildet (vgl. Abbildung 4.2) [27, 268]. Sie zeigen auf, wo Flexibilität benötigt wird, da sich die notwendigen Komponenten oder ihre Merkmale je nach zukünftiger Ausprägung der Rahmenbedingungen unterscheiden. Die Gemeinsamkeiten werden hingegen als unveränderliche Komponenten aufgenommen und zeigen an, wo Architekturkomponenten weniger oder gar nicht flexibel gestaltet werden müssen, da sie über unterschiedliche Rahmenbedingungen hinweg unverändert bleiben.

Die probabilistische Architektur basiert dementsprechend auf einem zweigeteilten Lebenszyklusansatz, der zwischen dem Gesamtfahrzeuglebenszyklus mit den unveränderlichen Komponenten und den möglicherweise zu verändernden Komponenten in den Variationspunkten unterscheidet (vgl. [270]). Letztere durchlaufen in Abhängigkeit der später realen Rahmenbedingungen und der konkreten Architekturgestalt eventuell einen untergeordneten, komponentenbezogenen Lebenszyklus zur Evolution oder zum Austausch (vgl. Abbildung 4.3). Ein Variationspunkt drückt dementsprechend aus, dass ein komponentenbezogener Lebenszyklus zu einem beliebigen Zeitpunkt im Gesamtlebenszyklus durchlaufen werden könnte. Die Synthese der hypothetischen Architekturen zur probabilistischen Architektur geschieht unabhängig vom erwarteten Zeitpunkt, zu dem eine hypothetische Architektur notwendig werden könnte. Über die hypothetischen Architekturen ist damit jedoch

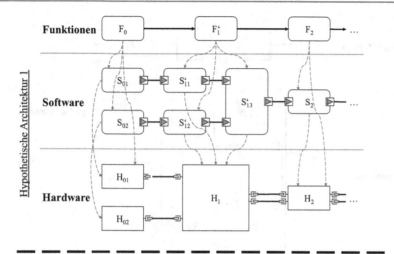

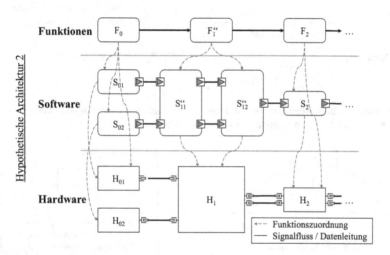

Abbildung 4.1 Beispiel zweier hypothetischer Architekturen für unterschiedliche Zukunfts-ausprägungen, die sich in Funktion F_1 unterscheiden

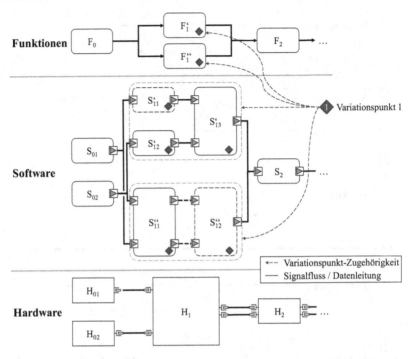

Abbildung 4.2 Beispiel einer probabilistischen Architektur, die sich aus den zwei hypothetischen Architekturen in Abbildung 4.1 ergeben würde

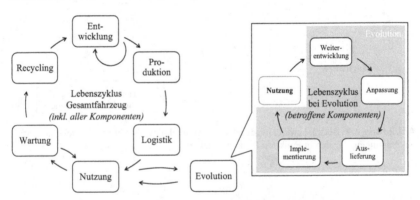

Abbildung 4.3 Lebenszyklus eines Gesamtfahrzeugsystems mit untergeordnetem Lebenszyklus für sich weiterentwickelnde Einzelkomponenten. (Quelle: [270])

jede möglicherweise zu verändernde Komponente der probabilistischen Architekturen mit Zukunftsausprägungen der Rahmenbedingungen verknüpft. Auf Basis der Eintrittswahrscheinlichkeiten der Zukunftsausprägungen lässt sich eine Notwendigkeitswahrscheinlichkeit der jeweiligen Komponenten ableiten.

Zusammengefasst beschreibt die probabilistische Architektur die Auswirkungen der aleatorischen Unsicherheit in den Rahmenbedingungen auf die Architekturgestalt ohne Festlegung der zu berücksichtigenden Zukunfts- beziehungsweise Anforderungsausprägungen. Alle möglichen Ausprägungen der multiplen Zukunft werden unabhängig von ihrer zeitlichen Reihenfolge und der projektlateralen Entscheidung gemeinsam dargestellt. Die probabilistische Architektur ignoriert die epistemologische Unsicherheit und stellt deshalb auch keine festgelegte oder entschiedene Software- und Hardware-Architektur dar. Sie zeigt lediglich den möglicherweise benötigten Umfang an Flexibilität auf. Gleichzeitig dient sie als Informations- und Wissensbasis für die Informations- und Wissensartefakte der projektlateralen Entscheidungen über den Flexibilitätsgrad. Bei fortlaufender Ausgestaltung der konkreten (determinierten) Architektur ermöglicht sie aufgrund der Ignoranz vorangegangener projektlateraler Entscheidungen weiterhin die Identifikation und Abschätzung von Synergieeffekten und Widersprüchen beliebiger Kombinationen zu berücksichtigender Zukunftsausprägungen. Es kann gezeigt werden, dass die probabilistische Architektur deshalb – bei äquivalenter Funktions- und Produktstruktur wie die determinierte Architektur – die beste Approximation der Unsicherheitsauswirkungen auf Basis des aktuellen Wissens- und Informationsstandes ist (vgl. Anhang A.3.3 im elektronischen Zusatzmaterial). Sie erfüllt die Anforderungen 2.1 bis 2.3 und dient somit als Informations- und Wissensbasis für die projektlateralen Entscheidungen.

Durch die probabilistische Architektur können daher auch die Randbedingungen der Fahrzeug-Software- und -Hardware-Architekturentwicklung berücksichtigt werden: Einerseits, indem die beschriebenen projektlateralen Entscheidungen unterstützt werden (vgl. Abschnitt 3.1), andererseits indem lange Modell- und Produktlebenszyklen sowie spezifische Anforderungen an die Qualität wie zum Beispiel Sicherheit und Zuverlässigkeit berücksichtigt werden. Langfristig zu erwartende Änderungen mit Auswirkung auf die Struktur können dargestellt und aufgrund der gemeinsamen Architektur trotzdem abgesichert werden (vgl. Anforderung 4.1).

Die determinierte Architektur ist hingegen die konkret zu entwickelnde Architektur. Sie leitet sich aus der probabilistischen Architektur durch die schrittweise Festlegung der zu berücksichtigenden Zukunftsausprägungen ab und definiert die notwendigen Flexibilitätsmechanismen zur Realisierung der unterschiedlich möglichen Architekturausprägungen anstelle der Variationspunkte (vgl. Abbildung 4.4). Im Gegensatz zur probabilistischen Architektur stellt die determinierte Architektur daher ein festgelegtes und entschiedenes aber flexibles Software- und Hardware-Architekturkonzept dar, das als finales Ergebnis des Verfahrens für die darauf folgenden Entwicklungsphasen vollständig definiert ist (vgl. Anforderung 1.4).

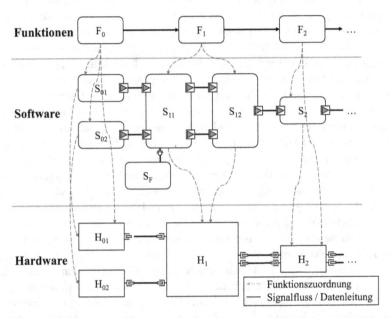

Abbildung 4.4 Determinierte Architektur zur probabilistischen Architektur aus Abbildung 4.2, zzgl. der Softwarekomponente des Flexibilitätsmechanismus S_F, die im Bedarfsfall S_{11} umkonfiguriert

Beide Architekturen koexistieren im zu konzipierenden Entwicklungsverfahren und sind dabei über die Variationspunkte und ihre Struktur miteinander verknüpft (vgl. Abbildung 4.2, 4.4 und 4.5). Einerseits werden die unterschiedlichen, zu berücksichtigenden Architekturausprägungen der Variationspunkte in der probabilistischen Architektur durch Flexibilitätsmechanismen der determinierten Architektur berücksichtigt. Andererseits ist eine Äquivalenz der Funktions- und Produktstruktur in Bezug auf die Hierarchie, Modularisierung und Schnittstellengestaltung notwendig, um die geschätzten Auswirkungen für die projektlateralen Entscheidungen den realen Auswirkungen anzugleichen. Der Zusammenhang zwischen der probabilistischen und der determinierten Architektur wird über die projektlateralen Entscheidungen bezüglich der zu berücksichtigenden Zukunftsausprägungen und über die Gestaltung der zugehörigen Flexibilitätsmechanismen hergestellt.

Im Rahmen der Architekturkonzeption werden die probabilistische und die determinierte Architektur durch zwei miteinander verknüpfte Modelle zugänglich gemacht (vgl. Abbildung 4.5). Das zu entwickelnde Verfahren muss diese Modelle als Kernartefakte des Entwicklungsvorgehens beinhalten, in Bezug auf die Methodik aber gleichzeitig deren Gestaltung unter Berücksichtigung ihrer Zusammenhänge methodisch anleiten (vgl. Anforderung 3.1). Komplementär zu den zwei Architekturen sind daher drei methodische Bausteine notwendig, die die Gestaltung der probabilistischen Architektur, die Ableitung der determinierten Architektur aus der probabilistischen Architektur sowie die finale Gestaltung der determinierten Architektur adressieren. Inhaltlich wird dies über drei Gestaltungsprinzipien angeleitet, die allgemeine Gestaltungsregeln für die Entwicklung der jeweiligen Architekturen definieren und damit die architekturorientierten Anforderungen 1.1 bis 1.5 in die Entwicklungspraxis übersetzen (vgl. Abschnitt 4.3 sowie [223, 271]). Zusätzlich werden die unsicheren Rahmenbedingungen in einem separaten Unsicherheitsmodell dokumentiert (vgl. Abschnitt 4.4 und 5.3).

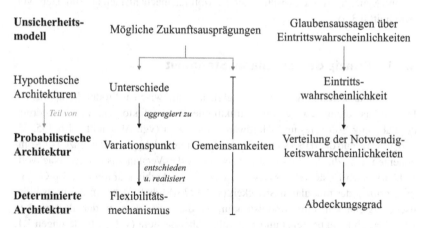

Abbildung 4.5 Verknüpfung der Architekturmodelle des Lösungsansatzes

4.3   Gestaltungsprinzipien

Gestaltungsprinzipien sind übergeordnete Prinzipien zur zweckmäßigen Gestaltung von Produkten in der Entwurfsphase [223, 271]. Ein Prinzip wird über eine Menge nicht notwendigerweise widerspruchsfreier Regeln umgesetzt, um den Zweck des Gestaltungsprinzips zu erreichen (vgl. [223, 272]). Die Anwendung von Gestaltungsprinzipien als grundlegende Methodikbausteine ist im Kontext dieser Arbeit zweckdienlich, da das Verfahren eine frühe Konzeptions- und Architekturentwurfsphase mit geringem Produktwissen und hoher Gestaltungsfreiheit adressiert, in der sich die Gestaltung eher an allgemein-gültigen Regeln als an spezifischen Analysen der zu entwickelnden Architektur orientieren muss [31, 35]. Die Gestaltungsregeln können im potenziellen Konflikt untereinander sowie mit weiteren Anforderungen, wie zum Beispiel der technischen Machbarkeit stehen. Welche Gestaltungsregeln im Anwendungsfall maßgebend sind, lässt sich nur im jeweiligen Kontext beurteilen [223]. Die folgenden Gestaltungsprinzipien ergänzen sich durch die Entwicklungsartefakte, auf denen sie operieren: Das Gestaltungsprinzip der modularen Stetigkeit operiert auf der probabilistischen Architektur (vgl. Abschnitt 4.3.1). Das Prinzip des positiven Optionswerts leitet die projektlateralen Entscheidungen sowie die Gestaltung der Flexibilitätsmechanismen an (vgl. Abschnitt 4.3.2) und das Prinzip des Risikopoolings adaptiert die Produktstruktur der determinierten Architektur, um Synergieeffekte zwischen den Flexibilitätsmechanismen auszunutzen (vgl. Abschnitt 4.3.3).

4.3.1   Prinzip der modularen Stetigkeit

Die Modularisierung legt den Abhängigkeitsgrad zwischen Produktkomponenten fest und ist damit der zentrale, strukturelle Einflussfaktor zur Flexibilisierung der Fahrzeug-Software- und -Hardware-Architektur (vgl. Abschnitt 2.1.6, [35, 55, 246]). Aufgrund der dabei stattfindenden Isolation und Aggregation einzelner Komponenten kann die Modularisierung außerdem das Verständnis und die Nachvollziehbarkeit der Unsicherheitsauswirkungen auf die Architektur fördern. Das Gestaltungsprinzip der modularen Stetigkeit (vgl. [273]) schafft daher in der probabilistischen Architektur eine Modulstruktur, die die Auswirkungen der aleatorischen Unsicherheit lokal begrenzt und nachvollziehbar darstellt (vgl. Anforderungen 1.1, 1.2 und 1.5).

Aufbauend auf einer initialen Basisarchitektur werden Module durch Restrukturierung der Architektur derart gebildet, dass sie entweder nur sich zukünftig wahrscheinlich ändernde (variable) Architekturkomponenten oder nur sich wahrscheinlich nicht ändernde (statische) Komponenten beinhalten. Dazu müssen bereits vorhandene Module der Basisarchitektur aufgeteilt oder zusammengefasst sowie in ihrer hierarchischen Ordnung verändert werden (vgl. [169]). Das Gestaltungsprinzip der modularen Stetigkeit definiert die dafür notwendigen Aktivitäten als einen Satz von Restrukturierungsregeln bei der Analyse und Synthese der hypothetischen Architekturen zur probabilistischen Architektur. Die Definition der Regeln orientiert sich an Baldwin et al. [169], Fricke et al. [55], Keese et al. [201], Tilstra et al. [202], Bischof [120] und Raue [28] in Bezug auf die flexible Modulstruktur, während Ansätze der Produktlinienentwicklung – insbesondere DeBaud et al. [267] und Moon et al. [268] – für die Abstraktion der Unterschiede zwischen den hypothetischen Architekturen herangezogen werden. Grafische Beispiele zum besseren Verständnis der Gestaltungsregeln sind in Anhang A.3.2 im elektronischen Zusatzmaterial abgebildet.

Regel 1.1 Variation wird in Modulen gekapselt. Unterschiede zwischen hypothetischen Architekturen werden in der probabilistischen Architektur als austauschbare Architekturausprägungen eines Moduls gestaltet. Die Modularisierung der probabilistischen Architektur muss derart angepasst werden, dass die variablen Komponenten zu einem Modul zusammengefasst werden können. Eine möglichst gleichbleibende Modulschnittstelle für die unterschiedlichen Ausprägungen des Moduls muss identifiziert werden. Die Auswirkungen der Unsicherheit auf die Architektur sind für modulexterne Komponenten nicht sichtbar (vgl. Geheimnisprinzip der Software- und Produktlinienentwicklung [274]).

Regel 1.2 Module mit statischen und variablen Komponenten werden aufgeteilt. Gemeinsamkeiten und Unterschiede der hypothetischen Architekturen werden in der probabilistischen Architektur strukturell voneinander getrennt. Die Gemeinsamkeiten der hypothetischen Architekturen werden transparent und die Module mit unterschiedlichen Ausprägungen in ihrem Umfang minimal.

Regel 1.3 Komponenten mit Variationspunkten, die von mehreren Unsicherheitsfaktoren abhängig sind, werden in separate Module ausgelagert. Kommunalitäten, die aus der Perspektive eines Unsicherheitsfaktors existieren, werden durch eine entsprechende Modularisierung von den Variabilitäten aufgrund eines anderen Unsicherheitsfaktors getrennt. Alle Komponentenausprägungen innerhalb eines Moduls sind dementsprechend von derselben Menge an Unsicherheiten in den Rahmenbedingungen abhängig. Vor dem Hintergrund der epistemologischen Unsicherheit im Projektzielsystem haben Anpassungen der zu berücksichtigenden Zukunftsausprägungen des einen Unsicherheitsfaktors lediglich einen inkrementellen Änderungseffekt aus der Perspektive des anderen Unsicherheitsfaktors zur Folge (vgl. Anforderung 3.4). Hierarchien müssen hierzu unter Umständen invertiert werden (vgl. [169]).

Regel 1.4 Wähle diejenige Modulstruktur, die die Anzahl der Variationspunkte pro Unsicherheitsfaktor möglichst klein hält. Die Modularisierung des Architekturkonzepts wird neben den vorgestellten Gestaltungsregeln durch weitere Anforderungen bestimmt. Sollten hierbei mehrere Modularisierungsmöglichkeiten zur Auswahl stehen, so ist diejenige Möglichkeit zu wählen, bei der die Anzahl der wahrscheinlich oder häufig zu ändernden Module möglichst gering ist. Die Änderungsausbreitung findet innerhalb weniger Module statt und die Auswirkungen der Unsicherheit auf weitere Komponenten wird minimiert.

Bei der Anwendung der Gestaltungsregeln gilt es zu beachten, dass die probabilistische Architektur als Gesamtheit aller hypothetisch notwendigen Architekturen selbst ebenfalls hypothetisch ist. Die gewählte Modulstruktur gibt nicht an, ob an einem Variationspunkt zwangsläufig ein Austausch oder eine Änderung der Komponente erfolgt, sondern nur, dass es sich um Module mit zukünftig potenziell unterschiedlich notwendigen Eigenschaften handelt.

4.3.2 Prinzip des positiven Optionswerts

Flexibilitätsmechanismen enthalten per Definition einen antizipierenden und einen reaktiven Anteil (vgl. Abschnitt 2.1.3). Das Gestaltungsprinzip des positiven Optionswerts leitet die konzeptionelle Entscheidung über das angestrebte Verhältnis des antizipierenden Anteils gegenüber dem reaktiven Anteil bei der Festlegung der Flexibilitätsmechanismen an. Es stellt die Verbindung zwischen der probabilistischen Architektur und der determinierten Architektur über die Festlegung der Flexibilitätsmechanismen her. Dies erfolgt derart, dass die erwarteten Auswirkungen auf die Projekt- und Produktzielerreichung durch Integration der Flexibilität möglichst positiv ausfallen, die Flexibilitätsmechanismen effizient gestaltet werden und die initialen Anforderungen an die Software- und Hardware-Architektur erfüllt sind (vgl. Anforderungen 1.2 bis 1.4).

Zu Bestimmung der Gestaltungsregeln wird in Anlehnung an die Realoptionsanalyse (vgl. z. B. [115, 167, 168, 170]) im Rahmen dieser Arbeit ein mathematisches Modell definiert, das in Anhang A.4.3 im elektronischen Zusatzmaterial beschrieben ist. Das anzustrebende Verhältnis des reaktiven und flexiblen Anteils wird darin durch die Wahrscheinlichkeit $P(\gamma)$ approximiert. $P(\gamma)$ beschreibt die Wahrscheinlichkeit, dass der Flexibilitätsmechanismus γ benötigt wird. Sie berechnet sich über die Notwendigkeitswahrscheinlichkeiten $P(\omega_i)$ der einzelnen

Architekturausprägungen ω_i, die vom Flexibilitätsmechanismus γ berücksichtigt werden.

Der antizipierende Anteil des Flexibilitätsmechanismus γ hat initial sichere, negative Auswirkungen auf die Projekt- oder Produktzielerreichung, da Vorhalte für eine spätere Änderbarkeit geschaffen werden, die mit Wahrscheinlichkeit $1 - P(\gamma)$ aber nicht benötigt werden [115, 135]. Die Integration derartiger Vorhalte durch den Flexibilitätsmechanismus kann rational nur dann begründet werden, wenn die sicheren, initial-negativen Auswirkungen durch die erwarteten, positiven Auswirkungen im Bedarfsfall ausgeglichen werden (z. B. aufgrund geringerer, reaktiver Anpassungsaufwände) [115]. Die Regeln des Gestaltungsprinzips beschreiben daher ausgehend vom theoretischen Konstrukt der Realoptionsanalyse unterschiedliche Wirkprinzipien in Abhängigkeit von $P(\gamma)$ und $P(\omega_i)$, die die Ausgestaltung der Flexibilität durch den Flexibilitätsmechanismus in Richtung eines robusten oder in Richtung eines wandlungsfähigen Flexibilitätsmechanismus beeinflussen. Die einzelnen Regeln stehen je nach Anwendungsfall in komplementärer oder konfliktionärer Beziehung. Eine methodische Anleitung zur zielgerichteten Anwendung der Regeln ist deshalb notwendig und wird in Abschnitt 5.5 vorgestellt.

Regel 2.1 Für Module, die später nicht geändert werden dürfen, müssen alle zu berücksichtigenden Zukunftsausprägungen durch den antizipierenden Anteil des Flexibilitätsmechanismus abgedeckt werden. In Fahrzeug-Software- und Hardware-Architekturen ist eine spätere Änderung mancher Produktstrukturkomponenten zum Beispiel aus Homologations- oder Sicherheitsgründen nicht möglich (vgl. [204]). Sie müssen deshalb robust für alle zu berücksichtigenden Zukunftsausprägungen ausgelegt werden[3].

Regel 2.2 Je höher die Notwendigkeitswahrscheinlichkeit $P(\omega_i)$ einer Architekturausprägung ω_i ist, desto größer sollte der antizipierende Anteil des zugehörigen Flexibilitätsmechanismus γ gestaltet werden, um den reaktiven Anteil zu senken (sowie vice versa). Dieser Zusammenhang ergibt sich unmittelbar aus dem mathematischen Modell. Der initiale Aufwand zur Schaffung einer Option in Form des antizipierenden Anteils eines Flexibilitätsmechanismus ist rational nur zu rechtfertigen, wenn dadurch ein reaktiver Aufwand mit mindestens $1/P(\gamma)$-fachen Betrag im Bedarfsfall vermieden wird. Je höher die einzelnen Wahrscheinlichkeiten $P(\omega_i)$ sind, desto höher ist die Wahrscheinlichkeit $P(\gamma)$.

---

[3] Die Regel 2.1 gilt nur für Module, die aufgrund extern gegebener Beschränkungen, wie zum Beispiel rechtlicher Rahmenbedingungen, später nicht geändert werden dürfen. Konstruktiv später nur schwer zu ändernde Komponenten oder eine ökonomisch gesehen nicht sinnvolle Anpassung fällt nicht unter diese Gestaltungsregel.

Regel 2.3 Die initial-negativen Auswirkungen des antizipierenden Anteils auf die Projekt- und Produktziele müssen durch einen mindestens $1/P(\gamma)$-fach erwarteten positiven Effekt beim reaktiven Anteil kompensiert werden (und vice versa). Diese Regel ist komplementär zu 2.2. Der Beweis für die Korrektheit folgt trivial aus dem Gleichsetzen der sicheren Auswirkungen des antizipierenden Anteils mit den sich daraus ergebenden, erwarteten Vorteilen im reaktiven Anteil des Flexibilitätsmechanismus (vgl. Anhang A.4.3 im elektronischen Zusatzmaterial).

Regel 2.4 Flexibilitätsmechanismen, die mehrere Architekturausprägungen eines Variationspunkts berücksichtigen, sind gestalterisch zu präferieren. Die Wahrscheinlichkeit $P(\gamma)$, dass der Flexibilitätsmechanismus γ benötigt wird, skaliert mit der Anzahl von ihm berücksichtigter Zukunftsausprägungen ω_i. Lösungsmuster werden geplant wieder- und mehrfach verwendet (vgl. [124, 275]).

Regel 2.5 Flexibilitätsmechanismen, die die Ausprägungen mehrerer Variationspunkte berücksichtigen können, sind gestalterisch zu präferieren. Diese Gestaltungsregel ist komplementär zur Gestaltungsregel 2.4 mit dem Unterschied, dass der antizipierende Anteil des Flexibilitätsmechanismus Ausprägungen von zwei oder mehr unterschiedlichen Variationspunkten berücksichtigt. Die Wahrscheinlichkeit $P(\gamma)$ mit ω_i aus zwei oder mehr Variationspunkten steigt.

Die Wahrscheinlichkeiten $P(\omega_i)$ müssen im Anwendungsfall nicht konkret bestimmt werden, sondern können auch approximativ geschätzt werden.

4.3.3 Prinzip des Risikopoolings

Die antizipierenden Anteile der Flexibilitätsmechanismen stellen ineffiziente Vorhalte in der Produktstruktur der determinierten Architektur dar, da sie nur eventuell mit einer Wahrscheinlichkeit von $P(\gamma)$, aber nicht sicher benötigt werden. Das Gestaltungsprinzip „Risikopooling" restrukturiert die determinierte Architektur daher derart, dass Synergieeffekte zwischen diesen Vorhalten ausgenutzt und sie damit möglichst klein gestaltet werden können (vgl. Anforderungen 1.3 und 1.5).

Risikopooling bezeichnet in der Logistik die Bündelung individueller Nachfrageschwankungen. Die Schwankung der damit erzeugten Gesamtnachfrage ist unter der Voraussetzung, dass die Nachfrageschwankungen nicht vollkommen positiv korreliert oder null sind, geringer als die Summe der einzelnen Nachfrageschwankungen [276–278].

Dies kann in ähnlicher Weise bei der Gestaltung der determinierten Architektur angewendet werden. Zum Beispiel können Funktionen derart zugeordnet und verteilt werden, dass die unsicheren Rechenressourcen oder die unsichere Auslastung der Bussysteme möglichst minimale Prognoseschwankungen aufweisen. Physische und softwarebasierte Komponenten, die Vorhalte gleichen Typs darstellen, sollten daher – soweit technisch möglich – zu einer Komponente fusioniert werden. Bei gleichbleibender Berücksichtigung der unterschiedlichen Zukunftsausprägungen kann dann der für die Flexibilität notwendige Vorhalt reduziert werden. Im Kontext von Rechenressourcen ist Risikopooling damit eines der Argumente für zentral ausgerichtete Rechnerarchitekturen im Fahrzeug (vgl. Abschnitt 2.2.5). Voraussetzung zur Anwendung des Gestaltungsprinzips „Risikopooling" ist dabei allerdings, dass ...

- ... die zu bündelnden Vorhalte typgleich sind (z. B. beides Programmspeicher mit ähnlichen Anforderungen).
- ... die Unsicherheit bezüglich des Vorhalts betragsbezogen ist (z. B. Größe des Programmspeicher).
- ... das Zusammenführen der Komponenten unter Berücksichtigung weiterer Anforderungen möglich ist (z. B. rechtlich und technisch möglich).
- ... die so entstandene fusionierte Komponente zwischen beiden ursprünglichen Vorhalten durch einen Differenzierungsmechanismus (z. B. einen Hypervisor) beliebig aufteilbar ist.
- ... und in der projektlateralen Entscheidung beschlossen wurde, dass nicht alle, sondern nur ein ausreichend großer Teil der Zukunftsausprägungen berücksichtigt werden soll[4].

Unter Einhaltung der genannten Bedingungen, lässt sich dann die folgende, einzige Regel für das Gestaltungsprinzip des Risikopoolings ableiten:

Regel 3.1 Architekturkomponenten unterschiedlicher Flexibilitätsmechanismen γ mit typgleichen Vorhalten, deren Wahrscheinlichkeiten $P(\gamma)$ eine negative oder schwach positive Korrelation aufweisen, können zur effizienten Gestaltung von Flexibilitätsmechanismen zu einer Komponente fusioniert werden.

---

[4] Mathematisch ergibt sich der Risikopoolingeffekt aus der Subadditivität der Standardabweichung und er ist nur wirksam, wenn durch ihn nicht alle möglichen, sondern nur ein möglichst großer Teil der erwarteten Gesamtnachfrage abgedeckt werden soll (vgl. [276, 279]).

4.4   Konzeption der Methodik

Die zu entwickelnde Methodik muss die schrittweise Abfolge von Konzeptionsakti-
vitäten derart strukturieren und beschreiben, dass die angestrebte, flexible Fahrzeug-
Software- und Hardware-Architektur durch deren Befolgung unter den in Kapitel
1, 2 und 3 dargelegten Randbedingungen realisiert wird (vgl. [86, 212, 280]). Die
Gestaltungsprinzipien sind methodische Bausteine, die die wesentlichen Aktivitäten
zur Gestaltung der probabilistischen und determinierten Architektur definieren und
durch ihre Regeln anleiten. Sie müssen derart verknüpft werden, dass ein durchgängiges und strukturiertes Vorgehen zur Konzeption flexibler Fahrzeug-Software- und
-Hardware-Architekturen entsteht. Durch die Definition der Abfolge, der Gewichtung sowie des Informations- und Wissensaustauschs zwischen den methodischen
Phasen wird dabei die Art und Weise der Konvergenz gegen die effektive und effiziente Lösung definiert (vgl. Abschnitt 3.1). In dieser Arbeit werden zur Konzeption
der Methodik die methodischen Phasen des allgemeinen Vorgehens zur flexiblen
Produktgestaltung unter Unsicherheit nach Cardin [117] und Hu et al. [183] adap-
tiert und erweitert (vgl. Abbildung 4.6), um einerseits bewährte Erkenntnisse im
Umgang mit Unsicherheit in die Methodik zu inkludieren, und andererseits den
Spezifika des industriellen Bezugsrahmens Rechnung zu tragen (vgl. Abschnitt 4.1).

Die Gestaltung der probabilistischen Architektur unter dem Gestaltungsprinzip der modularen Stetigkeit lässt sich mit dem Entwurf des Basisdesigns und der
Exploration alternativer Gestaltungslösungen nach Cardin [117] assoziieren: Alternative Architekturen je Zukunftsausprägung werden in der probabilistischen Architektur durch Variationspunkte und die zugehörigen hypothetischen Architekturen
ausgedrückt sowie situativ unterschiedlich passende Strukturen durch das Gestaltungsprinzip der modularen Stetigkeit erzeugt. Die grundlegende Modulstruktur
der probabilistischen Architektur wird definiert. Die darauf folgende Festlegung
des Flexibiltätsgrads und der Flexibilitätsmechanismen durch das Prinzip des positiven Optionswerts liefern ein erstes flexibles und determiniertes Architekturkonzept
nach Hu et al. [183] und Cardin [117]. Die Ausgestaltung des Konzepts der determinierten Architektur unter Ausnutzung der Synergieeffekte wird methodisch durch
das Gestaltungsprinzip des Risikopoolings angeleitet.

Bislang nicht als methodische Bausteine identifiziert sind die Phasen „Analyse
und Identifikation von Unsicherheit" (vgl. [117, 183]) sowie die abschließende „Bewertung und Evaluation der Flexibilität" (vgl. [183]) aus Cardin [117] und Hu et
al. [183]. Sie stellen vor- und nachbereitende Aktivitäten zur eigentlichen, flexiblen
Architekturkonzeption dar. Die Analyse und Identifikation der aleatorischen Unsicherheit in den Rahmenbedingungen identifiziert die Motivation und die Kriterien

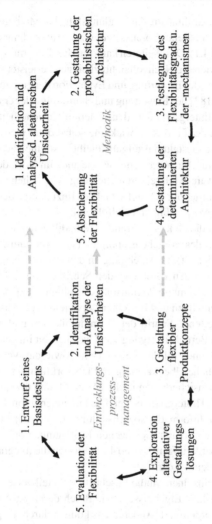

Abbildung 4.6 Ableitung der Methodik dieser Arbeit (re.) aus dem allgemeinen Vorgehen nach Cardin [117] und Hu et al. [183] (li.)

zum Einsatz von Flexibilität im Anwendungsfall der Methodik. Diese methodische Phase ist somit inhärente Voraussetzung zur Anwendung der Methodik (vgl. Anforderung 1.2 und 4.1). Des Weiteren kann nur durch die transparente Darstellung der Gestaltungskriterien die Nachvollziehbarkeit gewährleistet werden (vgl. Anforderung 4.5). Die Phase der Bewertung und Evaluation der eingebrachten Flexibilität dient nach Hu et al. [183] der Bewertung und Beurteilung der erarbeiteten, flexiblen Konzepte vor dem Hintergrund der identifizierten Unsicherheit. Da die Architekturgestaltung als Teil der Produktentwicklung selbst unter methodischer Anleitung im Kern eine kreative Gestaltungsaufgabe bleibt[5], ist eine nachträgliche Überprüfung der Zielerreichung, wie sie beispielsweise auch im V-Modell der automobilen Software- und Hardware-Architekturentwicklung vorgesehen ist, erforderlich (vgl. Abschnitt 2.2.2, Anforderung 3.1 und 4.1). Die Hinzunahme der beiden Phasen zur Methodik ist daher zweckmäßig und zielführend.

Insgesamt besteht die zu konzipierende Methodik daher aus fünf methodischen Phasen, die den Kern des Vorgehens abbilden (vgl. Abbildung 4.6, im Folgenden als Kernphasen bezeichnet). In Anlehnung an den Risikomanagementprozess werden diese nochmals um den vorbereitenden Schritt „Kontextdefinition" sowie die begleitenden Schritte „Kommunikation und Konsultation", „Überwachen und Überprüfen" sowie „Aufzeichnen und Berichten" erweitert (vgl. Abschnitt 2.1.5, Abbildung 4.7). Der begleitende Schritt der „Kommunikation und Konsultation" dient der Transparenz und Berücksichtigung von Unsicherheit im gesamten Architekturentwicklungsprozess und soll das Bewusstsein sowie das Verständnis dafür steigern. Die kontinuierliche Überwachung und Überprüfung integriert neue Erkenntnisse bezüglich der Unsicherheiten in die Methodik und überprüft getroffene Entscheidungen vor dem Hintergrund dieser. Die Dokumentation der Erkenntnisse und Ergebnisse dient der Informationsbereitstellung in der projektlateralen Entscheidungssituation und der organisationsweiten Kommunikation [100, 105]. Vor dem Hintergrund der Anforderungen 3.3 und 4.5 stellt sich die Integration dieser Schritte ebenfalls als zweckdienlich dar.

Die Abfolge der einzelnen Methodikschritte wird teilweise durch deren Abhängigkeiten bezüglich ihrer Ergebnisse sowie durch deren Austausch von Informationen und Wissen vordefiniert. Andererseits können durch die gezielte Festlegung

---

[5] Nach Roth et al. [281, 282] ist der Produktentwicklungsprozess ein wissensintensiver Prozess, in dem die Entwicklungsbeteiligten eine Vielzahl unterschiedlicher Randbedingungen in ihren Entwicklungsaktivitäten berücksichtigen, die formal-mathematisch nur unzureichend oder gar nicht zu beschreiben wären. Aus diesem Grund wird im Rahmen dieser Arbeit davon ausgegangen, dass die Architekturkonzeptionsaufgabe auch in Zukunft im Kern eine kreative Gestaltungsaufgabe bleibt, die durch den Menschen – allerdings mit zunehmender technischer Unterstützung – vorgenommen wird (vgl. zusätzlich [198, 267]).

der Abfolge bestimmte Aktivitäten wiederholend sowie als prüfende und ablaufentscheidende Aktivitäten platziert werden. Dadurch können beispielsweise ausgewählte, qualitative Eigenschaften der Architektur als Entwicklungsergebnis sichergestellt werden [87].

Die prinzipielle Abfolge der vorbereitenden Methodikschritte und der Kernphasen richtet sich im Rahmen der Methodikkonzeption nach Cardin [117], Hu et al. [183] und dem Risikomanagement nach DIN ISO 31000 [100]. Die Kontextdefinition legt in einem ersten Schritt den exakten Anwendungsbereich der Methodik sowie die anzuwendenden Kriterien fest und passt die Methodik auf den Anwendungsfall an (vgl. Abbildung 4.7). Daraufhin erfolgen die Identifikation und Analyse aleatorischer Unsicherheit als Voraussetzung zur Definition der probabilistischen Architektur. Eine anschließend prinzipiell sequentielle Abfolge der Gestaltung von probabilistischer Architektur sowie determinierter Architektur ist angeraten, da die determinierte Architektur aus der probabilistischen Architektur abgeleitet wird (vgl. Abschnitt 4.2).

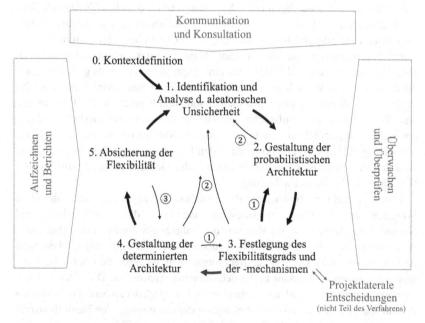

Abbildung 4.7 Konzeptionelle Abfolge der Methodikphasen

Diese prinzipielle Abfolge wird von den Abhängigkeiten der Kernphasen untereinander und dem zeitlich fortschreitenden Informations- und Wissensstand bezüglich der epistemologischen und aleatorischen Unsicherheit unterbrochen (vgl. Abbildung 4.7): Beispielsweise operieren alle drei Gestaltungsprinzipien unter anderem
auf der Funktions- und Produktstruktur der probabilistischen und determinierten
Architektur. Da diese, wie im Lösungsansatz geschildert, äquivalent ausgestaltet sein müssen, bedingt die Integration eines Flexibilitätsmechanismus oder die
Anpassung der determinierten Architektur im Rahmen des Risikopoolings einen
iterierenden Schritt zur Adaption der probabilistischen Architektur (vgl. ① in Abbildung 4.7). Des Weiteren können bei der Gestaltung der probabilistischen Architektur, bei den projektlateralen Entscheidungen oder bei der Festlegung des Flexibilitätsmechanismus unzureichende Informations- und Wissensstände in der Unsicherheitsidentifikation und -analyse ermittelt werden, die in diesem Zusammenhang
geschlossen werden müssen ②. Der abschließende Schritt der Flexibilitätsbewertung und -absicherung wird außerdem mit hoher Wahrscheinlichkeit suboptimale
Gestaltungsentscheidungen identifizieren, die wiederum eine Revision und Neu-
aufnahme der vorher durchgeführten Aktivitäten zur Folge haben ③. Abschließend
ergeben sich in Bezug auf die Unsicherheitsidentifikation und -analyse im Entwick-
lungszeitverlauf angepasste Einschätzungen von Unsicherheiten aufgrund neuer
Daten, Informationen und Wissen. Eine Anpassung der identifizierten und analysierten Unsicherheiten, die wiederum eine Anpassung der bereits gestalteten probabilistischen und determinierten Architektur nach sich zieht, wird notwendig. Die
begleitenden Methodikschritte „Kommunikation und Konsultation", „Überwachen
und Überprüfen" sowie „Aufzeichnen und Berichten" sind kontinuierlich auszuführen und laufen parallel zur bereits geschilderten Abfolge der methodischen Kernphasen (vgl. [81, 100]). Die projektlateralen Entscheidungen über die zu berücksichtigenden Zukunftsausprägungen finden in der Methodikphase „Festlegung des
Flexibilitätsgrads" Berücksichtigung.

Zusammengefasst beschreibt das Methodikkonzept ein linear-iteratives
Vorgehen, das die Unsicherheitsbeschreibung sowie die probabilistische und
determinierte Architektur im Rahmen der Fahrzeug-Software- und -Hardware-
Architekturkonzeption schrittweise mit zunehmendem Detaillierungsgrad definiert
(vgl. Abbildung 4.7). Die zentrale Iterationsschleife ist dabei die Überführung der
probabilistischen Architektur in die determinierte Architektur. Dies erfolgt durch
die einzelnen projektlateralen Entscheidungen bezüglich der zu berücksichtigenden
Zukunftsausprägungen und durch Festlegung der einzubringenden Flexibilitätsmechanismen je Variationspunkt. Die projektlateralen Entscheidungen müssen in diese
Iterationsschleife eingebunden und darin getroffen werden.

In Bezug auf den automobilen Bezugsrahmen ist die Methodik komplementär
zum Vorgehen gemäß des V-Modells (vgl. Abbildung 4.8, Anforderung 4.2). Die

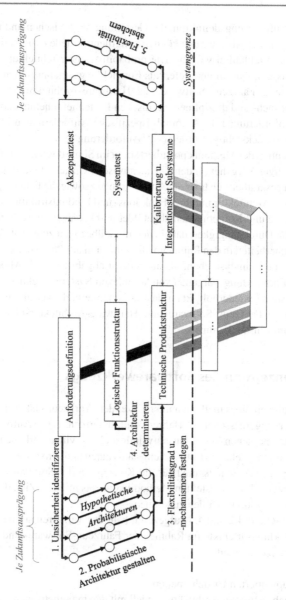

Abbildung 4.8 Konzeptionelle Abfolge der Methodikphasen im Kontext des V-Modells

Schritte der Anforderungsdefinition, der Gestaltung der logischen und technischen Strukturen sowie der Absicherung können kongruent für jede hypothetische Architektur einzeln durchlaufen werden. Die probabilistische Architektur synthetisiert die Erkenntnisse daraufhin und liefert als Entwicklungsergebnis ein ausgestaltetes und determiniertes Fahrzeug-Software- und -Hardware-Architekturkonzept, das zur Ableitung der fach- und disziplinenspezifischen Lastenhefte herangezogen werden kann (vgl. Anforderung 1.4). Automobilspezifische Anforderungen können daher aufwandsarm berücksichtigt werden (vgl. Anforderung 4.1).

Die Konzeption der Methodik postuliert somit im Sinne des Systems Engineering ein durchgängiges Vorgehen, indem die aleatorische Unsicherheit in den Rahmenbedingungen gesamtheitlich über die Anforderungen sowie die Fahrzeug-Software- und -Hardware-Architektur mit ihrer Funktions- und Produktstruktur auf die einzelnen Subsysteme und Komponenten abgebildet und behandelt wird (vgl. Abschnitt 2.2.3). Um die Durchgängigkeit dabei auch modellbezogen zu gewährleisten, werden die Unsicherheiten in den Rahmenbedingungen in der Phase der Unsicherheitsidentifikation und -analyse ebenfalls als Modell abgebildet (vgl. Abbildung 4.5). Da sich das Entwicklungsvorgehen von komplexen Systemen rekursiv für die einzelnen Subsysteme wiederholt, kann das zu konzipierende Verfahren auch in der Entwicklung von Fahrzeug-Software- und -Hardware-Architektursubsystemen oder -domänen zum Einsatz kommen.

4.5   Konzeption des Softwarewerkzeugs

Die Notwendigkeit eines methodenunterstützenden Werkzeugs ist durch die Anforderungen der angemessenen Verfahrenskompliziertheit (vgl. Anforderung 4.4) sowie des angemessenen Verfahrensaufwands und der wirtschaftlichen Integration des Verfahrens in bestehende Entwicklungsaktivitäten und -prozesse bestimmt (vgl. Anforderung 4.2). Ausgangspunkt für die Konzeption des Softwarewerkzeugs ist die Unterstützung des vorgestellten Methodikkonzepts mit dem Ziel, die genannten Anforderungen dadurch erfüllen zu können.

Wie in Abschnitt 4.2 und 4.4 aufgezeigt, baut das Verfahren auf der Gestaltung dreier Entwicklungsartefakte im Rahmen der Fahrzeug-Software- und -Hardware-Architekturkonzeption auf:

- Den dokumentierten Unsicherheiten,
- dem probabilistischen Architekturmodell mit den hypothetischen Architekturen und
- der determinierten Architektur.

Diese drei Artefakte werden als Modelle abgebildet und stehen über die methodischen Phasen aber auch inhaltlich im Zusammenhang (vgl. Abbildung 4.7). Moderne Fahrzeug-Software- und -Hardware-Architekturen bestehen aus mehreren hundert einzelnen Komponenten und dementsprechend mehreren tausend Modellelementen [28, 270]. Die manuelle Synchronisation der Zusammenhänge und Abhängigkeiten der Modelle ist deshalb und aufgrund der wiederkehrenden Synchronisationsnotwendigkeit beim methodischen Vorgehen realistisch nicht umsetzbar. Zusätzlich sind die bei der Unsicherheitsbeschreibung zur Verfügung stehenden mathematischen Methoden (vgl. Abschnitt 2.1.4) aufwendig und kompliziert manuell durchzuführen. Aufgrund der Formalisierung können diese Methoden aber durch den Einsatz von Softwarewerkzeugen maßgeblich automatisiert werden. Der Einsatz eines Softwarewerkzeugs ist daher nicht nur als zweckmäßig, sondern vor dem Hintergrund der genannten Anforderungen 4.2 und 4.4 als notwendig anzusehen.

Zur softwaregestützten Abbildung der Modelle und ihrer Zusammenhänge ist ein Metamodell erforderlich (vgl. [41]). Ein Metamodell definiert, wie Modelle eines speziellen Typs aufgebaut und strukturiert sind, indem die einzelnen Sprachkonstrukte, wie Modellelemente und Beziehungen zwischen diesen, definiert werden [25, 234–236]. Durch die Formalisierung der Modelle über ein Metamodell können Analyse-, Synthese- und Manipulationsoperatoren sowie Restriktionen und Modellsichten abstrakt auf der Ebene des Metamodells definiert werden, ohne dass dies für jedes anwendungsfallspezifische Modell erfolgen muss. Des Weiteren können aus einer einheitlichen mathematischen Beschreibung der Unsicherheit in Kombination mit einer Modellanalyse Kennzahlen für den zielgerichtet effektiven und effizienten Umgang mit Unsicherheit im Rahmen der Gestaltungsentscheidungen generiert werden (vgl. z. B. [77]). Abschließend erlaubt die Assoziation der Metamodellelemente mit grafischen Elementen die visuelle Darstellung der Modelle selbst. Sie sind für die Beteiligten kognitiv leichter zu verarbeiten und können mit geringerem Aufwand verstanden und auch erstellt werden (vgl. Anforderung 4.3, [235]). Der Modellierungsaufwand und die Modellkompliziertheit werden gesenkt (vgl. Anforderung 4.2 und 4.4).

Es ergeben sich die in Abbildung 4.9 dargestellten, zu erfüllenden Funktionen, um die Methodik werkzeugbezogen zu begleiten. In Bezug auf die Umsetzung des Werkzeugs in Software definieren Karagiannis et al. [235] eine Referenzarchitektur für Metamodellierungs- und Modellierungsplattformen. Sie dient als Ausgangspunkt für die Konzeption des Werkzeugs (vgl. Abbildung 4.10).

Die Funktionen zum Import und Export der Modelle wurden dabei in der bisherigen methodikfokussierten Ableitung der Werkzeugfunktionen noch nicht adressiert. Sie entstammen dem Ansatz von Karagiannis et al. [235] und ermöglichen

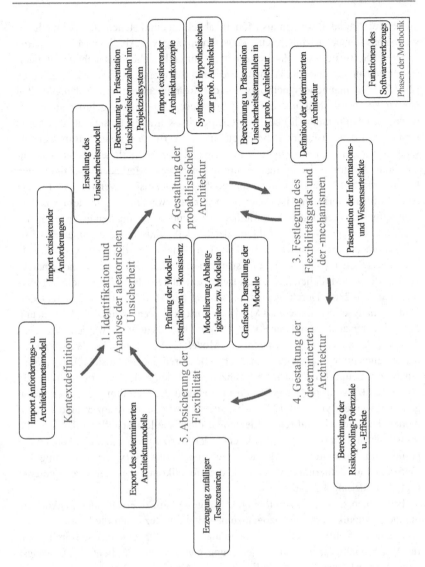

Abbildung 4.9 Zuordnung der unterstützenden Funktionen des Softwarewerkzeugs zu den Methodikphasen

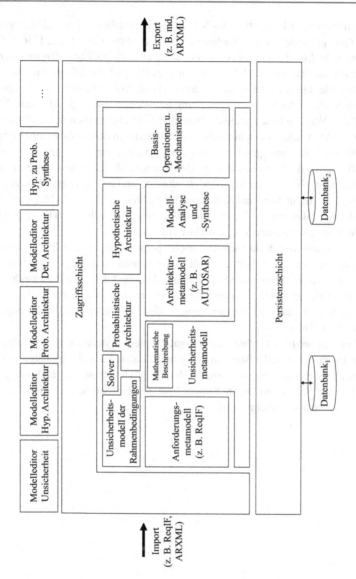

Abbildung 4.10 Architekturkonzept des Softwarewerkzeugs basierend auf Karagiannis et al. [235]

die wirtschaftliche Integration des Verfahrens in bestehende Entwicklungsaktivitäten und -prozesse der Automobilindustrie (vgl. Anforderung 4.2, [236]). Dort kommt in der Entwicklungspraxis bereits heute eine Vielzahl an Softwarewerkzeugen unter anderem zur Modellierung von zum Beispiel der E/E-Architektur oder von Anforderungen zum Einsatz, in denen Daten, Informationen und Wissen für eine zweckdienliche Verfahrensgestaltung gespeichert sind (vgl. Abschnitt 2.2.3, [28, 283]). Vor dem Hintergrund der wirtschaftlichen Integration des Verfahrens in die Entwicklungsaktivitäten muss durch das Softwarewerkzeug daher eine entsprechende Anbindung erfolgen (vgl. Abbildung 4.8). Um eine eventuell notwendige Transformation der Modelle zwischen den unterschiedlichen Softwarewerkzeugen zu vermeiden, wird bei der Metamodelldefinition und der weiteren Werkzeugentwicklung die Architektur- und Anforderungsbeschreibung durch ein Metamodellmodul definiert, das je nach Anwendungsfall durch standardisierte oder proprietäre Beschreibungen derselben ausgetauscht werden kann.

Eine weitere organisatorisch-technische Schnittstelle zum Fahrzeugentwicklungsprozess existiert in Bezug auf die Informations- und Wissensartefakte zur Abschätzung des Mittelaufwands im Rahmen der projektlateralen Entscheidungen. Die Informationen und das Wissen der probabilistischen Architektur sowie eventuell zugehörige Kennzahlen müssen menschenles- und -interpretierbar ausgegeben werden (vgl. Anforderung 1.4).

Insgesamt setzt der Einsatz eines formal definierten Metamodells im Softwarewerkzeug zur Unsicherheitsbeschreibung und Beschreibung der probabilistischen Architektur eine entsprechend formale Metamodelldefinition und -auffassung seitens der Methodik voraus, die im Kapitel 5 parallel zur Methodik entwickelt und in Kapitel 6 final ausgearbeitet wird.

Methodik zur Entwicklung flexibler Fahrzeug-Software- und -Hardware-Architekturen unter Unsicherheit

5

Aufbauend auf der konzeptionellen Lösung aus Kapitel 4 wird im Folgenden die Methodik zur Entwicklung flexibler Fahrzeug-Software- und -Hardware-Architekturen unter Unsicherheit ausgearbeitet. In Abschnitt 5.1 wird die konzipierte Methodik hinsichtlich des Vorgehens sowie bezüglich der drei Entwicklungsartefakte Unsicherheitsmodell, Modell der probabilistischen Architektur und Modell der determinierten Architektur ausdefiniert. Abschnitt 5.2 bis 5.7 beschreiben die Inhalte der einzelnen methodischen Phasen des Vorgehens und begleitenden Schritte detailliert.

5.1 Überblick über die Methodik

Das Methodikkonzept aus Abschnitt 4.4 beschreibt den Zusammenhang der methodischen Bausteine und skizziert den Ablauf der fünf Kernphasen. Die drei Modelle für die aleatorische Unsicherheit, für die probabilistische Architektur und für die determinierte Architektur definieren die inhaltliche Verknüpfung zwischen diesen Kernphasen (vgl. Abbildung 5.1). Sie ermöglichen die Analyse, Synthese und Dokumentation des aktuellen Wissens- und Informationsstands über das zu entwickelnde Fahrzeug-Software- und -Hardware-Architekturkonzept. Zusammengenommen werden sie als gemeinsames Unsicherheits- und Architekturmodell bezeichnet. Die Kernphasen beschreiben daher einerseits die notwendigen

Ergänzende Information Die elektronische Version dieses Kapitels enthält Zusatzmaterial, auf das über folgenden Link zugegriffen werden kann https://doi.org/10.1007/978-3-658-42804-4_5.

Entwicklungsaktivitäten zum Fortschritt der Architekturkonzeption methodisch. Andererseits definieren sie die zu den Aktivitäten gehörenden Operationen auf den Modellen. Die zweckdienliche Beschreibung dieser Operationen zum Erkenntnisgewinn, zur Dokumentation des generierten Wissens und zur Verknüpfung der Modelle bildet die Grundlage für die im Kapitel 6 stattfindende Definition eines Metamodells.

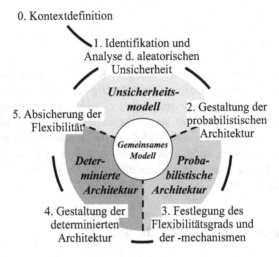

Abbildung 5.1 Inhaltliche Verknüpfung der Methodik durch die Entwicklungsartefakte

Insgesamt geht das in Abschnitt 4.4 entworfene Vorgehen bezüglich der Beschreibung von Unsicherheit von einer Menge an bekannten, diskreten und endlichen Zukunftsausprägungen aus, wie sie bei Unsicherheit der Stufe 1 oder Stufe 2 vorzufinden sind (vgl. [103]). Gemäß der Anforderung 3.2 müssen die Methodik und die zugehörigen Artefakte die Konzeption allerdings für alle Unsicherheitsgrade und -arten unterstützen. Die Herausforderung bei der Berücksichtigung von Stufe-3- oder Stufe-4-Unsicherheit liegt darin, dass die Zukunftsausprägungen nicht mehr diskret, sondern kontinuierlich beschrieben werden oder sogar vollständig unbekannt sind (vgl. Abschnitt 2.1.2). Eine explizite Modellierung im gemeinsamen Unsicherheits- und Architekturmodell ist nicht mehr möglich. Zum Erstellen der probabilistischen Architektur müssten hypothetische Architekturen als diskrete Ausprägungen möglicherweise notwendiger Architekturkonfigurationen in unendlicher Anzahl erstellt werden.

In Erweiterung des Lösungsansatzes operieren die Phasen zur Gestaltung der probabilistischen Architektur, zur Festlegung des Flexibilitätsgrads und der -mechanismen sowie die Phase zur Gestaltung der determinierten Architektur daher auf einer diskreten Menge repräsentativer Szenarien für Stufe-3- und Stufe-4-Unsicherheiten. Diese repräsentativen Szenarien stehen stellvertretend für eine Menge an Zukunftsausprägungen und machen die abstrakte Menge der Stufe-3- und Stufe-4-Unsicherheiten durch die Präsentation eines oder mehrerer Referenznarrative zugänglich. Sie umgehen damit die Schwierigkeit der Prognose einzelner, konkreter Werte, senken die kognitive Komplexität und erhöhen das Verständnis für die Stakeholder (vgl. Anforderung 4.3) [82, 284, 285]. Die unendliche Menge potenzieller Zukunftsausprägungen wird auf eine endliche Anzahl an diskreten, repräsentativen Zukunftsszenarien abgebildet[1].

Basierend auf den repräsentativen Zukunftsszenarien können dann wiederum einzelne, repräsentative und hypothetische Konzepte der Fahrzeug-Software- und -Hardware-Architektur entwickelt werden (vgl. ① in Abbildung 5.2). Die grundlegende Annahme dabei ist, dass die Menge aller repräsentativen Szenarien einen Raum aufspannen, in dem die später eintreffende Zukunft zu erwarten ist [82]. Die Entwicklungsbeteiligten müssen sich bei der Architekturgestaltung der Repräsentativität der Szenarien bewusst sein und eine generalisierbare Lösung für die repräsentative Menge durch Abstraktion und Generalisierung suchen. Diese Annahme ist unter realitätsnahen Bedingungen nicht immer zu halten. Aufgrund dessen erfolgt eine Absicherung der Repräsentativität in der Methodikphase „Absicherung der Flexibilität". Es wird untersucht, ob die determinierte Architektur auch für zufällig erzeugte Zukunftsausprägungen flexibel ist. Bei negativem Ergebnis ist ablaufbezogen entweder eine Anpassung der Flexibilitätsmechanismen in der determinierten Architekturgestalt oder eine Anpassung der repräsentativen Szenarien notwendig (vgl. ② in Abbildung 5.2).

Da bei Unsicherheit der Stufe 4 die möglichen Zukunftsausprägungen initial vollständig unbekannt sind, muss ergänzend zu den repräsentativen Szenarien ein angepasstes Vorgehen basierend auf den Ansätzen von [104] und dem Effectuation [200] zum Einsatz kommen: Anstelle einer vorwärts gerichteten Auslegung der determinierten Architektur über die probabilistische Architektur wird bei der Gestaltung der Flexibilitätsmechanismen rückwärts auf die Menge der Stufe-4-Zukunftsausprägungen geschlossen, die durch das Einbringen eines Flexibilitätsmechanismus berücksichtigt werden würde. Die Menge der damit potenziell berücksichtigten Zukunftsausprägungen kann als Teilmenge der unbekannten Menge an

---

[1] Repräsentative Szenarien eignen sich daher ebenfalls für Unsicherheiten der Stufe 2 mit einer hohen Anzahl diskreter Zukunftsausprägungen.

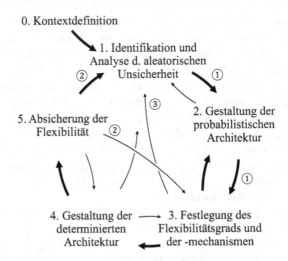

Abbildung 5.2 Detailliertes Vorgehen der Methodik aufbauend auf Abbildung 4.7

Stufe-4-Ausprägungen im Unsicherheitsmodell abgebildet und durch eines oder mehrere repräsentative Szenarien dargestellt werden (vgl. ③ in Abbildung 5.2). Diese Menge erlaubt dann wiederum die Bewertung des Mitteleinsatzes für das Einbringen der Flexibilität und gibt die Möglichkeit zur Entscheidung über die Berücksichtigung (vgl. ① in Abbildung 5.2).

Die methodischen Phasen generieren somit die Modelle zur Behandlung der aleatorischen Unsicherheit und für das Architekturkonzept (vgl. Forschungsfrage 1). Die epistemologische Unsicherheit wird durch die projektlateralen Entscheidungen über die zu berücksichtigenden Zukunftsausprägungen schrittweise in Abhängigkeit des Entwicklungsfortschritts reduziert (vgl. Forschungsfrage 2). Die Methodik geht deshalb iterativ mit zunehmendem Detaillierungsgrad des Architekturkonzepts vor. Die projektlateralen Entscheidungen werden bei entsprechendem Informations- und Wissensstand in der probabilistischen Architektur jeweils einzeln für die Unsicherheitsfaktoren des Unsicherheitsmodells getroffen. Gestaltungs- und Berücksichtigungsentscheidungen von Unsicherheitsaspekten mit größeren, erwarteten Auswirkungen auf die Architektur werden dabei zuerst betrachtet.

5.2 Definition des Kontexts und der begleitenden Aktivitäten

Neben den fünf Kernphasen (vgl. Abbildung 5.2) enthält die Methodik den vorgelagerten Schritt der Kontextdefinition sowie die drei kontinuierlich-begleitenden Methodikschritte „Kommunikation und Konsultation", „Überwachen und Überprüfen" sowie „Aufzeichnen und Berichten". Die kontinuierlich-begleitenden Methodikschritte sind nur bedingt vom industriellen Bezugsrahmen abhängig. Der wissenschaftliche Anpassungsbedarf beschränkt sich dementsprechend auf die Auswahl einer im Anwendungsfall passenden Methode. Mögliche methodische Bausteine existieren und sind beispielsweise in Oehmen et al. [81] gelistet. Die Definition des Kontexts dient hingegen der Anpassung des Verfahrens an die anwendungsfallspezifischen Gegebenheiten (vgl. z. B. [81, 100]). Die Zweckdienlichkeit des Verfahrenseinsatzes im Anwendungsfall wird überprüft sowie der Anwendungsbereich und die Integration des Verfahrens in bestehende Entwicklungsprozesse, -aktivitäten und -werkzeuge definiert (vgl. Abbildung 5.3, Anforderung 4.2). Das Vorgehen wird durch den Schritt der Kontextdefinition in den konkreten Prozess für den Anwendungsfall überführt [7, 88].

Im ersten Schritt der Kontextdefinition muss das Ziel der Verfahrensanwendung festgelegt werden, um die Zweckdienlichkeit des Verfahrenseinsatzes sowie dessen Ausrichtung zu definieren (vgl. [222]). Das allgemeine Ziel eines Verfahrenseinsatzes in jedem Anwendungsfall ergibt sich dabei aus der definierten Zielsetzung dieser Arbeit (vgl. Abschnitt 1.3 und 3.2). Darauf aufbauend kann die Zweckdienlichkeit des Verfahrens approximativ prognostiziert werden, indem die erwarteten Unsicherheitsgrade und die damit verbundenen Auswirkungen auf die Architekturgestalt abgeschätzt werden. Eine Anwendung des Verfahrens ist dabei angeraten, je höher der Unsicherheitsgrad ist und je größer die dadurch implizierte Unsicherheit auf die Architekturgestaltung wahrgenommen wird. Eine Begründung auf Basis historischer Erfahrung ist nur bedingt valide, da das entwickelte Verfahren zukunftsgerichtete Unsicherheiten adressiert und die dauerhafte Existenz der externen, aleatorischen Unsicherheit nicht kontinuierlich gegeben sein muss (vgl. Zeitstabilitätshypothese in Abschnitt 5.3).

Ist die Zweckdienlichkeit der Verfahrensanwendung festgestellt, werden die Systemgrenzen definiert (vgl. Abbildung 5.3). Dies erfolgt einmal in Bezug auf die zu betrachtenden Unsicherheiten als auch in Bezug auf die Fahrzeug-Software- und -Hardware-Architektur. Das Verfahren kann auf Subsysteme, einzelne Fahrzeug-Domänen oder die gesamte Software- und Hardware-Architektur angewendet werden. Eine eindeutige Beschreibung der Systemgrenzen ist notwendig, um den Gestaltungsrahmen für die Flexibilitätsmechanismen festzulegen. Die zu betrachtenden Unsicherheiten sollten wiederum Auswirkungen auf das nun abge-

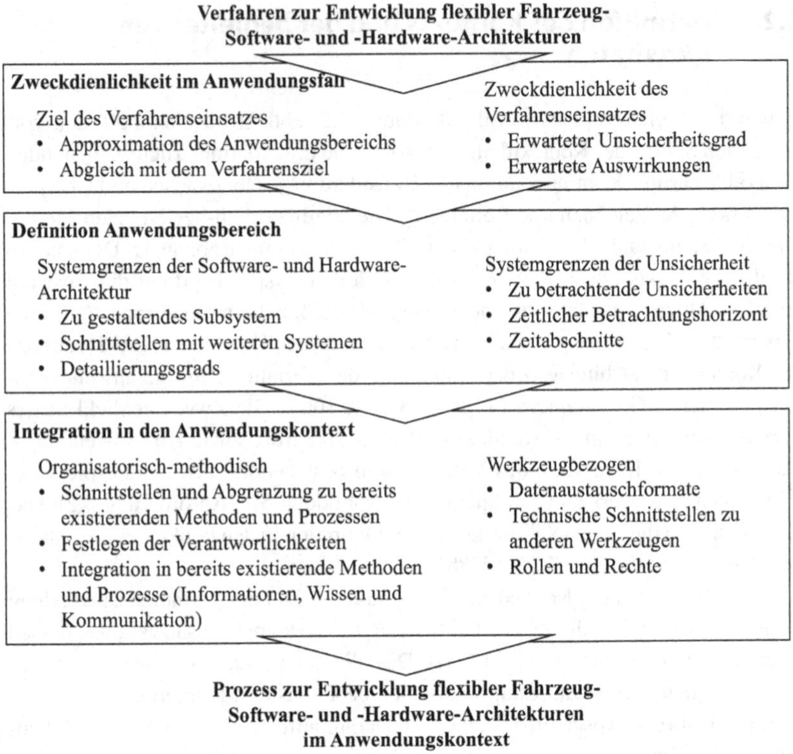

Verfahren zur Entwicklung flexibler Fahrzeug-Software- und -Hardware-Architekturen

Zweckdienlichkeit im Anwendungsfall

Ziel des Verfahrenseinsatzes
* Approximation des Anwendungsbereichs
* Abgleich mit dem Verfahrensziel

Zweckdienlichkeit des Verfahrenseinsatzes
* Erwarteter Unsicherheitsgrad
* Erwartete Auswirkungen

Definition Anwendungsbereich

Systemgrenzen der Software- und Hardware-Architektur
* Zu gestaltendes Subsystem
* Schnittstellen mit weiteren Systemen
* Detaillierungsgrads

Systemgrenzen der Unsicherheit
* Zu betrachtende Unsicherheiten
* Zeitlicher Betrachtungshorizont
* Zeitabschnitte

Integration in den Anwendungskontext

Organisatorisch-methodisch
* Schnittstellen und Abgrenzung zu bereits existierenden Methoden und Prozessen
* Festlegen der Verantwortlichkeiten
* Integration in bereits existierende Methoden und Prozesse (Informationen, Wissen und Kommunikation)

Werkzeugbezogen
* Datenaustauschformate
* Technische Schnittstellen zu anderen Werkzeugen
* Rollen und Rechte

Prozess zur Entwicklung flexibler Fahrzeug-Software- und -Hardware-Architekturen im Anwendungskontext

Abbildung 5.3 Methodische Schritte zur Definition des Kontexts und Anpassung des Verfahrens auf den Anwendungsfall

grenzte Fahrzeug-Software- und -Hardware-Architektursystem haben. Der Betrachtungshorizont, bis zu welchem Unsicherheiten berücksichtigt und prognostiziert werden, wird definiert. Die Zeit bis zum Betrachtungshorizont wird in diskrete Zeitabschnitte unterteilt. Dies ist zur Beschreibung der zeitlichen Entwicklung von Unsicherheit notwendig (vgl. Abschnitt 2.1.2 und 5.3.2).

Die anschließende Integration in den Anwendungsbereich adressiert, wie die einzelnen Aktivitäten der Methodikphasen im Kontext des Anwendungsfalls und der zugehörigen Organisation ausgeführt werden sollen. Es wird eine Abgrenzung des Verfahrenszwecks gegenüber anderen Prozessen wie zum Beispiel einem bereits etablierten Risikomanagementprozess vorgenommen. Schnittstellen und Abhängigkeiten zwischen diesen werden definiert. Technische Schnittstellen des Verfahrens zum Beispiel mit Softwarewerkzeugen zum Anforderungsmanagement oder zur

Software- und Hardware-Architekturentwicklung müssen definiert, entwickelt und entsprechend verbunden werden (vgl. Kapitel 6). Die Auswahl des Anforderungs- und Architekturmetamodells sollte derart stattfinden, dass der Detailgrad und die Sichten der ausgewählten Metamodelle ausreichen, um die Auswirkungen der Unsicherheiten auch darstellen zu können [222, 286].

Inhärenter Bestandteil zur organisatorischen Integration des Verfahrens ist außerdem die Verortung der Verantwortlichkeiten für die Durchführung des gesamten Verfahrens, für die Durchführung der einzelnen Phasen, Schritte und Aktivitäten der Methodik sowie für die kontinuierliche inhaltliche Betreuung, Nachverfolgung und Aktualisierung gemäß der begleitenden Methodikschritte. Dabei ist es angeraten, diese Verantwortlichkeiten möglichst deckungsgleich mit Verantwortlichkeiten im Entwicklungsprozess zu vergeben, damit vorhandene Informationen, Wissen und Kommunikationkanäle möglichst effizient in das Verfahren eingebracht werden können [81].

Aus der Definition des Anwendungsbereichs und aus der ablauforganisatorischen Integration ergeben sich somit prozessbezogene Schnittstellen, die im Rahmen der Kernphasen der Methodik aber auch über die begleitenden Schritte „Kommunikation und Konsultation" „Überwachen und Überprüfen" sowie „Aufzeichnen und Berichten" bedient werden müssen. Das Verfahren ist im Anwendungsfall als Prozess definiert.

5.3 Identifikation und Analyse der aleatorischen Unsicherheit

Aufgabe dieser Methodikphase ist es, die existierende, aleatorische Unsicherheit der Rahmenbedingungen zu identifizieren und zu analysieren, um sie für die Entwicklungsaktivitäten in den folgenden Methodikphasen strukturiert und dokumentiert zu Verfügung zu stellen. Die Unsicherheit wird dabei durch ihr Komplement beschrieben, indem die vorhandenen Informationen und das vorhandene Wissen über die unsicheren Systemgrößen festgehalten werden.

5.3.1 Methodisches Vorgehen

Nach Block et al. [84] sind die Informationen und das Wissen über Unsicherheit nicht zentral im Produktentwicklungsprozess verankert, sondern dispers über die einzelnen Stakeholder der Fahrzeugentwicklung verteilt. Sie liegen in Form konkret möglicher, alternativer Zukunftsausprägungen der Rahmenbedingungen oder

Anforderungen (Unsicherheit der Stufe 1 oder 2) sowie in Form repräsentativer Szenarien (Stufe-3-Unsicherheit) vor oder stellen sich durch das bloße Wissen um Veränderung ohne die Kenntnis konkret-möglicher Szenarien dar (Stufe-4-Unsicherheit). Diese individuellen Aussagen diverser Stakeholder über die von ihnen wahrgenommenen Unsicherheiten müssen im Unsicherheitsmodell als unterschiedliche Informations- und Wissensstandpunkte aggregiert, analysiert, dokumentiert, verknüpft und strukturiert werden (vgl. Abbildung 5.4). Das Unsicherheitsmodell repräsentiert das organisationale Wissen über zukünftig mögliche Veränderungen der Rahmenbedingungen und des Projektzielsystems (vgl. Abschnitt 5.3.2).

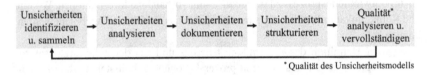

* Qualität des Unsicherheitsmodells

Abbildung 5.4 Methodisches Vorgehen zur Identifikation und Analyse aleatorischer Unsicherheit

Die Unsicherheitsidentifikation bezüglich zukünftig möglicher Rahmenbedingungen findet bereits methodisch unterstützt als auch unstrukturiert und nicht angeleitet bei unterschiedlichen Stakeholdern des Entwicklungsprozesses individuell oder kollektiv sowie teilweise projektextern statt [84]. Im Schritt der Identifikation und Sammlung von Unsicherheiten wird dieses Wissen über die Unsicherheit externalisiert und die heterogenen Unsicherheitsbeschreibungen werden unstrukturiert abgelegt. Die bislang im Entwicklungsprozess dispersen Informationen und das zugehörige Wissen über Unsicherheit werden erstmals für alle beteiligten Stakeholder kommuniziert, zentral gesammelt und dadurch transparent (vgl. Anforderung 4.5). Da die Vollständigkeit der gesammelten Unsicherheiten für die Ergebnisqualität des Verfahrens entscheidend ist, ist es zweckdienlich, das Sammeln identifizierter Unsicherheiten in der Ablauforganisation zu verankern (vgl. Abschnitt 5.2). Anschließend werden die bislang heterogen beschriebenen Unsicherheiten bezüglich ihres Unsicherheitstyps, -charakters, des -grads und der -art analysiert. Interne Unsicherheiten und Unsicherheiten epistemologischen Charakters oder Unsicherheiten ohne Bezug zur Software- und Hardware-Architektur werden aussortiert. Es wird lediglich externe, aleatorische Unsicherheit in den Rahmenbedingungen vom Verfahren betrachtet und im Unsicherheitsmodell abgebildet (vgl. Abschnitt 5.1). Die Dokumentation der Unsicherheiten homogenisiert die Beschreibung gemäß der formalen Definition des Unsicherheitsmetamodells (vgl. Abschnitt 5.3.2) und überträgt die Unsicherheitsfaktoren in das Unsicherheitsmodell des Architektur-entwicklungsprojekts. Die Faktoren referenzieren nun diejenigen Anforderungen oder Rahmenbedingungen, die durch sie als unsicher definiert werden (vgl. Abbildung 5.5). Unter Umständen können mögliche, zukünftige Ausprägungen bereits benannt werden. Die eventuell vorhandene, grobe, unscharfe oder punktgenaue Abschätzung der Notwendigkeitswahrscheinlichkeiten – im Folgenden auch als Realisierungsmaß bezeichnet – sowie der Zeitabschnitt, auf den sich die Unsicherheitsaussage bezieht, werden ebenfalls formal dokumentiert. Die heterogen beschriebenen Unsicherheiten sind nun einheitlich in einem Modell dokumentiert.

Es erfolgt die Strukturierung der Unsicherheitsfaktoren, indem Zusammenhänge zwischen diesen identifiziert und festgehalten werden. Allgemein werden dabei zwei Arten von Zusammenhängen zwischen Unsicherheitsfaktoren unterschieden: Die Aggregationsbeziehung ($u_i \subset u_j$) beschreibt, dass die referenzierte Systemgröße eines Unsicherheitsfaktors u_i einen von mehreren Unsicherheitsaspekten eines Unsicherheitsfaktors u_j darstellt. Die Abhängigkeitsbeziehung ($u_i | u_j$) beschreibt hingegen, dass die Eintrittswahrscheinlichkeit[2] der Zukunftsausprägungen eines Unsicherheitsfaktors u_i von den Zukunftsausprägungen des Unsicherheitsfaktors u_j abhängig ist. Es gilt: ($u_i \subset u_j$) $\implies$ ($u_j | u_i$) (vgl. Abbildung 5.5).

Abschließend wird das strukturierte Unsicherheitsmodell bezüglich seiner Qualität für die Nutzung in der Fahrzeug-Software- und -Hardware-Architekturentwicklung untersucht. Qualität wird dabei in Anlehnung an [25] definiert über ...

- ... die Vollständigkeit der gesammelten Unsicherheitsfaktoren, der Zukunftsausprägungen, der Realisierungsmaße und der Zusammenhänge zwischen Unsicherheitsfaktoren,

- ... die Konkretheit[3] der Beschreibung der Unsicherheitsfaktoren, der Unsicherheitsausprägungen und Zusammenhänge,

- ... die Validität der im Unsicherheitsmodell verankerten Informationen und des Wissens,

- ... die Konsistenz der Unsicherheitsfaktoren untereinander sowie die Konsistenz und Schnittmengenfreiheit der Unsicherheitsausprägungen innerhalb jedes Unsicherheitsfaktors,

- ... die Vergleichbarkeit der Unsicherheitsausprägungen innerhalb eines Unsicherheitsfaktors bezüglich der Beschreibungsdetaillierung.

---

[2] dargestellt durch das sogenannte Realisierungsmaß (vgl. Abschnitt 5.3.2)

[3] Die Konkretheit beschreibt, wie spezifisch der Inhalt einer Unsicherheitsaussage für die folgende Fahrzeug-Software- und -Hardware-Architekturentwicklung ist [25].

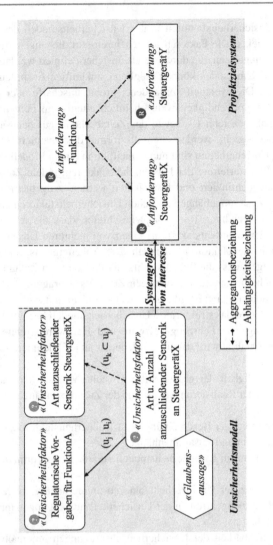

Abbildung 5.5 Beispielhafte Darstellung eines Unsicherheitsfaktors, der eine Anforderung referenziert und damit als unsicher kennzeichnet

Qualitätsdefizite müssen anschließend aufgearbeitet werden. Bislang nicht inkludierte Unsicherheiten sowie fehlende Informationen und Wissen über Unsicherheitsfaktoren werden aufgedeckt und integriert. Aufgrund des fortschreitenden Informations- und Wissensstands im Zeitverlauf ist zur Qualitätssicherung des Unsicherheitsmodells ein wiederkehrendes Durchlaufen dieser Methodikphase angeraten (vgl. Abschnitt 5.1).

Der Unsicherheitsidentifikation und -analyse liegt implizit die Zeitstabilitätshypothese oder die Annahme zugrunde, dass ein Bruch der Zeitstabilitätshypothese von den Stakeholdern vorhergesehen werden kann. Die Zukunft kann entweder aufgrund bestehender Gesetzmäßigkeiten, die auch in Zukunft ihre Gültigkeit besitzen, extrapoliert werden oder die Stakeholder erwarten eine Veränderung dieser Gesetzmäßigkeiten und passen ihre Prognose entsprechend an (vgl. [287]).

5.3.2 Beschreibung der Unsicherheit

Zur Beschreibung der Unsicherheit kommt eine Erweiterung der Dempster-Shafer-Evidenztheorie um die Theorie unscharfer Mengen zum Einsatz[4] (vgl. [145, 288]). Sie ist in der Lage die unterschiedlichen Unsicherheitsstufen nach Courtney et al. [103] und Unsicherheitsarten nach Han et al. [53] abzubilden. Unsicherheit wird dabei über individuelle Aussagen – sogenannte Glaubensaussagen $(\Omega_i, m_{i,s})$ – formuliert (vgl. [25]). Diese individuellen Aussagen können im Bedarfsfall kombiniert und zu einer gemeinsamem Wahrscheinlichkeitsverteilung zusammengefasst werden (vgl. Abschnitt 5.5.3). Die Glaubensaussagen müssen dafür nur gesammelt, allerdings nicht methodisch-argumentativ gegeneinander abgeglichen werden, wie es beispielsweise bei der Delphi-Methode der Fall ist [289]. Stattdessen erfolgt die Kombination der Glaubensaussagen mathematisch (vgl. Abschnitt 5.5.3).

Die Unsicherheitsfaktoren sind das zentrale Element bei der Unsicherheitsbeschreibung. Eine Beschreibung der Unsicherheitsfaktoren sowie deren Zusammenhänge ist ausreichend, um alle für die Durchführung der geschilderten Methode notwendigen Informationen und das Wissen über Unsicherheit im Anwendungsfall zu dokumentieren. Ein Unsicherheitsfaktor u_i wird im Rahmen dieser Arbeit formal beschrieben durch...

---

[4] Eine detaillierte Begründung für die Auswahl dieser Beschreibungsmethode ist in Anhang A.4.1 im elektronischen Zusatzmaterial dargestellt.

- ... die Referenz auf die unsichere Systemgröße von Interesse im Projektzielsystem (z. B. auf eine Rahmenbedingung, Anforderung oder auf das Attribut einer Anforderung),
- ... den Unsicherheitsraum Ω_i, der alle möglichen/repräsentativen Zukunftsausprägungen $\omega_i \in \Omega_i$ für die unsichere Systemgröße enthält,
- ... den Charakter und den Typ der Unsicherheit,
- ... sowie die Realisierungsmaße $m_{i,s}$, $bel_{i,s}$ oder $pl_{i,s}$ auf dem Unsicherheitsraum Ω_i.

Der Unsicherheitsraum Ω_i unterteilt sich wiederum in einzelne Aspekte, die sogenannten Dimensionen D_i, die selbst atomare Unsicherheitsräume $\underline{\Omega}_d$ darstellen (d. h. $\Omega_i = \underline{\Omega}_j \times \underline{\Omega}_k \times ... \times \underline{\Omega}_l$, mit $j, k...l \in D_i$). Als Menge kann der Unsicherheitsraum Ω_i diskret, begrenzt und stetig oder unbekannt bzgl. seiner Ausprägungen ω_i sein. Der Grad der Unsicherheit wird durch die Art des Unsicherheitsraums Ω_i festgelegt. Die Aggregationsbeziehung $(u_i \subset u_j)$ als Zusammenhang zwischen zwei Unsicherheitsfaktoren u_i und u_j wird über $(u_i \subset u_j) \iff (D_i \subset D_j)$ definiert.

Die individuelle Unschärfe, Grobgranularität und Zufälligkeit (vgl. Abschnitt 2.1.2) im Unsicherheitsraum Ω_i wird über das Basismaß $m_{i,s}$ der Dempster-Shafer-Evidenztheorie unscharfer Mengen pro Stakeholder s ausgedrückt. Das Basismaß $m_{i,s}(A)$ mit $m_{i,s} : \Sigma \rightarrow [0, 1]$ und $\Sigma = \mathscr{P}(\Omega_i)$ drückt den Grad des Glaubens eines Stakeholders s aus, dass eine Ausprägung $\omega_i \in A$ aus der potenziell mehrwertigen und unscharfen Menge $A \subseteq \Omega_i$ an Zukunftsausprägungen eintreten wird[5]. Dabei muss $m_{i,s}$ folgende Eigenschaften erfüllen (vgl. z. B. [128]):

$$m_{i,s}(\emptyset) = 0$$

$$\sum_{A \subseteq \Omega_i} m_{i,s}(A) = 1. \tag{5.1}$$

Die Mengen an Zukunftsausprägungen A mit $m_{i,s}(A) \neq 0$ werden fokale Elemente genannt. Äquivalent zum Basismaß $m_{i,s}$ existieren die bereits in Abschnitt 2.1.4 vorgestellte Glaubensfunktion $bel_{i,s}$ sowie die Plausibilitätsfunktion $pl_{i,s}$ [128]:

$$bel_{i,s} : \Sigma \rightarrow [0, 1], \quad bel_{i,s}(A) := \sum_{B \subseteq A} m_{i,s}(B) \tag{5.2}$$

---

[5] $\mathscr{P}(\Omega)$ bezeichnet die Potenzmenge von Ω_i

$$pl_{i,s} : \Sigma \rightarrow [0, 1], \qquad pl_s(A) := 1 - bel_{i,s}(\overline{A}), \qquad (5.3)$$

wobei für die Relation unscharfer Mengen gilt (vgl. [150, 288]):

$$\mu_{A \cup B} := \max\{\mu_A, \mu_B\}$$

$$\mu_{A \cap B} := \min\{\mu_A, \mu_B\}$$

$$\mu_{\overline{A}}(\omega_i) := 1 - \mu_A(\omega_i) \qquad (5.4)$$

$$(A \subseteq B) \iff (\mu_A(\omega_i) \leq \mu_B(\omega_i), \forall \omega_i \in \Omega_i)$$

$$(A = B) \iff (\mu_A(\omega_i) = \mu_B(\omega_i), \forall \omega_i \in \Omega_i).$$

Die Glaubensfunktion $bel_{i,s}$ beschreibt das Maß an Glauben bezüglich des Eintritts einer der Zukunftsausprägungen $\omega_i \in A$, das A mit Sicherheit zugewiesen werden kann. Die Plausibilität $pl_{i,s}$ ist der Grad an Glauben, der A maximal zugewiesen werden kann [128]. Die drei Realisierungsmaße $m_{i,s}$, $bel_{i,s}$ und $pl_{i,s}$ sind äquivalent zueinander. Wenn eines der Maße vollständig für alle fokalen Elemente $A \subseteq \Omega$ definiert ist, können die anderen beiden daraus gefolgert werden [147]. Die Dempster-Shafer-Evidenztheorie unscharfer Mengen kann somit individuelle Glaubensaussagen über unscharfe, grobe und wahrscheinlichkeitsbedingte Mengen treffen[6].

Abhängigkeitsbeziehungen $(u_i | u_j)$ zwischen Realisierungsmaßen können, ähnlich wie bei der Wahrscheinlichkeitstheorie nach Kolmogorov, über sogenannte bedingte, unscharfe und grobgranulare Einbettungen von $m(A_i | A_j), \forall A_i \in \Omega_i$, $A_j \in \Omega_j$ beschrieben werden. Derartige Abhängigkeitsbeziehungen kommen beispielsweise bei der Definition repräsentativer Szenarien zum Tragen (vgl. Abschnitt 5.4.2) oder, wenn die Abhängigkeit einer Zukunftsausprägung ω_{i,t_1} zum Zeitpunkt t_1 von der vorherigen Zukunftsausprägung ω_{i,t_0} zum Zeitpunkt t_0 abhängt.

Die zeitliche Dimension wird im Unsicherheitsmodell diskret durch den weiteren Index t in $\omega_{i,t}$ dargestellt. Die zeitliche Entwicklung des Unsicherheit zugrunde liegenden Wissens und der zugehörigen Informationen wird durch diese zeitlich fortlaufende Beschreibung von ω_i abgebildet. Die damit entstehende Zeitreihe kann zum Beispiel bezüglich der erwarteten Änderungsfrequenz und -abruptheit analysiert werden (vgl. Abschnitt 2.1.2, 5.5.1 und z. B. [108]). Der Index t wird im Folgenden aus Lesbarkeitsgründen nur dargestellt, falls er für das Verständnis notwendig ist.

---

[6] z. B. „Die Wahrscheinlichkeit, dass circa 5 MB Programmspeicher benötigt werden, liegt zwischen 80% und 90%."

5.4   Gestaltung der probabilistischen Architektur

Die Gestaltung der probabilistischen Architektur hat zum Ziel, die Auswirkungen der Zukunftsausprägungen auf das Architekturkonzept zu identifizieren sowie die Unterschiede und Gemeinsamkeiten der Auswirkungen in einer gemeinsamen, nicht-determinierten und flexibel-modularen Funktions- und Produktstruktur darzustellen.

5.4.1 Methodisches Vorgehen

Die sogenannte Basisarchitektur bildet den gestalterischen Ausgangspunkt des methodischen Vorgehens (vgl. Abbildung 5.6). Sie beschreibt eine Software- und Hardware-Architektur, die alle sicheren Anforderungen erfüllt. Die Basisarchitektur kann mit bereits vorhandenen Methoden zur Software- und Hardware-Architekturentwicklung konzipiert werden (vgl. Abschnitt 2.2.2). Die probabilistische Architektur baut auf der Basisarchitektur auf und beschreibt die Unterschiede der hypothetischen Architekturen darin durch Variationspunkte. Die Basisarchitektur repräsentiert dementsprechend sowohl die Funktions- als auch die Produktstruktur der probabilistischen Architektur.

Abbildung 5.6 Methodisches Vorgehen zur Gestaltung der probabilistischen Architektur

Die Konzeption der hypothetischen Architekturen erfolgt ausgehend von der Basisarchitektur für jedes repräsentative Szenario. Dazu sind vollständig definierte, repräsentative Szenarien erforderlich, die alle notwendigen Anforderungen enthalten, um ein neues, hypothetisches Architekturkonzept entwerfen zu können (vgl. Abschnitt 5.1). Das Unsicherheitsmodell beschreibt und strukturiert die Unsicherheitsfaktoren allerdings derart, dass sich Aussagen und Prognosen über zukünftig mögliche Ausprägungen und Zusammenhänge im Projektzielsystem gut und einfach treffen lassen (vgl. Abschnitt 5.3). Die repräsentativen Szenarien müssen daher unter Umständen auf einer Kombination der bereits existierenden Unsicherheitsfaktoren definiert werden. In Anlehnung an [290] und unter Berücksichtigung des Verfahrensaufwands (vgl. Anforderung 4.1) wird empfohlen, zwei bis sechs repräsentative

Szenarien je Unsicherheitsfaktor auszuwählen. Sie sollten in sich konsistent, untereinander möglichst unterschiedlich und bezüglich ihrer Repräsentativität möglichst robust sein [285, 290].

Die hypothetischen Fahrzeug-Software- und -Hardware-Architekturen werden nun einzeln für die repräsentativen Szenarien erstellt. Die Reihenfolge der Szenarienbetrachtung wird über den erwarteten Umfang an Anpassungen gegenüber der Basisarchitektur definiert, beginnend mit dem größten erwarteten Umfang (vgl. [267]). Repräsentative Szenarien desselben Unsicherheitsfaktors sollten außerdem zeitlich möglichst nahe nacheinander betrachtet werden, um den Einsatz einheitlicher Lösungsprinzipien für denselben Unsicherheitsfaktor zu fördern.

Ausgangspunkt für die Konzeption der hypothetischen Software- und Hardware-Architektur ist die Basisarchitektur, die derart umgestaltet wird, dass sie die geänderten Anforderungen des repräsentativen Szenarios erfüllt. Die Anzahl der neu zu konzipierenden Funktions- und Produktkomponenten kann aufgrund des Ausgangspunkts als gering erwartet werden (vgl. Anforderung 4.4). Kommunalitäten in Form nicht veränderter Basisarchitekturkomponenten sind leicht zu identifizieren und Lösungen werden konsistent entlang einer einheitlichen Struktur entwickelt. Die Methoden, Verfahren und Prozesse aus Abschnitt 2.2.2 können Anwendung finden, da es sich um die Entwicklung einer hypothetischen Fahrzeug-Software- und -Hardware-Architektur unter festgelegten (sicheren) Anforderungen handelt. Die Randbedingungen eines Fahrzeugentwicklungsprojekts bezüglich der Sicherheit, Zuverlässigkeit und weiterer Qualitätseigenschaften der Fahrzeug-Software- und -Hardware-Architektur können berücksichtigt werden (vgl. Anforderung 4.1). Die Konzeption der hypothetischen Architekturen ist Hauptaufgabe der Software- und Hardware-Architekturentwickler, die hier ihre Kompetenz, Erfahrung und Kreativität in der Architekturentwicklung einbringen, um das hypothetische Architekturkonzept zu generieren.

Jede neu konzipierte, hypothetische Architektur wird anschließend mit der probabilistischen Architektur synthetisiert. Die Kommunalitäten und Variabilitäten der probabilistischen Architektur werden über einen Vergleich der hypothetischen Architektur mit der Basisarchitektur erkannt. Neue Variationspunkte oder Ausprägungen werden hinzugefügt. Da sowohl die hypothetische Architektur als auch die Basisarchitektur als Modelle vorliegen, kann methodisch und werkzeugbezogen auf vorhandene Verfahren zum Modellvergleich zurückgegriffen werden (vgl. Abschnitt 6.4).

Vor dem Hintergrund der neu hinzugekommenen Ausprägungen und Variationspunkte muss abschließend die Architekturstruktur gemäß des Gestaltungsprinzips der modularen Stetigkeit überarbeitet werden, um eine flexible Modularisierung des Produkts zu erwirken (vgl. Abschnitt 4.3.1). Da die Funktions- und Produktstruktur der probabilistischen Architektur durch die Struktur der Basisarchitektur beschrieben wird, erfolgt die Anpassung der Modularisierung in der Basisarchitektur. Diese bietet dementsprechend für jede folgende hypothetische Architektur bereits die neue Struktur der probabilistischen Architektur als Ausgangspunkt.

Die Anwendung der Gestaltungsregeln erfolgt durch den jeweiligen Architekturentwickler, da diese im Kontext weiterer modulbeeinflussender Anforderungen widergespiegelt werden müssen. Der Architekturentwickler ist diejenige Instanz, die diese unterschiedlichen Anforderungen zusammenführt und Konflikte durch Modularisierungsentscheidungen auflöst. Dabei muss von ihm die Repräsentativität der hypothetischen Architekturen berücksichtigt werden, um durch die Anwendung der Gestaltungsregeln eine generalisierte – d. h. für mehr als nur die repräsentativen Szenarien flexible – Architekturmodulstruktur zu generieren (vgl. Anforderung 1.5). Die probabilistische Architektur stellt ihm dabei über die Variationspunkte die notwendigen Informationen sowie das Wissen zur Verfügung und regt über die Gestaltungsprinzipien zur Suche nach einer für möglichst viele Zukunftsausprägungen generalisierbaren Lösung an. Die angepasste Modulstruktur wird anschließend in der Basisarchitektur umgesetzt. Das nächste repräsentative Szenario kann betrachtet und die hypothetische Software- und Hardware-Architektur dafür konzipiert werden.

5.4.2 Beschreibung der probabilistischen Architektur

Die probabilistische Architektur stellt die Auswirkungen der Unsicherheit über und in der Basisarchitektur dar. Ein Variationspunkt ist daher ein Unsicherheitsfaktor u_i, der Architekturmodellelemente der Basisarchitektur wie beispielsweise Funktionen, Softwarekomponenten, Ports oder Speicherbausteine referenziert, deren Notwendigkeit oder Merkmale unsicher sind (vgl. Abbildung 5.7). Die probabilistische Architektur wird durch dasselbe Metamodell wie das Unsicherheitsmodell beschrieben (vgl. Abschnitt 5.3.2). Dies ermöglicht es, repräsentative Szenarien eines Unsicherheitsfaktors u_j im Unsicherheitsmodell mit den zugehörigen Auswirkungen in der Architektur – dargestellt im Variationspunkt u_i – über $(u_i|u_j)$ zu assoziieren (vgl. Abbildung 5.7). Glaubensaussagen über die Ausprägungen im Unsicherheitsmodell können auf die Architekturausprägungen projiziert und umgerechnet sowie Begründungen für die flexible Architekturgestalt ins unsichere Projektzielsystem und zu den Rahmenbedingungen zurückverfolgt werden (vgl. Anforderung 4.5). Verbindendes Element zwischen dem Unsicherheitsmodell und der probabilistischen Architektur sind die repräsentativen Szenarien ω_r der Unsicherheitsfaktoren u_j im Unsicherheitsmodell.

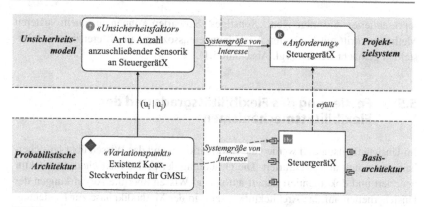

Abbildung 5.7 Beispielhafte Darstellung je eines Unsicherheitsfaktors im Unsicherheitsmodell und in der probabilistischen Architektur

Die repräsentativen Szenarien ω_r entstammen einem Unterraum $\Omega_r \subset \Omega_j$ von u_j mit derselben Anzahl an Dimensionen ($|D_r| = |D_j|$ und $d_r \subseteq d_j, \forall d_r \in D_r, d_j \in D_j$), indem sie jeweils eine unscharfe Menge $A_j \subset \Omega_j$ repräsentieren. Praktisch verringern sie damit die zahlenmäßige und kognitive Komplexität in der Architekturkonzeption, indem sie die (theoretisch unendliche) Anzahl möglicher Ausprägungen in Ω_j auf eine diskrete, beschränkte Anzahl an Zukunftsausprägungen reduzieren (vgl. Anforderung 4.3 und 4.4). Gelingt es dabei, die Abbildungsbeziehung $f_r : \Omega_j \to \Omega_r$ mathematisch auszudrücken, so kann die Menge an Informationen und Wissen für die probabilistische Architekturkonzeption gezielt reduziert werden, ohne dabei Informationen und Wissen zu ignorieren oder zu eliminieren. Eine derartige Abbildung kann explizit für jedes repräsentative Szenario modelliert werden. Aus Effizienzgründen ist es jedoch angeraten, die Abbildungsbeziehung auf Basis einiger weniger, realitätsnaher Annahmen implizit in der Modellbeschreibung zu verankern. Anhang A.4.4 im elektronischen Zusatzmaterial leitet f_r für kardinal- und ordinalskalierte Dimensionen mathematisch her.

Repräsentative Szenarien sind dementsprechend Abbildungen einer unscharfen Menge A_j mit Zugehörigkeitsfunktion $\mu_{A_j} \sim f_r$ auf Ω_r. Je nach Stufe der Unsicherheit (bspw. Stufe-4-Unsicherheit oder spezielle Arten der Stufe-3-Unsicherheit) kann diese Abbildung allerdings nur bedingt oder gar nicht definiert werden, da nicht alle möglichen Ausprägungen vollständig bekannt sind. In diesen Fällen ist es zweckmäßig, ein repräsentatives Szenario „Sonstiges" ω_o einzuführen, das eine unbestimmte Menge der unbekannten Ausprägungen repräsentiert (vgl. [148]). Dieses dient zum Beispiel der Darstellung nicht definierbarer oder bislang nicht repräsentierter Ausprägungen. „Sonstiges"-Szenarien können in einem späteren Methodikschritt mit konkreten Ausprägungen assoziiert, ausdifferenziert und darstellbar gemacht werden (vgl. Abschnitt 5.1).

5.5 Festlegung des Flexibilitätsgrads und der Flexibilitätsmechanismen

Im Unsicherheitsmodell werden die Informationen und das Wissen über Unsicherheit gesammelt und strukturiert. Die Gestaltung der probabilistischen Architektur generiert und dokumentiert darauf aufbauend Wissen über die Auswirkungen der Unsicherheiten auf das Architekturkonzept. In der Methodikphase zur Festlegung des Flexibilitätsgrads und der -mechanismen werden diese Informationen und das Wissen den projektlateralen Entscheidungen zugänglich gemacht. Darauf basierend können die Auswirkungen auf die Projekt- und Produktziele geschätzt und die zu berücksichtigenden Zukunftsausprägungen festgelegt werden. Die epistemologische Unsicherheit wird reduziert und die aleatorische Unsicherheit wird für die zu berücksichtigenden Ausprägungen durch die Flexibilitätsmechanismen behandelt (vgl. Abbildung 5.8).

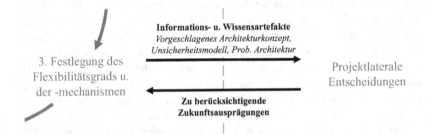

Abbildung 5.8 Festlegung des Flexibilitätsgrads

5.5.1 Methodisches Vorgehen

Die projektlateralen Entscheidungen bauen auf den in vorangegangenen Methodikphasen gesammelten Informationen und dem generierten Wissen auf. Sie sind daher an den jeweils aktuellen Detailgrad des Architekturkonzepts gekoppelt. Die projektlateralen Entscheidungen legen sukzessive mit fortschreitendem Detailgrad der probabilistischen Architektur die zu berücksichtigenden Zukunftsausprägungen der einzelnen Unsicherheitsfaktoren fest (vgl. ① in Abbildung 4.7). Die Entscheidungsverantwortlichen sind dabei oftmals andere Personen als die an der Architekturgestaltung Mitwirkenden (vgl. Abschnitt 2.2.2 und 3.1). Zu Beginn der projektlateralen Entscheidungen muss daher ein Wissenstransfer bezüglich der aktuellen Informationen und des Wissens über die Unsicherheiten und dazugehörigen Auswirkungen auf die Architekturgestalt erfolgen. Das gemeinsame Unsicherheits- und Architekturmodell enthält diese und erfüllt die Anforderungen 2.1 bis 2.3. Das Unsicherheitsmodell, die probabilistische Architektur und die determinierte Architektur eignen sich daher als wiederkehrende Informations- und Wissensartefakte für die projektlaterale Entscheidung (vgl. Abschnitt 4.2).

Der Detailgrad der Informationen und des Wissens dieser Artefakte ist allerdings hoch. So liegen die Realisierungsmaße im Unsicherheitsmodell sowie in der probabilistischen Architektur als individuelle Glaubensaussagen einzelner Stakeholder gemäß der Dempster-Shafer-Evidenztheorie unscharfer Mengen vor. Diese Darstellung ist für konkrete Berücksichtigungs- und Risikoentscheidungen nicht zweckdienlich. Einerseits sind intervallförmige und unscharfe Wahrscheinlichkeiten für Individuen in Entscheidungssituation schwer zu interpretieren [138, 150, 291]. Andererseits erhalten die individuellen Prognosen bezüglich zukünftig möglicher Ausprägungen erst im gegenseitigen Abgleich die notwendige Aussagemächtigkeit, um als Entscheidungsgrundlage herangezogen werden zu können (vgl. z. B. [292]). Die Realisierungsmaße im gemeinsamen Unsicherheits- und Architekturmodell werden daher zu „klassischen" Wahrscheinlichkeitsverteilungen gemäß den Axiomen von Kolmogorov – je eine pro Unsicherheitsfaktor – transformiert (vgl. z. B. Abbildung 5.9). Das mathematische Vorgehen dazu ist in Abschnitt 5.5.3 definiert.

Des Weiteren beschreiben die Informations- und Wissensartefakte die möglichen Auswirkungen der Flexibilitätsintegration für die zu entscheidenden Unsicherheitsfaktoren bislang nicht. Es wird daher im Rahmen der projektlateralen Entscheidungen ein vorgeschlagenes Architekturkonzept auf Basis der probabilistischen Architektur durch die Entwickler erarbeitet. Dieses enthält eine erste Konzeption der Flexibilitätsmechanismen für die zu entscheidenden Unsicherheitsfaktoren unter Berücksichtigung einer möglichst großen, aus Sicht des Entwicklers aber noch realistischen Zahl an Zukunftsausprägungen. Das dabei generierte Wissen und Verständnis bezüglich der Auswirkungen der Flexibilitätsmechanismen stellt ein weiteres Wissensartefakt dar, auf dessen Basis die projektlateralen Entscheidungen getroffen werden können.

Das vorgeschlagene Architekturkonzept bildet den Ausgangspunkt jeder projektlateralen Entscheidung. Die wichtigsten Wirkbeziehungen, nicht berücksichtigte Zukunftsausprägungen und Gründe für das vorgeschlagene Architekturkonzept

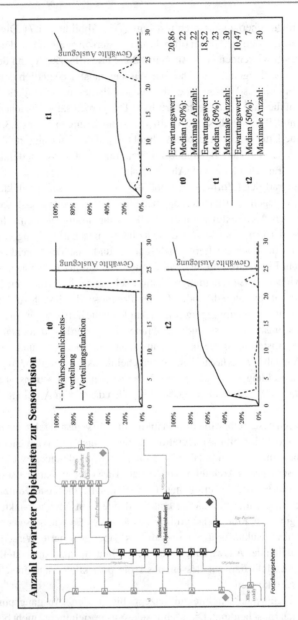

Abbildung 5.9 Beispiel zur Vorstellung des vorgeschlagenen und probabilistischen Architekturkonzepts aus der Verfahrensvalidierung (vgl. Abschnitt 7.2)

können durch das Unsicherheitsmodell und die probabilistische Architektur von den Entscheidungsbeteiligten nachvollzogen und falls notwendig angepasst werden (vgl. Abbildung 5.9, Anforderung 4.5). Die Glaubensaussagen des Unsicherheitsmodells können auf Basis der Wahrscheinlichkeitsverteilungen überprüft und gegebenenfalls korrigiert werden.

Die Auswirkungen der Flexibilitätsintegration werden auf Basis der Informations- und Wissensartefakte gegenüber den Produkt- und Entwicklungsprojektzielen beurteilt. Der effiziente Einsatz der Flexibilität wird projektlateral festgelegt. Bei Änderung der zu berücksichtigenden Ausprägungen muss lediglich der Flexibilitätsmechanismus neu ausgelegt werden. Die Modulstruktur ist aufgrund der probabilistischen Architektur bereits für alle möglichen Ausprägungen unabhängig ihrer Berücksichtigung entworfen worden und ändert sich daher nicht. Die Stetigkeit der Architekturentwicklung wird unterstützt (vgl. Anforderung 3.4). Die determinierte Architektur wird definiert.

5.5.2   Auslegung von Flexibilitätsmechanismen

Flexibilitätsmechanismen werden einmal unter unbekannten, zu berücksichtigenden Zukunftsausprägungen als Vorschlag für die projektlaterale Entscheidung konzipiert und anschließend auf Basis der getroffenen Entscheidung entsprechend angepasst. Ein Flexibilitätsmechanismus ist in beiden Fällen die technische Lösung zur Integration von Flexibilität für die zu berücksichtigenden Zukunftsausprägungen eines Variationspunkts der probabilistischen Architektur (vgl. Abschnitt 2.1.3, Anforderung 1.2 und 1.3).

Die Auslegung eines Flexibilitätsmechanismus findet pro Variationspunkt statt. Sie unterteilt sich in die konzeptionelle Auslegung sowie in die technische Gestaltung (vgl. Abbildung 5.10). Die konzeptionelle Auslegung legt das angestrebte Verhältnis des antizipierenden Anteils gegenüber des reaktiven Anteils des Flexibilitätsmechanismus fest. Zweck der konzeptionellen Auslegung ist die vorläufige Eingrenzung des ansonsten komplexen Lösungsraums möglicherweise passender, technischer Mechanismen. Die technische Gestaltung realisiert dieses Verhältnis durch die Auswahl und Entwicklung einer konkreten, technischen Lösung.

Im ersten Schritt der konzeptionellen Ausgestaltung wird das tendenzielle Verhältnis zwischen antizipierendem und reaktivem Anteil des Flexibilitätsmechanismus pro Architekturausprägung ω_i des betrachteten Variationspunkts u_i durch das Gestaltungsprinzip des positiven Optionswerts bestimmt (vgl. Abbildung 5.11). Grundlage hierfür ist die Notwendigkeitswahrscheinlichkeit $P(\omega_i)$ sowie der Zeitpunkt t_{min}, zu dem die Architekturausprägung frühestens zur Verfügung steht, bei-

Abbildung 5.10 Methodisches Vorgehen zur Auslegung von Flexibilitätsmechanismen

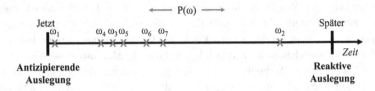

Abbildung 5.11 Beispiel zur Dokumentation des tendenziellen Verhältnisses eines Flexibilitätsmechanismus; Argumente bezüglich der Festlegung können an den beiden Polen festgehalten werden

spielsweise weil sie sich aktuell noch in der Entwicklung befindet. In Bezug auf die Gestaltungsregel 2.1 muss außerdem die Veränderbarkeit der Architekturausprägung berücksichtigt werden.

Das tendenzielle Verhältnis wird anschließend gegenüber der technischen Komponente, die dadurch flexibilisiert werden soll, widergespiegelt. Die prinzipielle technische Realisierbarkeit eines derartigen Flexibilitätsmechanismus unter Einhaltung automobilspezifischer Qualitätsbedingungen (z. B. Sicherheit) wird untersucht (vgl. Anforderung 4.1). Dabei kann es notwendig werden, das tendenzielle Verhältnis für einzelne oder alle Ausprägungen anzupassen sowie einzelne Architekturausprägungen zu ignorieren.

Die darauf folgende technische Ausgestaltung des Flexibilitätsmechanismus unterliegt der Kreativität, Kompetenz und Erfahrung des Entwicklers. Er kann eine vollkommen neue, technische Realisierung entwickeln oder auf bereits vorhandene technische Lösungen (vgl. Abschnitt 2.2.5) zurückgreifen. Im Hinblick auf die einzelnen Architekturausprägungen sind die eher robust verorteten Ausprägungen Kandidaten für die initiale Implementierung im Fahrzeug zum SOP, da diese die höchste Notwendigkeitswahrscheinlichkeit aufweisen. Diese müssen dann allerdings auch die erwarteten Spezifikationen zum SOP erfüllen können. Sind mehrere Ausprägungen als tendenziell robust verortet, so ist zu untersuchen, ob eine parallele Implementierung aller Ausprägungen technisch möglich ist. Inklusivbeziehungen $\omega_1 \implies \omega_2$ – das heißt die Architekturausprägung ω_1 erfüllt ebenfalls alle Anforderungen der Ausprägung ω_2 – sollten dabei beachtet werden. Bei der parallelen

Implementierung mehrerer Architekturausprägungen muss ein Änderungskonzept zum Wechsel zwischen den Ausprägungen im Bedarfsfall entwickelt werden. Alle initial nicht implementierten Ausprägungen sind potenzielle Kandidaten für den reaktiven Anteil des Flexibilitätsmechanismus. Hierbei ist zu entscheiden, wann und wie die entsprechende Ausprägung in das Fahrzeug implementiert wird, und wie sie im Bedarfsfall aktiviert wird (vgl. [199]). Der geplante Zeitpunkt zur Implementierung in das Fahrzeug ist derart zu wählen, dass die Notwendigkeitswahrscheinlichkeit bezüglich der Ausprägung hinreichend sicher für eine Entscheidung ist und dass die Implementierung technisch möglich sowie unter dem Gesichtspunkt der Auswirkungen auf die Projekt- und Produktziele zweckdienlich ist [126, 167]. Die erwartete, zeitliche Entwicklung der Unsicherheit kann aus dem Unsicherheitsmodell abgeleitet werden (vgl. Anhang A.4.2 im elektronischen Zusatzmaterial). Für weitere Fragestellungen bezüglich der Implementierung eines spezifischen Flexibilitätsmechanismus können außerdem angepasste Analysen des Unsicherheitsmodells erfolgen (vgl. Anhang A.5.3 im elektronischen Zusatzmaterial).

Nach erfolgreicher Entwicklung wird der Flexibilitätsmechanismus gemäß Abschnitt 5.5.3 in der determinierten und probabilistischen Architektur dokumentiert. Möglicherweise neu hinzugekommene Komponenten oder eine geänderte Modulstruktur aufgrund der Mechanismen werden in der Basisarchitektur festgehalten. Potenzielle Konflikte mit anderen, noch nicht betrachteten Unsicherheiten in der probabilistischen Architektur lassen sich erkennen und auflösen.

Nach der Auslegung eines Flexibilitätsmechanismus wird mit demjenigen Flexibilitätsmechanismus fortgefahren, der die Architekturausprägungen desselben Unsicherheitsfaktors behandelt. Dies fördert die einheitliche Verwendung von Lösungsmustern innerhalb der Fahrzeug-Software- und -Hardware-Architektur (vgl. [275]) sowie die konsistente und vollständige Betrachtung von Zukunftsausprägungen. Eine Zukunftsausprägung ist erst vollständig behandelt, wenn alle dafür notwendigen Architekturausprägungen von Flexibilitätsmechanismen bedient werden können.

Unter Berücksichtigung der Gestaltungsregeln 2.4 und 2.5 können Flexibilitätsmechanismen für mehrere Architekturausprägungen und Variationspunkte gestaltet werden. Es ist daher zweckmäßig, vor der Konzeption des Architekturvorschlags Variationspunkte ähnlichen Typs zu identifizieren. Die Auslegung der Flexibilitätsmechanismen erfolgt dann, wie aufgezeigt, für alle Ausprägungen der ähnlichen Variationspunkte.

Die Entscheidung, die Gestaltung einer Architekturkomponente oder die zugehörige projektlaterale Entscheidung zu verschieben, ist ebenfalls ein valider Flexibilitätsmechanismus für Unsicherheit während der Fahrzeugentwicklung.

5.5.3 Berechnung der Wahrscheinlichkeiten und Beschreibung der determinierten Architektur

Zur Berechnung der Wahrscheinlichkeitsverteilungen nach den Axiomen von Kolmogorov müssen die individuellen Glaubensaussagen $m_{i,s}$ der Stakholder s zu einem gemeinsamen Realisierungsmaß m_i kombiniert werden. Aus dem gemeinsamen Realisierungsmaß m_i können dann die Wahrscheinlichkeitsverteilungen abgeleitet werden. Individuelle Basismaße $m_{i,s}$ der Dempster-Shafer-Evidenztheorie können über sogenannte Kombinationsregeln zu einem Basismaß m_i pro Unsicherheitsfaktor u_i fusioniert werden. Im Basismaß m_i sind alle Informationen bezüglich der individuellen Einschätzungen untereinander abgeglichen aggregiert sowie inkludiert (vgl. [145, 148, 149, 293]). Kombinationsregeln sind mathematische Operatoren, die auf einer bestimmten Menge an Vorbedingungen und Annahmen bezüglich der Glaubensaussagen und der betrachteten Unsicherheit basieren. Im Rahmen dieser Arbeit wird die $\wedge$Q-Kombinationsregel nach Cattaneo [149] verwendet. Sie ist für Situationen geeignet, in denen die einzelnen Glaubensaussagen $m_{i,s}$ nicht zwangsläufig unabhängig voneinander zustande kommen. Diese Eigenschaft ist für den hier adressierten, industriellen Bezugsrahmen relevant, da unterschiedliche Zukunftsprognosen der Stakeholder zum Beispiel auf denselben Informationen innerhalb des Unternehmens basieren können, aber durch unterschiedliches Wissen bezüglich der Zusammenhänge dieser Informationen generiert worden sein könnten. Die $\wedge$Q-Kombinationsregel ist wie folgt definiert [149]:

$$q_i(A) = \min_{\forall s} \{q_{i,s}(A)\} \quad \forall A \subseteq \Omega \tag{5.5}$$

Die Kommunalitätsfunktion (Commonality Function) $q_{i,s}$ ist eine weitere duale Darstellung von $m_{i,s}$, $pl_{i,s}$ und $bel_{i,s}$, die die Gemeinsamkeit von $A \subseteq \Omega_i$ mit weiteren $B \subseteq \Omega_i$ beschreibt. Mathematisch ist sie wie folgt über $m_{i,s}$ definiert [147]:

$$q_{i,s}(A) = \sum_{\forall B \subseteq \Omega_i | A \subseteq B} m_{i,s}(B) \quad \forall A \subseteq \Omega_i$$

$$m_{i,s}(A) = \max \left\{ 0, q_{i,s}(A) - \sum_{\forall B \subseteq \Omega | B \subset A} m_{i,s}(B) \right\} \quad \forall A \subseteq \Omega_i, \text{ absteigend sortiert}$$

$$\tag{5.6}$$

Wenn konfliktionäre Glaubensaussagen vorliegen, kann es vorkommen, dass nach Anwendung der $\wedge$Q-Kombinationsregel die Summe $\sum_{A \subseteq \Omega_i} m_i(A) < 1$ ist. In diesem Fall werden die fokalen Elemente von m_i proportional skaliert, sodass $\sum_{A \subseteq \Omega_i} m_i(A) = 1$ gilt.

Anschließend wird aus dem kombinierten Basismaß m_i die entsprechende Wahrscheinlichkeitsverteilung für die Notwendigkeit der Architekturausprägungen abgeleitet. Mathematisch wird hierbei Smets et al. [292] gefolgt. Sie erweitern das theoretische Konstrukt der Dempster-Shafer-Evidenztheorie auf Entscheidungssituationen und führen zwei Perspektiven auf die Unsicherheit ein. Die intervallförmigen, zufälligen und unscharfen Realisierungsmaße werden auf der sogenannten Glaubensebene formuliert. Die vorhandenen Informationen und das vorhandene Wissen wird darin exakt abgebildet. Für Entscheidungssituationen wird diese Glaubensebene auf die sogenannte pignistische Ebene abgebildet, in der die Realisierungsmaße als Wahrscheinlichkeitsverteilungen gemäß der Axiome von Kolmogorov dargestellt werden [292]. Dabei wird das Prinzip des unzureichenden Grunds angewendet [291]. Die Wahrscheinlichkeitsverteilung innerhalb eines Basismaßes $m_i(A)$, dem mehr als ein Element zugeordnet ist ($|A| > 1$), wird als gleichverteilt über die Entscheidungsalternativen $a \in A$ angenommen. Dubois [294] erweitert dabei die ursprüngliche Definition von Smets et al. [292] zur pignistischen Transformation auf unscharfe Mengen:

$$P(a) = \sum_{\forall A \subseteq \Omega | \mu_A(a) > 0} \sum_{j=0,...,n} \frac{\alpha_j - \alpha_{(j+1)}}{|A_{>\alpha_{j+1}}|} \cdot m_i(A) \qquad (5.7)$$

wobei $1 = \alpha_0 > \alpha_1 > ... > \alpha_n > \alpha_{n+1} = 0$ die geordnete Reihe aller α-Niveaus der möglichen Alpha-Niveaumengen $A_{>\alpha}$ von A bezeichnet[7]. a ist das sogenannte Entscheidungsatom. Es entspricht den Auslegungs- und Gestaltungsalternativen in der Architekturentwicklung. Es ist daher nicht notwendigerweise äquivalent zu den Ausprägungen ω_i [91, 292]. Im Anwendungsfall muss a über die $\omega_i \in \Omega_i$ definiert werden.

Übertragen auf die Entwicklungsartefakte bedeutet dies, dass das Unsicherheitsmodell und die probabilistische Architektur die Informationen und das Wissen auf der Glaubensebene beschreiben. Die pignistische Ebene existiert nur für die projektlateralen Entscheidungen und baut auf bereits existierenden Informationen dieser Modelle auf [292]. Eine separate Modellierung ist daher nicht erforderlich (vgl. Anforderung 2.3). Für jeden Variationspunkt ist implizit eine Wahrscheinlichkeitsverteilung $P(\mathscr{I})$ über die Notwendigkeit jeder Architekturausprägung $\omega_{i,t}$ zu jedem Zeitpunkt t definiert. Da die Glaubensaussagen situativ auf pignistische Wahrscheinlichkeiten $P(\mathscr{I})$ umgerechnet werden, sind die vorschlagenden Gestaltungs- sowie die projektlateralen Entscheidungen robust gegen Abweichungen der Wahr-

---

[7] zusätzlich muss $A_{=1} \neq \emptyset$ gelten

scheinlichkeitsschätzungen innerhalb dieser grobgranularen und unscharfen Bereiche (vgl. Anforderung 1.5).

Die determinierte Architektur wird beschrieben, indem die projektlateralen Entscheidungen und die Flexibilitätsmechanismen in das Unsicherheitsmodell und die probabilistische Architektur integriert werden. Die projektlateralen Entscheidungselemente referenzieren die zu berücksichtigenden Zukunftsausprägungen im Unsicherheitsmodell. Die Flexibilitätsmechanismen fügen der Basisarchitektur neue Elemente hinzu, verweisen allerdings ebenfalls auf diejenigen Architekturausprägungen, die durch sie antizipierend oder reaktiv behandelt werden. Bei Kenntnis der projektlateralen Entscheidungselemente und der Flexibilitätsmechanismen kann die determinierte Architektur aus der probabilistischen Architektur und dem Unsicherheitsmodell abgeleitet werden.

5.6   Gestaltung der determinierten Architektur

Die in der vorherigen Methodikphase eingebrachten Flexibilitätsmechanismen definieren je nach Ausgestaltung in der determinierten Architektur eine Menge von antizipierend berücksichtigten und von Anfang an eingebrachten Architekturausprägungen – sogenannte Vorhalte – die nur eventuell oder zu bestimmten Zeitabschnitten t benötigt werden. Deren dauerhafte Existenz in der Architektur ist ex-ante nicht sicher notwendig und kann zur effizienteren Gestaltung der determinierten Architektur genutzt werden, indem das Gestaltungsprinzip des Risikopoolings angewendet wird (vgl. Anforderung 1.3).

5.6.1   Methodisches Vorgehen

Das methodische Vorgehen operiert, gemäß der Gestaltungsregel 3.1 auf betragsbezogenen Vorhalten der Fahrzeug-Software- und -Hardware-Architektur, die prinzipiell durch einen Diversifizierungsmechanismus gemeinsam genutzt werden können (vgl. Abschnitt 4.3.3). Betragsbezogene Vorhalte beschreiben Vorhalte an Komponenten, die durch eine Skalierung der Anzahl oder Größe zustande kommen, wie zum Beispiel die Größe des Programmspeichers, die Bandbreite eines Bussystems oder die Anzahl an physischen Schnittstellen. Im methodischen Vorgehen werden diese Vorhalte zuerst identifiziert, um anschließend die Zweckmäßigkeit einer Fusion zweier Komponenten mit derartigen Vorhalten unter dem Aspekt des Risikopoolings zu untersuchen (vgl. Abbildung 5.12).

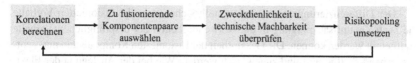

Abbildung 5.12 Methodisches Vorgehen zur Gestaltung der determinierten Architektur

Die Korrelation der zu fusionierenden Architekturausprägungen Ω_i und Ω_j ist der für das Risikopooling entscheidende Faktor (vgl. [276], Abschnitt 4.3.3). Im Schritt der Informationsaufbereitung werden daher zunächst die Korrelationen $\rho_{i,j}$ der Notwendigkeitswahrscheinlichkeiten $P(\omega_i)$ und $P(\omega_j)$ zwischen allen möglichen Paaren an Komponenten (k_i, k_j) mit Vorhalten berechnet (vgl. Abschnitt 5.6.2). Potenzielle Kandidatenpaare (k_i, k_j) für das Risikopooling betragsbezogener Komponenten ergeben sich gemäß Abschnitt 4.3.3 über den gleichen Komponententyp, ähnliche Amplituden (d. h. Varianz) des unsicheren Betrags sowie eine negative bis schwach positive Korrelation[8] der Ausprägungen (ω_i, ω_j) ihrer Unsicherheitsfaktoren u_i und u_j.

Die identifizierten potenziellen Komponentenpaare (k_i, k_j) werden iterativ ausgewählt und die Zweckdienlichkeit und technische Machbarkeit einer Fusion überprüft. Das Risikopooling zweier Vorhalte ist mit zusätzlichem Aufwand verbunden, der je nach Typ der Komponenten und weiteren, anwendungsfallspezifischen Randbedingungen stark abweichen kann. So muss beispielsweise ein Differenzierungsmechanismus konzipiert und die determinierte Architektur umgestaltet werden. Zu Beginn wird ein Paar (k_i, k_j) gewählt, das eine besonders starke negative Korrelation der Ausprägungspaare $(\omega_i, \omega_j) \in \Omega_i \times \Omega_j$ und eine passende Amplitude der Ausprägungen aufweist. Die Prüfung der technischen Machbarkeit untersucht, ob die Fusion der Komponenten unter Berücksichtigung weiterer, sicherer Anforderungen und der Randbedingungen der Fahrzeugentwicklung möglich ist (vgl. Anforderung 4.1). Beispielsweise würden stark unterschiedliche Sicherheitsanforderungen, unterschiedlich verortete Bauräume der Komponenten, Redundanzanforderungen oder die fehlende technische Machbarkeit zur Komponentenfusion das Risikopooling erschweren (vgl. z. B. [41]). Der Differenzierungsmechanismus wird konzipiert und die Zweckdienlichkeit einer Fusion untersucht. Ist diese gegeben, werden die Komponenten fusioniert, die determinierte Architektur entsprechend umgestaltet und der Differenzierungsmechanismus entwickelt.

---

[8] Eine objektive Grenze, ab wann eine Korrelation nicht mehr betrachtet werden sollte, lässt sich nicht allgemeingültig festlegen, da dies von der Risikoaversion der Entscheider und den Auswirkungen abhängt.

Der Differenzierungsmechanismus stellt sicher, dass die fusionierten Vorhalte je nach Zukunftsausprägung in die Notwendigkeiten der ursprünglichen Vorhalte aufgeteilt werden können. Die Gesamtheit der fusionierten Komponenten muss entsprechend partitioniert und zugewiesen werden. Wie bei der Auslegung der Flexibilitätsmechanismen (vgl. Abschnitt 5.5.2) ist die Lösungsfindung für einen Differenzierungsmechanismus dabei in hohem Maß vom Anwendungsfall abhängig und wird methodisch hier nicht weiter behandelt.

Zusammen mit dem eigentlichen Vorgang der Komponentenfusion setzt der Differenzierungsmechanismus das Risikopooling konkret um. Die Korrelationen der Ausprägungen der neu fusionierten Komponente aus (k_i, k_j) mit den übrigen Ausprägungen muss berechnet werden. Das methodische Vorgehen wird mit einem neuen Paar (k_i, k_j) an Vorhalten fortgesetzt, bis keine weiteren Fusionsmöglichkeiten mehr identifiziert werden können.

Neben den betragsbezogenen Vorhalten können durch das Risikopooling auch nicht betragsbezogene Vorhalte fusioniert werden, die gleiche Architekturausprägungen allerdings an unterschiedlichen Variationspunkten abbilden. Ein Beispiel hierfür wäre die Nutzung eines Tasters mit je unterschiedlichen Funktionen pro Zukunftsausprägung. Das methodische Vorgehen erfolgt in derartigen Fällen analog zu den betragsbezogenen Ausprägungen.

Im Kontext des Gesamtverfahrens wird durch die Fusion der Komponenten die Architekturstruktur und damit die Begründung für die Festsetzung der zu berücksichtigenden Ausprägungen und die Ausgestaltung der Flexibilitätsmechanismen verändert (vgl. Abschnitt 5.4 und 5.5). Risikopooling-Potenziale sollten daher bereits in der projektlateralen Entscheidung berücksichtigt werden. Es ist angeraten, die beiden Methodikphasen abwechselnd und iterativ – jeweils nach einer bestimmten Anzahl projektlateraler Entscheidungen – zu durchlaufen (vgl. Abbildung 4.7).

5.6.2 Identifikation und Beschreibung der Risikopooling-Effekte

Die Beschreibung und Identifikation der Risikopooling-Effekte baut auf den Analyseergebnissen der vorherigen Methodikphasen auf. Vorhalte lassen sich über die Beschreibung der Flexibilitätsmechanismen identifizieren. Die für die Korrelationen notwendigen Wahrscheinlichkeitsverteilungen sind durch die pignistische Ebene bestimmt (vgl. Abschnitt 5.5.3). Die Korrelation zweier Vorhalte an Komponenten (k_i, k_j) wird über den Korrelationskoeffizienten der Ausprägungen

$(\omega_i, \omega_j) \in \Omega_i \times \Omega_j$ wie folgt berechnet[9], wobei $\mathcal{I}$ und $\mathcal{J}$ die Zufallsvariablen für die Architekturausprägung ω_i und ω_j am Variationspunkt u_i von k_i respektive u_j von k_j ausdrücken (vgl. z. B. [279]):

$$\rho_{i,j} = \frac{Cov(\mathcal{I}, \mathcal{J})}{\sqrt{Var(\mathcal{I})}\sqrt{Var(\mathcal{J})}} \tag{5.8}$$

Um bei betragsbezogenen Vorhalten den Gesamtbetrag der fusionierten Komponente zu approximieren, kann das in Anhang A.4.6 im elektronischen Zusatzmaterial hergeleitete Optimierungsproblem gelöst werden.

In Bezug auf die Modellierung ersetzen die neu fusionierten Komponenten die vorher in der Basisarchitektur vorhandenen Vorhalte. Der Differenzierungsmechanismus wird, analog zu den Flexibilitätsmechanismen, der Basisarchitektur hinzugefügt. Die fusionierten Komponenten werden mit den durch sie gepoolten Architekturausprägungen sowie allen zum Differenzierungsmechanismus zugehörigen Komponenten assoziiert. Die Integrität der probabilistischen Architektur in Bezug auf die Entkopplung von der konkreten projektlateralen Entscheidung bleibt gewahrt. Die fusionierten Komponenten sind in der determinierten Architektur entsprechend integriert und die gepoolten Architekturausprägungen können beispielsweise für eine spätere Begründung oder Revision der Entscheidung nachvollzogen werden (vgl. Anforderung 4.5). Die determinierte Architektur ist somit konzipiert.

5.7 Absicherung der Flexibilität

Die abschließende Methodikphase zur Absicherung der Flexibilität überprüft den Flexibilitätsgrad des aktuellen Architekturentwicklungsstands anhand von Kennzahlen und sichert die Generalisierbarkeit des Architekturkonzepts in Bezug auf die Spezifikationen und die spätere Realisierung der Architektur ab. Die Flexibilität wird im Rahmen des Verfahrens durch Planungsaktivitäten implementiert. Eine begleitende Überprüfung beispielsweise durch Kennzahlen oder grafische Darstellung (vgl. [77, 160]) ist notwendig, um die konkreten Aktivitätsauswirkungen auf die Flexibilität nachzuvollziehen und zu überprüfen.

Die Flexibilität wird in den gestalterischen Methodikphasen ausgehend von einer Auswahl repräsentativer Szenarien durch Abstraktion und Generalisierung implementiert. Die entsprechenden Ausprägungen müssen dabei als Repräsentan-

---

[9] Der Korrelationskoeffizient beschreibt den Grad des linearen Zusammenhangs und ist daher für die Bewertung des Risikopoolingeffekts insbesondere bei betragsbezogenen Architekturausprägungen geeignet (vgl. [276]).

ten von den Entwicklungsbeteiligten verstanden und die Auswirkungen der nicht-repräsentativen, aber repräsentierten Szenarien auf die logische und technische Struktur vollständig identifiziert werden. Die Methodikphase „Absicherung der Flexibilität" sichert die Flexibilität der Fahrzeug-Software- und -Hardware-Architektur in Anlehnung an das V-Modell daher zusätzlich durch zufällige Testszenarien ab (vgl. Abbildung 5.13, Anforderung 1.1 und 3.1).

Die Testszenarien bestehen aus einer evolutionären Abfolge zufälliger, zu berücksichtigender Zukunftsausprägungen – je eine für jeden Zeitabschnitt bis zum Betrachtungshorizont – die aus dem Unsicherheitsmodell heraus generiert werden. Für jede Zukunftsausprägung eines Testszenarios werden sequentiell die notwendigen Veränderungen an der determinierten Fahrzeug-Software- und -Hardware-Architektur identifiziert und durchgeführt. Dabei sollten Methoden und Werkzeuge des technischen Änderungsmanagements (z. B. Change-Impact-Analysen [231, 295]) zur Unterstützung zum Einsatz kommen, um auch detailbezogene Änderungsnotwendigkeiten an der Architektur zu detektieren. Der Ausgangszustand der Software- und Hardware-Architektur für jede Zukunftsausprägung entspricht dem veränderten Zustand der vorherigen Zukunftsausprägung. Es werden nicht nur die Änderungen gegenüber der initial determinierten Architektur überprüft, sondern auch Änderungen, die sich auf Basis einer zuvor bereits veränderten Architektur ergeben.

Die Änderungen werden abschließend bezüglich möglicher technischer Herausforderungen und bezüglich ihres Aufwands evaluiert. Möglicherweise identifizierte Nachbesserungen werden an den Flexibilitätsmechanismen des Fahrzeug-Software-und -Hardware-Architekturkonzepts vorgenommen. Dabei sollte überprüft werden, ob es sich bei der notwendig gewordenen Nachbesserung um einen systematischen Fehler in der Auswirkungsidentifikation handelt: Eine bestimmte Auswirkung der Zukunftsausprägung wurde nicht nur in einer, sondern in mehreren hypothetischen Architekturen übersehen. Sollte dies der Fall sein, so müssen die hypothetischen Architekturen korrigiert und die Methodik erneut durchlaufen werden. Sollten Nachbesserungen notwendig sein, die auf relevante, nicht-repräsentierte Zukunftsausprägungen zurückzuführen sind, so sind die repräsentativen Szenarien im Unsicherheitsmodell so anzupassen, dass sie diese Zukunftsausprägungen widerspiegeln. Eine erneute Anwendung der Methodik ist notwendig.

Das Testen anhand zufällig-generierter, evolutionärer Szenarien dient der Überprüfung flexibilitätsbezogener Anforderungen in der logischen und technischen Systemspezifikation als auch der Flexibilitätsabsicherung in der realisierten Fahrzeug-Software- und -Hardware-Architektur (vgl. Abbildung 5.13). Im Gegensatz zu den bislang ausschließlich planenden und modellierenden Aktivitäten lassen sich manche flexibilitätsbezogenen Anforderungen erst bei konkreter Entwicklung, Imple-

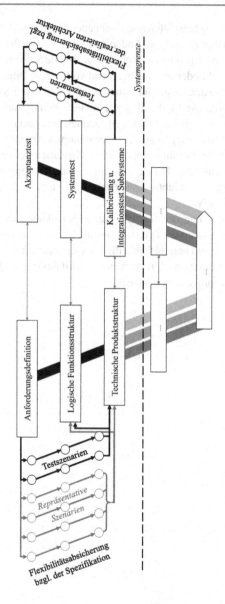

Abbildung 5.13 Aktivitäten zur Absicherung der Flexibilität im Kontext des V-Modells (vgl. Abbildung 4.8)

mentierung und Nutzung beispielsweise einer neuen Funktion erkennen (vgl. [296]). Es empfehlen sich daher zusätzliche Änderungstests an der realisierten Architektur. Ist das neu hinzukommende oder änderungsinduzierende Subsystem zum Zeitpunkt des Tests noch gar nicht oder nur unzureichend vorhanden, kann zur realen Erprobung ein Prototypensystem oder eine Simulation des späteren Systems eingesetzt werden (vgl. [7, 224]). Die Methodik sollte solange iterativ mit neuen Testszenarien durchlaufen werden, bis bei mindestens den letzten n zufälligen Testszenarien keine weiteren Nachbesserungen an der determinierten Architektur mehr notwendig sind. n steht für die Anzahl repräsentativer Szenarien bei der Konzeption der probabilistischen Architektur. Dies approximiert, dass pro repräsentativem Szenario mindestens ein weiteres, nicht-repräsentatives aber repräsentiertes Szenario zum Testen herangezogen wird.

Neben der Absicherung der finalen Systemspezifikation und des realisierten Architekturkonzepts können die Testszenarien auch in den einzelnen Methodikphasen eingesetzt werden, um bereits frühzeitig die Generalisierbarkeit sicherzustellen (vgl. [7]). Das determinierte Architekturkonzept wird flexibel für die zu berücksichtigenden Zukunftsausprägungen gestaltet.

Entwicklung des Softwarewerkzeugs 6

In Abschnitt 4.5 wurde ein Softwarewerkzeug zur Unterstützung der Methodikphasen konzipiert. Um die darin definierten, unterstützenden Funktionen zu untersuchen, muss das Werkzeug im Gegensatz zur Methodik als präskriptiver Formalismus real umgesetzt werden [86]. Zweck dieses Kapitels ist es daher, das Konzept des Softwarewerkzeugs einerseits bezüglich der Architektur (vgl. Abschnitt 6.1), Unsicherheitsbeschreibung (vgl. Abschnitt 6.2) sowie Modellsichten und -operatoren (vgl. Abschnitt 6.3 bis 6.5) auszuarbeiten, andererseits allerdings auch dessen prototypische Implementierung in den relevanten Aspekten zu beschreiben. Nur so ist der Nachweis der Funktions- und Anforderungserfüllung sowie der vollständigen Verfahrensdefinition in der Validierung und Evaluation möglich. Bezüglich der Implementierungsdetails spezifischer Funktionen sei auf https://gitlab.cc-asp.fraunhofer.de/lblock/uncertainty/ verwiesen, wo das entwickelte und vollständig dokumentierte Softwarewerkzeug zur Verfügung gestellt wird.

6.1   Architektur des Softwarewerkzeugs

Die grundlegenden Funktionen sowie ein erstes Architekturkonzept wurden unter dem Aspekt der zweckdienlichen Methodikunterstützung (vgl. Anforderungen 4.1

Ergänzende Information   Die elektronische Version dieses Kapitels enthält Zusatzmaterial, auf das über folgenden Link zugegriffen werden kann https://doi.org/10.1007/978-3-658-42804-4_6.

L. Block, *Ein Verfahren zur Entwicklung flexibler Fahrzeug-Software- und -Hardware-Architekturen unter Unsicherheit,* https://doi.org/10.1007/978-3-658-42804-4_6

bis 4.5) bereits in Abschnitt 4.5 entwickelt. Die drei Metamodelle zur Beschreibung des Projektzielsystems, zur Beschreibung der Unsicherheit und zur Beschreibung des Architekturmodells stellen dabei den Kern der Softwarearchitektur dar. Zur Beschreibung der Metamodelle wird der Meta Object Facility (MOF) Standard der Object Management Group (OMG) verwendet. Er „bietet einen offenen und plattformunabhängigen Rahmen für die Verwaltung [...] und Interoperabilität von modell- und metadatengesteuerten Systemen" [236]. MOF-konforme Modelle können in einem gemeinsamen Modellspeicher gehalten, durch die selben Operatoren transformiert und gegenseitig referenziert werden. Anforderungs-, Unsicherheits- und Architekturbeschreibungen können prinzipiell unabhängig voneinander ausgetauscht und trotzdem miteinander verknüpft werden (vgl. Anforderung 4.2).

In Bezug auf die Funktionen der Softwarearchitektur bedingen Anforderung 4.3 und 4.4 das Vorhandensein möglichst automatisierbarer Analyse- und Syntheseoperatoren auf den Modellen. So sollten Algorithmen zur Kombination der Basismaße[1], zur Ableitung der pignistischen Wahrscheinlichkeiten, zur bedingten Wahrscheinlichkeitsabfrage, zur Synthese der probabilistischen Architektur aus den hypothetischen Architekturen[2] sowie zur Generierung der Unsicherheitskennzahlen möglichst ohne menschlichen Eingriff im Hintergrund während der eigentlichen Modellierung ausgeführt werden können. Die Komplexität der mathematischen Beschreibung wird vor den bedienenden Entwicklern verborgen. In der Werkzeuganwendung sollte der Entwickler hingegen durch eine grafische Präsentation der in den Modellen gespeicherten oder daraus analysierten Informationen unterstützt werden, die für die aktuell durchzuführende Methodikaktivität relevant sind (vgl. Anforderung 4.3 und 4.4). Die Modularisierung der Softwarearchitektur orientiert sich daher bezüglich der Funktionsstruktur, der visuellen Darstellung sowie der Bedienoberfläche am Informationsbedarf der einzelnen Aktivitäten innerhalb der Methodik (vgl. Abbildung 4.9). Die gesamte Softwarearchitektur des Entwicklungswerkzeugs ist schematisch in Abbildung 6.1 dargestellt.

Implementierungsseitig wird das Eclipse Modeling Framework (EMF) sowie das zur Toolentwicklung komplementäre Eclipse Sirius Projekt verwendet. EMF bietet eine Implementierung der M3-Ebene sowie der Kernspezifikation des MOF-Standards, ergänzt dies durch einen grafischen Basiseditor zur Definition und Manipulation MOF-konformer Modelle und unterstützt durch das Ressourcen-Modul die persistente Speicherung der Modelle in Dateien oder Datenbanken [299, 300].

---

[1] Diese drei Algorithmen sind in einem gemeinsamen, selbst entwickelten „Solver" für das Unsicherheitsmodell inkludiert, der mathematisch auszugsweise in Abschnitt 6.5 vorgestellt wird (vgl. Abbildung 6.1).

[2] vgl. Abschnitt 6.4

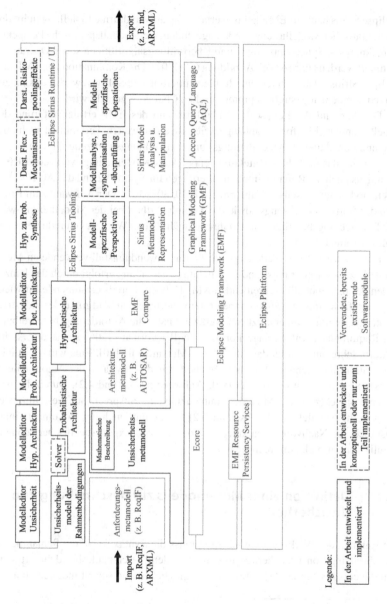

Abbildung 6.1 Softwarearchitektur des Werkzeugs in Anlehnung an [235, 297, 298]

Eclipse Sirius baut auf EMF auf und erlaubt die aufwandsarme Erstellung individueller, grafischer Modellierungswerkzeuge, indem metamodellspezifische Perspektiven, Analyse-, Synchronisations- und Überprüfungsalgorithmen sowie Operatoren
definiert werden können (vgl. Abbildung 6.1) [301]. Die Kombination von EMF und
Eclipse Sirius erlaubt daher, eine Implementierung des Softwarewerkzeugs umzusetzen, die dem angestrebten prototypischen Charakter gerecht wird.

   Die Auswahl der Eclipse RCP-Plattform und des EMF erfolgt aufgrund der
Quelloffenheit, Plattformunabhängigkeit sowie der weiten Verbreitung in Indus-
trie und Forschung als Modellierungs- und Entwicklungswerkzeug. So bauen beispielsweise das für E/E-Architekturen entwickelte Modellierungswerkzeug PREE-
vision als auch die Referenzimplementierungen für SysMLv2 und das AUTOSAR-
Metamodell auf derselben Plattform auf [220, 302–304]. Der Aufwand zum Erler-
nen des Softwarewerkzeugs sowie die Kompliziertheit bei der Modellierung wird
für Entwicklungsbeteiligte mit Erfahrung in ähnlichen Werkzeugen reduziert (vgl.
Anforderung 4.2 und 4.4).

   Die Anpassung des Werkzeugs auf die im Anwendungsfall verwendeten Metamodelle zur Anforderungs- und Architekturbeschreibung erfolgt durch das Hinzu-
laden der metamodellbeschreibenden XMI-Dateien. Bereits existierende Entwicklungsartefakte und -prozesse können referenziert werden. Aufgrund der industrie-
weiten Verbreitung unterstützt das Werkzeug nativ die Anforderungsbeschreibung
im Requirements Interchange Format (ReqIF) Format[3] [306] sowie die Architekturbeschreibung durch das AUTOSAR-Metamodell[4] [40]. Eine wirtschaftliche
Integration in bestehende Prozesse, Methoden und Aktivitäten der Automobilentwicklung wird somit ermöglicht (vgl. Anforderung 4.1 und 4.2). Durch die persistente Speicherung der Modellressourcen und eine entsprechende Gestaltung des
Unsicherheitsmodells (vgl. Abschnitt 6.2) kann damit auch der Dokumentations-
anspruch, die Nachvollziehbarkeit sowie der Im- und Export spezifischer Modelle
erfüllt werden (vgl. Anforderung 4.5).

6.2   Definition eines Metamodells zur Beschreibung von Unsicherheit

Im Rahmen der Werkzeugunterstützung muss die Syntax sowie die Semantik zur
Beschreibung von Unsicherheit in den Modellen maschinenlesbar definiert sein,
um die entsprechenden Operationen zu ermöglichen und soweit möglich zu auto-

---

[3] auf Basis des Eclipse Requirements Modeling Framework (RMF) [305]
[4] auf Basis von Artop [304]

matisieren. Es bedarf eines Metamodells mit formaler Beschreibungssprache zur Abbildung von Unsicherheit (vgl. Abschnitt 4.5, [41]).

Die Grundlagen zur Definition des Metamodells sind bereits konzeptionell und formal durch die Beschreibung der Modellelemente in der Methodik (vgl. Abschnitt 5.3.2, 5.4.2, 5.5.3 und 5.6.2) sowie durch das zugehörige mathematische Modell (vgl. Anhang A.4.2 im elektronischen Zusatzmaterial) vorhanden. Daraus wird ein Metamodell entwickelt, das teilweise auf den Ansätzen bereits existierender Metamodelle zur Unsicherheitsbeschreibung aufbaut (vgl. [249, 286, 307–311]) und gleichzeitig die für die Methodik notwendigen Spezifika der drei Entwicklungsartefakte berücksichtigt. Abbildung 6.3 und 6.4 stellen die für die Methodik relevantesten Elemente des daraus abgeleiteten Metamodells dar. Eine ausführlichere, grafische Darstellung und zusätzliche Erklärungen finden sich im Anhang A.3.4 im elektronischen Zusatzmaterial.

Die Metamodellelemente `UncertaintyModelElement` und `Reasoned Entity` definieren eine vor dem Hintergrund der Methodik und dem mathematischen Modell eingenommene Grundeinstellung bei der Entwicklung des Modells: Die Existenz der Unsicherheit sowie der einzelnen Ausprägungen ist abhängig von der subjektiven Sichtweise der einzelnen Stakeholder (vgl. [25]). Die Stakeholder werden durch sogenannte `BeliefAgent` abgebildet (vgl. [307, 309]). `BeliefAgent` identifizieren Unsicherheiten sowie die dazugehörigen Ausprägungen. Sie tätigen Glaubensaussagen (`BeliefStatement`) über die unscharfen und grobgranularen Zusammenhänge zwischen Unsicherheitsfaktoren u_i und schät-

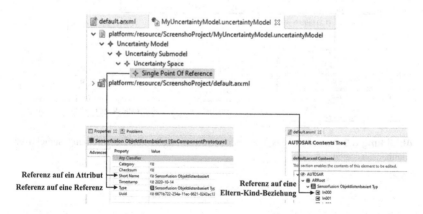

Abbildung 6.2 Schematische Darstellung der Referenzierung unterschiedlicher Merkmale durch den `PointOfReference`

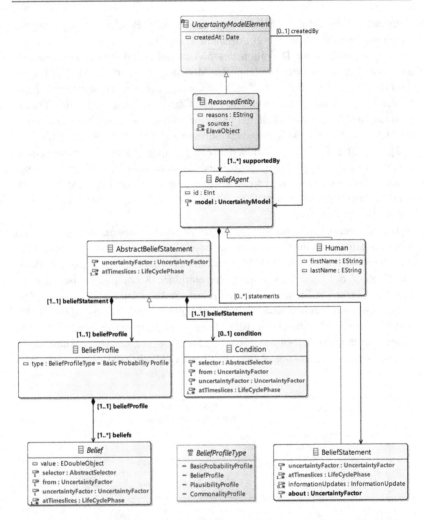

Abbildung 6.3 Ausschnitt des Unsicherheitsmetamodells zur Beschreibung subjektiver Glaubensaussagen

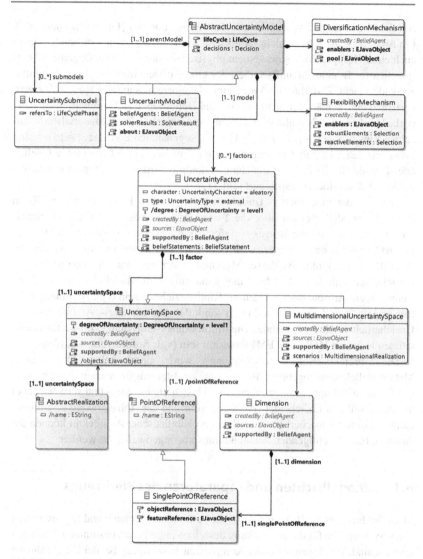

Abbildung 6.4 Ausschnitt des Unsicherheitsmetamodells zur Beschreibung von Unsicherheitsfaktoren

zen die Notwendigkeitswahrscheinlichkeit $P(\omega_i)$ über $m_{i,s}(A)$ mit $\mu_A(\omega_i) > 0$. Ein `BeliefAgent` muss nicht zwangsläufig eine reale Person sein, sondern kann auch einer Gruppe, Rolle sowie einem physischen oder virtuellen Gegenstand entsprechen (z. B. eine Zukunftsstudie), der eine Aussage über mögliche Zukunftszustände macht. Das Basismaß $m_{i,s}$ einer Glaubensaussage des `BeliefAgent` besteht dabei gemäß der mathematischen Definition des Unsicherheitsmodells (vgl. Abschnitt 5.3.2, Anhang A.4.2 im elektronischen Zusatzmaterial) aus einzelnen Zuweisungen $m_{i,s}(A) \in [0; 1]$ – den sogenannten `Belief`. `Belief` sind `ReasonedEntity` und können daher mit dem Verweis auf bestimmte Quellen oder Gründe für die Zukunftsannahme verknüpft werden. Das Wissen der Stakeholder wird im Modell gespeichert (vgl. [128]).

Die von der modellierten Unsicherheit betroffenen Elemente im jeweiligen Architekturmodell werden über die `PointOfReference` der Unsicherheitsräume (`UncertaintySpace`) referenziert (vgl. Abbildung 6.2). Ein `PointOfReference` verweist auf ein MOF- und EMF-konformes Modellelement (`EObject`) inklusive dessen Merkmal (`EStructuralFeature`), das der Unsicherheit unterliegt. Ein Merkmal kann eine vom Modellelement gehaltene Referenz, ein Attribut oder eine Eltern-Kind-Beziehung sein (vgl. Abbildung 6.2). Der `PointOfReference` verknüpft somit das Anforderungs-, Architektur- und Unsicherheitsmodell miteinander. Die Anforderungs- und Architektur-Metamodelle müssen lediglich MOF- und EMF-konform sein (vgl. Anforderung 4.2, [286]).

Die projektlaterale Entscheidung wird durch das `Decision`-Metamodellelement abgebildet. Ein `Decision`-Element referenziert die zu berücksichtigenden Zukunftsausprägungen eines Unsicherheitsfaktors und verweist dabei auf die jeweiligen Entscheider (`Human`). Aufgrund der Abhängigkeitszusammenhänge zwischen Unsicherheitsmodell und probabilistischer Architektur können die damit zu berücksichtigenden Architekturausprägungen gefolgert werden.

6.3   Modellsichten und -operatoren des Werkzeugs

Modellsichten beschreiben eine Auswahl bestimmter Elemente und Eigenschaften eines Systems, die für die Betrachtung desselben unter einem bestimmten Anliegen relevant sind. Sie dienen somit der Komplexitätsbewältigung bei der Durchführung der Methodikaktivitäten (vgl. [222, 312], Anforderung 4.3).

Die Methodikphasen iterieren durch ihre einzelnen Aktivitäten jeweils zwischen der Gestaltung der Fahrzeug-Software- und -Hardware-Architektur sowie der Beschreibung und Analyse der darin vorhandenen Unsicherheitsauswirkungen. Das gemeinsame Unsicherheits- und Architekturmodell, das auf dem Unsicherheitsmetamodell aufbaut, verfügt daher für jeden der drei Entwicklungsartefakte (Unsicher-heitsmodell, probabilistische Architektur, determinierte Architektur) grundlegend über zwei Sichten, die diesem wechselnden Fokus Rechnung tragen:

• Die systembezogene Sicht stellt die Struktur des Systems, in dem Unsicher-heit herrscht, ins Zentrum der Betrachtung. Die Systemelemente sowie deren Beziehungen werden dargestellt. Unsicherheit wird durch entsprechende Mar-kierungen der Modellelemente abgebildet (vgl. Abbildung 6.5).

• Die unsicherheitsbezogene Sicht fokussiert hingegen die Unsicherheitsfaktoren sowie deren Zusammenhänge und Glaubensaussagen (vgl. Abbildung 6.6). Die Modellelemente des unsicheren Systems werden dabei zwar referenziert und optional angezeigt, deren Struktur wird allerdings vernachlässigt.

Jedes Entwicklungsartefakt kann in Abhängigkeit der durchzuführenden Aktivi-tät vom Softwarewerkzeug in der entsprechenden Sicht dargestellt werden. Durch die individuelle Auswahl der Metamodelle zur Architektur- und Anforderungs-beschreibung kann sich die systembezogene Sicht dabei nochmals in detaillier-tere Perspektiven unterteilen. Die Fahrzeug-Software- und -Hardware-Architektur wird in der prototypischen Implementierung beispielsweise durch das AUTOSAR-Metamodell beschrieben und in der systembezogenen Sicht deshalb einmal aus der logischen und der statischen Bereitstellungssicht dargestellt (vgl. [312]). Eine detail-lierte Übersicht der jeweils passenden Sichten für die einzelnen Methodikphasen ist in Tabelle A.1 im Anhang A.3.5 des elektronischen Zusatzmaterials festgehal-ten. Teilweise werden diese durch die phasenspezifische Darstellung von Analy-seergebnissen ergänzt (vgl. z. B. Abbildung 5.9, Anhang A.5.3 des elektronischen Zusatzmaterials).

Modelloperatoren adressieren die Analyse, Synthese und Manipulation der Modelle aus der jeweiligen Modellsicht heraus. Sie ermöglichen die Durchfüh-rung der Methodikaktivitäten im Softwarewerkzeug. Modelloperatoren reduzieren die Verfahrenskompliziertheit, indem die Durchführung der jeweiligen Aktivität im Detail nicht von den Entwicklungsbeteiligten vorgenommen und verstanden werden muss (vgl. Anforderung 4.4).

Die Manipulations- und Syntheseoperatoren umfassen das Hinzufügen, Löschen, Duplizieren, Verschieben und Verändern von Modellelementen, -attributen und -assoziationen. Die Zulässigkeit der einzelnen Operationen ist dabei durch die Restriktionen der jeweiligen Metamodelle definiert, die die Validitätsbedingun-gen und Invarianten der Modellelemente beschreiben [299]. Die Ausführung der genannten, elementaren Operatoren wird dabei durch das EMF für alle kompati-blen Metamodelle automatisch unterstützt und ist für fast alle Methodikaktivitä-

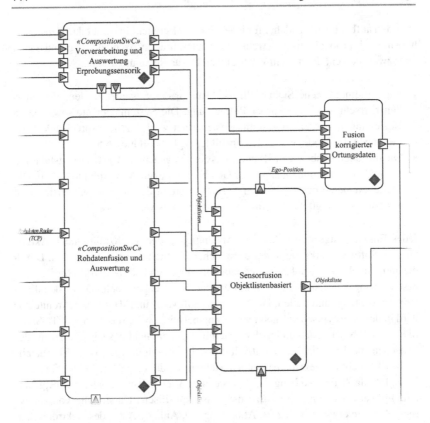

Abbildung 6.5 Systembezogene Sicht auf die probabilistische Architektur; Unsicherheit bezüglich der Architekturausprägungen wird durch rote Rauten (Variationspunkte) dargestellt

ten ausreichend (vgl. [299]). Die Analyseoperatoren umfassen im Kontext dieser Arbeit beispielsweise die Berechnung der pignistischen Wahrscheinlichkeiten, der Korrelationen sowie die Identifikation von Vorhalten und potenziellen Clustern von Flexibilitätsmechanismen. Ein Großteil der Analyseoperatoren ist dabei durch die mathematische Beschreibung oder Referenzierung auf entsprechend vorhandene Algorithmen bereits ausreichend für eine Implementierung in das Softwarewerkzeug definiert (vgl. Kapitel 5, Anhang A.4.2 im elektronischen Zusatzmaterial).

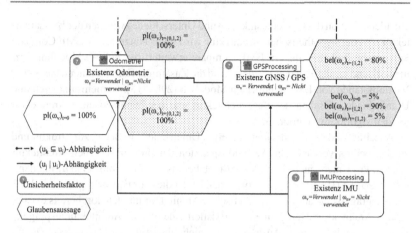

Abbildung 6.6 Unsicherheitsbezogene Sicht auf die probabilistische Architektur; die referenzierten Komponenten werden innerhalb der Unsicherheitsfaktoren angezeigt

6.4 Synthese der probabilistischen Architektur

Die Analyse und Synthese der hypothetischen Architekturen zur probabilistischen Architektur stellt einen im Vergleich aufwändigen Methodikschritt dar. Durch das Softwarewerkzeug kann dabei der Aufwand und die Kompliziertheit zur Erstellung der probabilistischen Architektur gesenkt werden, indem bestimmte Aktivitäten unterstützt oder automatisiert werden (vgl. Anforderung 4.2 und 4.4). Folgende Einzelschritte werden durch das Softwarewerkzeug algorithmisch unterstützt und iterativ pro hypothetischer Architektur durchlaufen:

1. Gemeinsamkeiten und Unterschiede zwischen der Basisarchitektur und der hypothetischen Architektur werden automatisiert identifiziert.
2. Die Unterschiede werden als Variationspunkte in die probabilistische Architektur automatisiert integriert.
3. Die Ausprägungen der hypothetischen Architektur werden mit dem repräsentativen Szenario automatisiert assoziiert.
4. Die probabilistische Architektur wird bezüglich einer möglichen Restrukturierung durch das Softwarewerkzeug analysiert.
5. Die Restrukturierung der probabilistischen Architektur wird vom Entwickler vorgenommen.

Die Identifikation der Gemeinsamkeiten und Unterschiede zwischen der Basisarchitektur und der hypothetischen Architektur wird unter Nutzung der EMF Compare Softwarebibliothek realisiert. EMF Compare erweitert das Eclipse Modeling Framework und ermöglicht den Vergleich und die Zusammenführung unterschiedlicher Versionsstände von EMF-konformen Modellen [298, 313]. Gemeinsamkeiten und Unterschiede zwischen der Basisarchitektur und der hypothetischen Architektur werden algorithmisch erkannt.

Anschließend werden die identifizierten Unterschiede in Bezug zur Struktur und zu den bereits vorhandenen Variationspunkten der probabilistischen Architektur gesetzt. Pro Unterschied wird überprüft, ob bereits ein Variationspunkt u_i mit demselben PointOfReference vorhanden ist. Ist dies der Fall, erfolgt ein Abgleich der Ausprägung ω_h aus der hypothetischen Architektur mit den dort bereits existierenden Architekturausprägungen ω_i. Existiert eine gleiche Architekturausprägung $\omega_i = \omega_h$, so wird die neue Ausprägung ω_h nicht hinzugefügt und statt dessen ω_i für die folgenden Schritte verwendet. Existiert noch keine gleiche Architekturausprägung, wird ω_h dem Variationspunkt u_i hinzugefügt. Ist in der probabilistischen Architektur kein Variationspunkt u_i mit entsprechendem PointOfReference vorhanden, wird dieser entsprechend angelegt und die Architekturausprägung ω_h hinzugefügt.

Um die Nachvollziehbarkeit sowie die Berechnung von Unsicherheitskennwerten zu ermöglichen, werden die Architekturausprägungen ω_h anschließend durch ein BeliefStatement mit der Abhängigkeitsbeziehung $(u_h|u_j)$ und $m(\omega_h|\omega_j) = 1$ mit dem Unsicherheitsfaktor u_j des repräsentativen Szenarios ω_j assoziiert. Die Unterschiede zwischen der hypothetischen Architektur und der Basisarchitektur sind dabei eindeutig auf das repräsentative Szenario u_j zurückzuführen. Gemeinsamkeiten können hingegen aus zwei Gründen zustande kommen: Einerseits könnten die unveränderten Modellelemente nicht von der Veränderung der Rahmenbedingungen betroffen sein. Andererseits kann es sein, dass die Basisarchitektur hierfür bereits ausreichend vorbereitet ist und die Gemeinsamkeiten dementsprechend notwendig sind, um das repräsentative Szenario zu erfüllen. Es können unterschiedliche Verfahren angewendet werden, um diese Unterscheidung werkzeugunterstützt vorzunehmen[5]. Im prototypischen Werkzeug wird dies konzeptionell unterstützt, indem der Entwickler selbst die Unterscheidung vornimmt.

---

[5] z. B. durch einen Abkling- oder Reichweitenfaktor $\alpha < 1$, ausgehend von den veränderten Komponenten, vgl. [160]

Auf Basis der Variationspunkte können nun die Indikatoren für die Restrukturierung der probabilistischen Architektur durch die Analyse derselben gewonnen werden. Dies erfolgt durch abgeleitete Eigenschaften der Variationspunkte, die mit den Strategien zur modularen Stetigkeit in Beziehung stehen (vgl. Abschnitt 4.3.1). So werden Variationspunkte zur Restrukturierung vorgeschlagen, deren Ausprägungen von unterschiedlichen Unsicherheitsfaktoren abhängig sind (vgl. Gestaltungsregel 1.3) oder die sowohl statische als auch wahrscheinlichkeitsbedingte Architekturausprägungen enthalten (vgl. Gestaltungsregel 1.2). Durch die automatisierte Analyse und grafische Darstellung der Ergebnisse können Restrukturierungsmaßnahmen durch den Entwickler leichter identifiziert werden (vgl. Anforderung 4.3 und 4.4). Die Zulässigkeit und konsistente Durchführung einer Restrukturierung kann durch die Validitätsbedingungen und Invarianten des architekturbeschreibenden Metamodells überprüft werden.

6.5 Effiziente Berechnung kombinierter Realisierungsmaße

Zur Auslegung der Flexibilitätsmechanismen und für die projektlateralen Entscheidungen muss das Softwarewerkzeug die Wahrscheinlichkeitsverteilungen für die einzelnen Variationspunkte der probabilistischen Architektur aus den individuellen Glaubensaussagen berechnen. Die Formeln zur Berechnung der Wahrscheinlichkeitswerte sind im Rahmen dieser Arbeit bereits mathematisch definiert worden (vgl. Abschnitt 5.5.3).

Bei der Umsetzung in ein Softwarewerkzeug zeigt sich allerdings die Platz- und Zeitkomplexität der dafür notwendigen Berechnungen als Herausforderung. Die Kombination von Basismaßen der Dempster-Shafer-Evidenztheorie ist #P-vollständig in Bezug auf die Anzahl $|S|$ zu kombinierender Basismaße $m_{i,s}$ mit $s \in S$ [314]. Außerdem steigt die Anzahl potenziell möglicher Einzelaussagen $m_{i,s}(A)$ ebenfalls exponentiell mit der Anzahl möglicher Zukunftsausprägungen $|\Omega_i|$, da $A \subseteq \Omega_i$. Zur vollumfänglichen Beschreibung eines individuellen Basismaßes $m_{i,s}$ sind somit $2^{|\Omega_i|}$ Wertepaare zu speichern. Bei der Kombination von $m_{i,s}$ mit einem anderen Basismaß $m_{i,s'}$ sind $2^{|\Omega_i|} \cdot 2^{|\Omega_i|}$ Berechnungen notwendig. Im allgemeinen Fall von $|S|$ existierenden Basismaßen sind es $2^{|S| \cdot |\Omega_i|}$. Eine effiziente, computerunterstützte Berechnung und Ablage der Glaubensaussagen zur Bestimmung der Wahrscheinlichkeitswerte ist daher im allgemeinen Fall nicht möglich.

Unter bestimmten Erwartungen an realistische Basisaussagen $m_{i,s}$ lässt sich allerdings die erwartete Berechnungszeit sowie der zugehörige Platzbedarf durch eine entsprechende Wahl der Algorithmen senken[6]. Die Einzelaussagen der Individuen über einen Unsicherheitsfaktor bilden Basismaße, Glaubensfunktionen, Plausiblitätsfunktionen und Kommunalitätsfunktionen aus, die nach Shenoy [147] über ihre fokalen Elemente vollständig definiert sind (vgl. Abschnitt 5.3.2). Zur Ablage einzelner Realisierungsmaße müssen daher nur die Aussagen mit $m_{i,s}(A) \neq 0$ im Speicher gehalten werden. Die erste Erwartung postuliert, dass voraussichtlich lediglich eine geringe Anzahl an Einzelaussagen $m_{i,s}(A)$ mit $A \in \Sigma_{i,s} \subset \mathscr{P}(\Omega_i)$ und $m_{i,s}(A) \neq 0$ pro Individuum s und Unsicherheitsfaktor u_i getroffen wird[7]. Es wird erwartet, dass die obere Schranke dabei unabhängig von der Anzahl möglicher Zukunftsausprägungen ist und vielmehr über die personenbezogenen und organisatorischen Randbedingungen bestimmt wird, wie beispielsweise über den Zeitaufwand zur Schätzung, die Methodikeffizienz sowie die zur Verfügung stehenden Informationen.

Zur Berechnung der Kombinationsregel ist daher ebenfalls anzustreben, dass die Betrachtung der fokalen Elemente in $\Sigma_{i,s} \subset \mathscr{P}(\Omega_i)$ ausreichend ist. Für die im Rahmen dieser Arbeit verwendete $\wedge$Q-Kombinationsregel ist dies in der Literatur allerdings bislang noch nicht untersucht worden. Es müssten nach wie vor alle $2^{|S| \cdot |\Omega_i|}$ Berechnungen durchgeführt werden. Die $\wedge$Q-Kombinationsregel wurde daher mathematisch analysiert und derart in einen Algorithmus umgesetzt, dass sie unter den erwarteten Glaubensaussagen auf einer nicht exponentiellen Menge an fokalen Einzelaussagen $m_{i,s}(A)$ berechnet werden kann. Es kann gezeigt werden, dass sich die Kandidatenmenge $\Sigma_{i,F}$ möglicher fokaler Elemente im kombinierten Basismaß m_i durch folgende Menge approximieren lässt (vgl. Anhang A.4.5 im elektronischen Zusatzmaterial):

$$\Sigma_{i,F} = \{A = \bigcap_{C \in B} C \mid (B \in \mathscr{P}(\Sigma_{i,ges})) \wedge (|B| \leq |S|)\}$$

$$\text{wobei: } \Sigma_{i,ges} = \bigcup_{s \in S} \Sigma_{i,s} \tag{6.1}$$

---

[6] Die Berechnungszeit und der Platzbedarf der Kandidatenmenge ist im vorliegenden Fall äquivalent, wenn eine Hash-Map mit erwarteter $O(1)$- bzw. $O(n)$-Komplexität für den Zugriff verwendet wird (vgl. Gleichung 5.5 in Abschnitt 5.5.3).

[7] z. B. $|\Sigma_{i,s}| \leq 20$

Die Kandidatenmenge der $\wedge$Q-Kombinationsregel verhält sich bezüglich der Zeit- und Platzkomplexität nun genau wie Dempsters Kombinationsregel[8]: Sie ist unter der Erwartung weniger fokaler Einzelaussagen Σ_i, die unabhängig von $|\Omega_i|$ sind, konstant über $|\Omega_i|$. Sie kann dabei allerdings hohe Werte annehmen, denn in Bezug auf die Anzahl $|S|$ zu kombinierender, individueller Basismaße wächst sie aufgrund der Potenzmenge $\mathscr{P}(\Sigma_{i,ges})$ exponentiell mit $|S|$ an[9] (vgl. Abbildung 6.7a und 6.8a).

Die zweite Erwartung bezüglich der individuellen Aussagen postuliert daher realitätsnah, dass die Einzelaussagen $m_{i,s}(A)$ mehrerer Individuen s über äquivalente oder ähnliche Mengen $A \subseteq \Omega_i$ an Zukunftsausprägungen getroffen werden, da eine teilweise Übereinstimmung der vorhandenen Informationen und des vorhandenen Wissens zwischen den Stakeholdern erwartet wird. Die Mengen A der Einzelaussagen $m_{i,s}(A)$ unterschiedlicher Stakeholder s stammen aus einer beschränkten Menge $\Sigma_i \subset \mathscr{P}(\Omega_i)$ ähnlicher Aussagen mit $|\Sigma_i| \ll |\mathscr{P}(\Omega_i)|$. Aufgrund der erwartungsgemäß geringen Anzahl an fokalen Elementen sowie der Ähnlichkeit dieser ist das exponentielle Wachstum mit der Anzahl zu kombinierender, individueller Realisierungsmaße im realitätsnahen Fall damit nicht gegeben und außerdem beschränkt. Schnittmengen wiederholen sich oder sind bereits in den fokalen Elementen der ursprünglichen Realisierungsmaße enthalten (vgl. Abbildung 6.7b und 6.8b). Die kombinierten Realisierungsmaße können im realen Anwendungsfall effizient berechnet werden.

Eine konzeptionelle Implementierung des Algorithmus auf Basis der hier vorgestellten mathematischen Herleitung zur Berechnung der Basismaßkombinationen wurde im Softwarewerkzeug vorgenommen. Weitere Anpassungen zur Senkung der Platz- und Zeitkomplexität werden in Anhang A.4.5 im elektronischen Zusatzmaterial geschildert.

---

[8] Eine Näherung der Kandidatenmenge ist hier durch $\Sigma_{i,F} = \{A = \bigcap\limits_{s \in S} C_s \mid C_s \in \Sigma_{i,s}\}$ gegeben.

[9] unter Annahme, dass P $\neq$ NP gilt, siehe Beweis in [314]

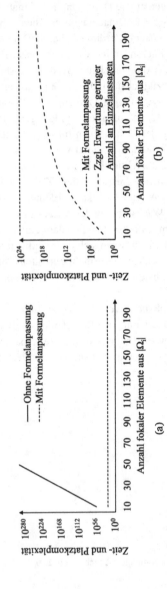

Abbildung 6.7 Auswirkungen der Formelanpassung und Realitätsannahmen auf die Zeit- und Platzkomplexität über der Anzahl fokaler Elemente

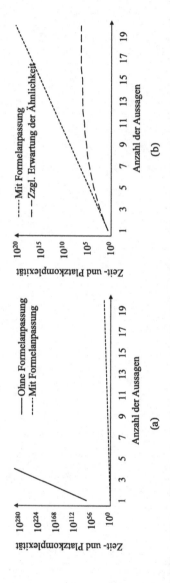

Abbildung 6.8 Auswirkungen der Formelanpassung und Realitätsannahmen auf die Zeit- und Platzkomplexität über der Anzahl an Glaubensaussagen

Validierung und Evaluation des Verfahrens 7

Die Validierung und Evaluation des Verfahrens entspricht der deskriptiven Studie 2 der Forschungsmethode (vgl. Abschnitt 1.3). Ausgehend von einer Anzahl an Erprobungen im realen Umfeld wird induktiv bewertet, ob das entwickelte Verfahren in der Praxis anwendbar ist, ob es zum Erfolg der Entwicklung beiträgt und ob es die notwendigen Eigenschaften zur Lösung der industriellen Problemstellung und wissenschaftlichen Herausforderung besitzt [85]. Dazu muss überprüft werden, ob die mit dem Verfahren angestrebten Ergebnisse in Bezug auf die industrielle Problem- und Fragestellung realisiert werden können sowie ob die wissenschaftliche Herausforderung bewältigt und die Forschungsfragen dadurch beantwortet werden (vgl. [85]).

7.1   Vorgehen zur Validierung und Evaluation

Die Anforderungen in Abschnitt 4.1 definieren zu erfüllende Kriterien für die Erreichung der Verfahrensergebnisse, für die Eigenschaften des Verfahrens und für dessen Anwendung im industriellen Bezugsrahmen, die einzeln erfüllt sein müssen, um eine gesamtheitliche Zielerfüllung dieser Forschungsarbeit durch die Verfahrensentwicklung nachzuweisen. Das entwickelte Verfahren löst dann die industrielle Problem- sowie Fragestellung und überwindet die wissenschaftliche Herausforderung. Die Anforderungen können dabei durch Ansätze der Empirie, der

---

Ergänzende Information   Die elektronische Version dieses Kapitels enthält Zusatzmaterial, auf das über folgenden Link zugegriffen werden kann https://doi.org/10.1007/978-3-658-42804-4_7.

L. Block, *Ein Verfahren zur Entwicklung flexibler Fahrzeug-Software- und -Hardware-Architekturen unter Unsicherheit*, https://doi.org/10.1007/978-3-658-42804-4_7

formal-theoretischen Beweisführung oder der inhärenten Verfahrenseigenschaften belegt werden.

Die Validierung (vgl. Abschnitt 7.2) verfolgt das Ziel, die Eignung des entwickelten Verfahrens bezogen auf seinen Einsatzzweck durch Anwendung in einem Demonstrationsentwicklungsprojekt zu überprüfen [7, 315]. Sie eignet sich daher prinzipiell zur empirischen Überprüfung aller nicht formal-theoretischen Anforderungen oder nicht inhärenten Verfahrenseigenschaften. Das Fahrzeug-Software- und -Hardware-Architekturkonzept ist jedoch ein kritisches Ergebnis der frühen Phase eines Fahrzeugentwicklungsprozesses (vgl. Abschnitt 2.2). Das unternehmerische Risiko, das mit einer Ersterprobung des Verfahrens in einem Serienentwicklungsprozess einhergeht, verhindert die vollständige Validierung des entwickelten Verfahrens bei einem Automobilhersteller. Aus diesem Grund wird das Verfahren prototypisch bei der Entwicklung einer flexiblen Software- und Hardware-Architektur für ein Forschungsfahrzeug validiert (vgl. Abschnitt 7.2). Eine Bewertung der Verfahrenseignung für den realen Fahrzeugentwicklungsprozess ist in diesem Kontext allerdings nur bedingt möglich (vgl. Anforderungen 4.1 bis 4.5). Zusätzlich wird daher eine Evaluation bei einem Automobilhersteller durchgeführt (vgl. Abschnitt 7.3), um die Anwendbarkeit im industriellen Bezugsrahmen der Serienentwicklung bewerten zu können. Die Evaluation als zweiter empirischer Baustein verfolgt dementsprechend das Ziel einer sach- und fachgerechten Bewertung des entwickelten Verfahrens durch Experten des Automobilherstellers (vgl. [316, 317]).

Die übrigen Anforderungen 2.1 bis 3.4 adressieren inhärente Eigenschaften des Verfahrens selbst oder daraus logisch zwingende Folgerungen. Sie werden durch die Konzeption und Ausgestaltung des Verfahrens konstituiert oder können formaltheoretisch nachgewiesen werden (vgl. Abschnitt 7.4 und Anhang A.3.3 im elektronischen Zusatzmaterial). Sie bedürfen keiner empirischen Überprüfung.

Tabelle 7.1 stellt zusammenfassend das Vorgehen zur Überprüfung der Anforderungen durch die unterschiedlichen Nachweismethoden dar. Durch die Synthese der Ergebnisse aus Validierung, Evaluation und Analyse der inhärenten oder formaltheoretischen Verfahrenseigenschaften wird gesamtheitlich überprüft, ob das entwickelte Verfahren die Anforderungen zur Lösung der industriellen Problem- und Fragestellung sowie der wissenschaftlichen Herausforderung erfüllt und damit die Forschungsfragen beantwortet.

Tabelle 7.1 Vorgehen zur Überprüfung der Anforderungserfüllung des entwickelten Verfahrens

	Anforderungen an das Verfahren und die Ergebnisse[a]																
	1.1	1.2	1.3	1.4	1.5	2.1	2.2	2.3	3.1	3.2	3.3	3.4	4.1	4.2	4.3	4.4	4.5
Validierungsnachweis	✓/x	✓/x	✓/x	✓/x	✓/x			✓/x									
Evaluationsnachweis													✓/x	✓/x	✓/x	✓/x	✓/x
Deduktiver Nachweis[b]						✓/x	✓/x	✓/x		✓/x	✓/x	✓/x					

✓/x = Anforderungserfüllung wird durch Nachweismethode überprüft
✓ = Anforderungserfüllung kann bedingt durch Nachweismethode überprüft werden
[a] vgl. Abschnitt 4.1
[b] durch formal-theoretische Beweisführung oder Analyse der inhärenten Verfahrenseigenschaften

7.2 Validierung am Fallbeispiel „FlexCAR Rolling Chassis"

Für die Validierung diente die Entwicklung des Forschungsfahrzeugs FlexCAR Rolling Chassis[1] als Demonstrationsprojekt. Das entwickelte Verfahren leitete die Software- und Hardware-Architekturkonzeption des Forschungsfahrzeugs an. Es wurde untersucht, ob die angestrebte Wirkung bezüglich der effektiven Behandlung, der effizienten Realisierung und des effizienten Einsatzes von Flexibilität in der Software- und Hardware-Architekturentwicklung eintritt und ursächlich in der Verfahrensanwendung begründet ist. Die der Validierung zugeordneten Anforderungen aus Abschnitt 7.1 (Tabelle 7.3) werden untersucht.

7.2.1 Einführung in das Fallbeispiel

Im nationalen Verbundforschungsprojekt FlexCAR wird ein „neues, hinsichtlich individueller Kunden- beziehungsweise Betreiberbedürfnisse flexibles Fahrzeugkonzept als offene Entwicklungsplattform" erforscht [318]. Im FlexCAR-Teilprojekt „Rolling Chassis" konzipierten Entwickler das zugehörige, flexible Forschungsfahrzeug als Technologie- und Versuchsträger für die Forschungs- und Entwicklungsergebnisse der übrigen FlexCAR-Teilprojekte sowie für darüber hinausgehende Forschung im Automobilbereich [319]. Die Entwicklung der Software- und Hardware-Architektur des Forschungsfahrzeugs fand unter Rahmen-

---

[1] Teilprojekt des Verbundforschungsprojekts „FlexCAR", gefördert vom Bundesministerium für Bildung und Forschung (BMBF) im Rahmen des ARENA2036 Forschungscampus (Förderkennzeichen 02P18Q640 – 02P18Q649)

bedingungen und mit einer Zielstellung statt, die mit den geschilderten Rahmenbedingungen der industriellen Problemstellung und der Zielstellung des hier entwickelten Verfahrens übereinstimmte.

Zweck des Rolling Chassis ist es, die Erforschung und Erprobung neuer Software
sowie elektronischer und mechanischer Hardware bei geringem Anpassungsaufwand des Forschungsfahrzeugs selbst zu ermöglichen (vgl. [318, 319]). Grundlegende, automatisierte Fahrfunktionen, die je Forschungs- und Erprobungsfall
flexibel anpassbar sind, sollten dabei als Basisausstattung bereits in das Rolling Chassis implementiert werden. Zum Zeitpunkt der Software- und Hardware-
Architekturentwicklung des Rolling Chassis waren die späteren Flexibilitätsanfor-
derungen allerdings gar nicht oder nur bedingt abschätzbar, da die zu erprobenden
Einzeltechnologien, -methoden und -verfahren erst im Rahmen des Förderprojekts
„FlexCAR" beziehungsweise im Rahmen weiterer Forschungsvorhaben entwickelt
wurden. Bei der Konzeption der Software- und Hardware-Architektur des Rolling
Chassis existierte hohe Unsicherheit bezüglich der Anforderungen an die Anpass-
barkeit des Forschungsfahrzeugs sowie bezüglich der effektiven und effizienten
Realisierung und des Einsatzes von Flexibilität.

Zu Beginn der Forschungsfahrzeugentwicklung wurde daher von den verantwortlichen Entwicklern eine Software- und Hardware-Architektur mit dem
Anspruch größtmöglicher Flexibilität konzipiert. Bei dieser Erstentwicklung kam
keine methodische Unterstützung zum Einsatz. Im Verlauf der weiteren Forschungsfahrzeugentwicklung zeichneten sich allerdings Inkonsistenzen in der vorgesehenen
Flexibilität sowie nicht umsetzbare Forschungs- und Erprobungsfälle ab[2]:

- Regel- und Steuerungsalgorithmen sowie Sensorfusionsalgorithmen konnten
  nicht durch fortgeschrittenere Versionen ausgetauscht werden, da die Softwareschnittstellen spezifisch für die aktuell vorhandenen Algorithmen definiert worden waren.
- Der parallele Betrieb mehrerer Ortungssysteme war nicht vorgesehen. Er stellte
  sich allerdings als notwendig heraus.
- Die spätere Integration von Erprobungs- und Forschungshardware war hardwa-
  reschnittstellenbezogen lediglich für ethernetbasierte Systeme definiert. Für alle
  anderen Bussysteme hätte ein physischer Eingriff an einem der Steuergeräte des
  Rolling Chassis vorgenommen werden müssen.

---

[2] Die zwei erstgenannten Punkte wurden vor Anwendung des Verfahrens identifiziert. Die
darauf folgenden Punkte wurden erst durch die Verfahrensanwendung im Schritt der Unsicherheitsidentifikation erkannt.

- Erprobungs- und Forschungshardware mit unterschiedlichen Koordinatensystemen konnte nicht integriert werden, da dieser Fall nicht vorgesehen war.
- Auf den zwei Hochleistungssteuergeräten (sogenannte High Performance Computer (HPC) oder hochleistungsfähige Steuergeräte) des Rolling Chassis wurden mehrere Softwarekomponenten für die automatisierten Fahrfunktionen betrieben. Beim Anschluss weiterer Erprobungs- und Forschungssensorik hätten die Rechenressourcen nicht mehr ausgereicht, um die zusätzlich notwendigen Softwarekomponenten für die Sensorauswertung auszuführen. Ebenso war der Algorithmus zur objektlistenbasierten Sensordatenfusion nicht skalierungsfähig und hätte in einem derartigen Fall die Zeitrestriktionen nicht einhalten können.

Die Ursachen der aufgezeigten Inkonsistenzen und nicht umsetzbaren Forschungs- und Erprobungsfälle konnten auf nicht korrekt eingeschätzte Aufwände in den projektlateralen Entscheidungen[3] (effizienter Einsatz der Flexibilität), unzureichende Kenntnis möglicher Ausprägungen der Unsicherheit[4] (effektive Behandlung der Unsicherheit) oder eine ineffiziente Realisierung der Flexibilität[5] zurückgeführt werden (vgl. industrielle Problemstellung). Daher wurde eine Neukonzeption der Software- und Hardware-Architektur vorgenommen, die es ermöglichte, das im Rahmen dieser Arbeit entwickelte Verfahren umfassend praxisbezogen zu validieren. Durch die zuvor (erst-)entwickelte Software- und Hardware-Architektur war dabei eine Vergleichsarchitektur zur Validierung der Verfahrensergebnisse vorhanden, die ohne methodische Unterstützung entwickelt wurde. Gemäß des Validierungsvorgehens (vgl. Abschnitt 7.1) wurden die Anforderungen aus Tabelle 7.1 daher wie folgt auf Erfüllung untersucht.

- Der effektive Einsatz sowie die effiziente Realisierung der Flexibilität wurden über die Darstellungs- und Erhebungsmethode in Block [77] analysiert (vgl. Anforderung 1.1, 1.3 und 1.4). Der Anteil an behandelten, potenziellen Veränderungen[6] wird ins Verhältnis zum antizipierenden und reaktiven Anpassungsaufwand der Software- und Hardware-Architektur gesetzt. Durch einen Vergleich der neuentwickelten mit der erstentwickelten Software- und

---

[3] z. B. Beschränkung auf ethernetbasierte Hardwareschnittstellen, da der Aufwand zur Flexibilitätsintegration für andere Schnittstellentypen als zu aufwendig eingeschätzt wurde

[4] z. B. dass unterschiedliche Koordinatensysteme der Erprobungs- und Forschungshardware existieren könnten

[5] z. B. dass Softwareschnittstellen der Regel- und Steuerungsalgorithmen sowie Sensorfusionsalgorithmen trotz des geringen Mehraufwands nicht generalisiert gestaltet wurden

[6] Zu diesen potenziellen Veränderungen zählen unter anderem die genannten Inkonsistenzen sowie die nicht umsetzbaren Forschungs- und Erprobungsfälle.

Hardware-Architektur konnte dann untersucht werden, ob die Verfahrensergebnisse durch das entwickelte Verfahren unter Einhaltung der an sie gerichteten Anforderungen generiert wurden (Anforderung 3.1, vgl. Abschnitt 7.2.3
und 7.2.4).

- Der effiziente Einsatz der Flexibilität wurde bezüglich der Bedarfsorientierung
  durch die Anzahl an Flexibilitätsmechanismen untersucht, die keinem Variati-
  onspunkt zugeordnet werden konnten (Anforderung 1.2). Zusätzlich erfolgte die
  Beobachtung der projektlateralen Entscheidungsfindung und eine Befragung der
  Entscheidungsverantwortlichen hinsichtlich des Nutzens der Informations- und
  Wissensartefakte (Anforderung 4.5).

- Die Erfüllung der Anforderungen 1.5 und 3.4 wurde durch eine Analyse der
  zeitlich aufeinander folgenden Konzeptstände und der Begründung zugehöriger
  Gestaltungsentscheidungen beurteilt.

- Am Ende jedes Arbeitstreffens zur Durchführung der entwickelten Methodik
  wurde zudem Rückmeldung der Teilnehmer bezüglich der Anforderungen 4.1
  bis 4.5 eingefordert.

7.2.2 Anwendung des Verfahrens

Die Anwendung des Verfahrens erfolgte, indem die entsprechenden Phasen und
begleitenden Schritte der Methodik (vgl. Abbildung 4.7) mit Unterstützung durch
das beschriebene Softwarewerkzeug durchlaufen wurden. Fünf dedizierte Arbeitstreffen fanden statt. An der Durchführung des Verfahrens partizipierten insgesamt
zehn Personen in ihren jeweiligen Entwicklungsfunktionen, sieben davon unmittelbar in den jeweiligen, methodikbezogenen Arbeitstreffen. Nach Bedarf wurden
weitere Fachexperten für die Einzelfunktionen oder für die Realisierung konsultiert.
Die Projektleiterin sowie die zwei verantwortlichen Personen für die Softwarearchitektur und die Hardwarearchitektur trafen die projektlateralen Entscheidungen
bezüglich des anzustrebenden Flexibilitätsgrads. Die Dokumentation der Ergebnisse einzelner Arbeitstreffen erfolgte semiformal durch Skizzen und Zeichnungen.
Anschließend wurden sie in das formale Unsicherheits- und probabilistische Architekturmodell im Softwarewerkzeug überführt und entsprechend analysiert.

7.2.2.1 Kontextdefinition

Der Anwendungsbereich des Verfahrens war das Subsystem der Rolling Chassis
Hardware- und Software-Architektur, das funktionsbezogen für die Sensordaten-
verarbeitung und Objekterkennung, für die Sensordatenfusion sowie für die Ortung
verantwortlich ist (vgl. Abbildung 7.1 und 7.2). Aufgrund angekündigter, aber
noch nicht festgelegter Erprobungsfälle war der Unsicherheitsgrad unter anderem

bezüglich der später zu integrierenden Sensorik, der zu verwendenden Ortungssysteme und der zu entwickelnden Sensorfusionsalgorithmen hoch. Die zu betrachtenden, externen Unsicherheiten wurden daher als diejenigen Unsicherheiten in den Anforderungen an das Forschungsfahrzeug definiert, die sich aus potenziellen, späteren Forschungs- und Erprobungsfällen ableiteten.

Die Softwarearchitektur konnte im Rahmen der Neuentwicklung frei gestaltet werden. Eine vollständige Neugestaltung der Hardware-Architektur war aufgrund des zu diesem Zeitpunkt fortgeschrittenen Realisierungstands der elektrischen, elektronischen und mechanischen Systeme nicht möglich. Steuergeräte konnten allerdings hinzugefügt oder bezüglich ihrer Schnittstellen über Erweiterungsboards angepasst werden. Einzelne Bussysteme wurden bezüglich der angeschlossenen Komponenten und ihrer Eigenschaften im Vergleich zur erstentwickelten Architektur verändert.

Der zeitliche Betrachtungshoriziont wurde auf sechseinhalb Jahre festgelegt. Als diskrete Zeitabschnitte bis zum Betrachtungshorizont wurden drei Lebenszyklusphasen definiert:

Phase t=0 Entwicklung, Aufbau und Inbetriebnahme des Rolling Chassis
Phase t=1 Nutzung des Rolling Chassis im Rahmen des FlexCAR Forschungsprojekts
Phase t=0 Nutzung des Rolling Chassis im Anschluss an das FlexCAR Forschungsprojekt

Die ablauforganisatorische Integration in das Entwicklungsprojekt des Forschungsfahrzeugs sowie die Verantwortlichkeiten ergaben sich aus der bereits vorhandenen FlexCAR-Projektbeschreibung und dem Vorgehen zur Validierung des Verfahrens (vgl. Abschnitt 7.2.1 und 7.2.2).

7.2.2.2 Identifikation und Analyse der Unsicherheiten

Ausgangspunkt der Unsicherheitsidentifikation bildete eine bereits vorhandene, allerdings disperse und informelle Sammlung möglicher Forschungs- und Erprobungsfälle der erstentwickelten Architektur. Diese Sammlung war aufgrund der festgestellten Unzulänglichkeiten (vgl. Abschnitt 7.2.1) allerdings nachweislich unvollständig und umfasste keine Unsicherheiten der Phase t=2. Die bisherige Sammlung wurde daher durch Brainstorming der beteiligten Entwickler erweitert und auf Basis potenzieller FlexCAR-Folgeforschungsvorhaben ergänzt, die das Rolling Chassis als Erprobungs- oder Forschungsfahrzeug nutzen könnten. Die identifizierten Unsicherheiten wurden gemäß der entwickelten Methode (vgl. Abschnitt 5.3) analysiert, dokumentiert und strukturiert. Die sprachlichen Formulierungen der

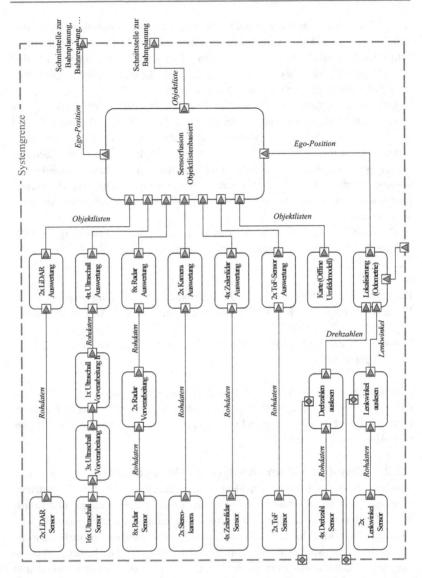

Abbildung 7.1 Erstentwickelte Softwarearchitektur des betrachteten Subsystems im Rolling Chassis

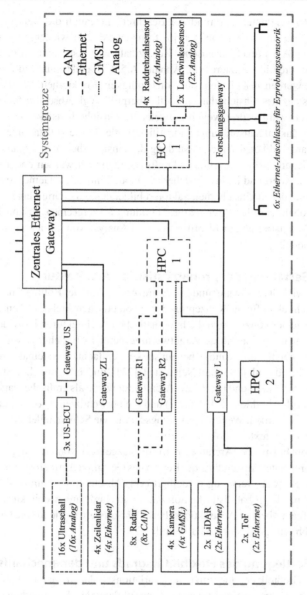

Abbildung 7.2 Erstentwickelte Hardwarearchitektur des betrachteten Subsystems im Rolling Chassis

Unsicherheiten konnten aufgrund der Beschreibung durch die Dempster-Shafer-Evidenztheorie unscharfer Mengen im formalen Modell wiedergegeben werden (vgl. Anhang A.5.1 im elektronischen Zusatzmaterial). Insgesamt wurden 28 Unsicherheitsfaktoren identifiziert (vgl. Anhang A.5.2 im elektronischen Zusatzmaterial). Diese wurden anschließend auf Vollständigkeit, Konkretheit, Vergleichbarkeit und Konsistenz des Unsicherheitsmodells überprüft (vgl. Abschnitt 5.3.1). In diesem Rahmen wurden drei weitere, abgeleitete Unsicherheitsfaktoren sowie vier zusätzliche Zukunftsausprägungen identifiziert, die für die vollständige, konkrete, vergleichbare und konsistente Darstellung der Unsicherheiten zu ergänzen waren. Diese Unsicherheitsfaktoren und Zukunftsausprägungen wurden ebenfalls analysiert, dokumentiert und in das Unsicherheitsmodell integriert. Gemeinsam mit den bereits vorhandenen Unsicherheitsfaktoren bildeten sie die Grundlage zur Gestaltung der probabilistischen Architektur. Abbildung 7.3 zeigt einen Auszug der Ergebnisse der Arbeitstreffen zur Identifikation und Analyse von Unsicherheit im Unsicherheitsmodell.

7.2.2.3 Gestaltung der probabilistischen Architektur

Die erstentwickelte Software- und Hardware-Architektur des Rolling Chassis diente als Basisarchitektur für die Konzeption der hypothetischen Architekturen. Die beteiligten Entwickler konzipierten die hypothetischen Architekturen individuell und – soweit möglich – gemäß ihres Verantwortungsbereichs beziehungsweise Fachgebiets. Zur Unterstützung stand dabei ein stark vereinfachtes, systematisches Vorgehen nach Ahmad et al. [295] und Nejati et al. [231] zur Verfügung. Die Strukturdiagramme der Software- und Hardware-Architektur waren als grafische Darstellungen verfügbar (vgl. Abbildung 7.1 und 7.2) und die notwendigen Änderungen konnten darin skizziert werden. Weitere Gestaltungsdetails wie Schnittstellen oder Laufzeitverhalten wurden textuell dokumentiert.

Die probabilistische Architektur wurde ausgehend von den hypothetischen Architekturen unter Anwendung der Regeln des Gestaltungsprinzips „modulare Stetigkeit" im Softwarewerkzeug modelliert (vgl. Abschnitt 4.3.1 und 5.4). Die sich daraus ergebende probabilistische Software- und Hardware-Architekturstruktur ist beispielhaft auf oberster Abstraktionsebene der Software sowie für die Ortungssysteme in Abbildung 7.4 und 7.5 dargestellt.

7.2.2.4 Festlegung des Flexibilitätsgrads und der -mechanismen

Für einen Großteil der identifizierten Variationspunkte in der probabilistischen Architektur lagen vorausgegangene, projektlaterale Entscheidungen sowie Gestaltungskonzepte der Flexibilitätsmechanismen aus der erstentwickelten Architektur vor. In Fällen, in denen sich kein signifikanter Unterschied im

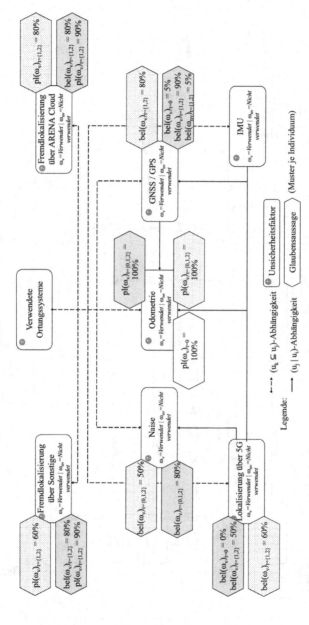

Abbildung 7.3 Auszug der identifizierten, externen und aleatorischen Unsicherheiten im Unsicherheitsmodell

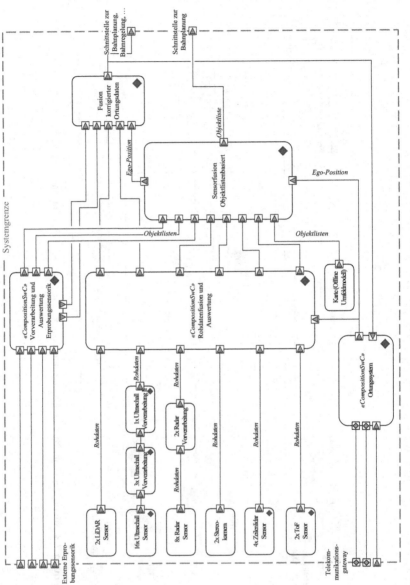

Abbildung 7.4 Probabilistische Architektur des Rolling Chassis auf oberster Abstraktionsebene

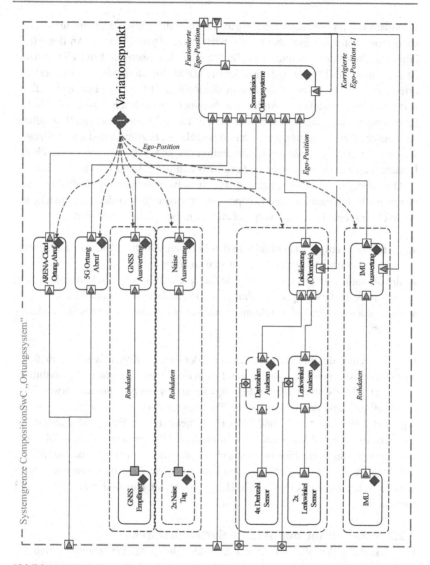

Abbildung 7.5 Softwarekomponente „Ortungssystem" der probabilistischen Architektur des Rolling Chassis

Informations- und Wissensstand ergab, nahmen die Entscheider die ursprünglichen projektlateralen Entscheidungen nach kurzer Diskussion an. An den Flexibilitätsmechanismen erfolgten zum Teil kleinere Anpassungen. Ein Beispiel dafür ist der Einsatz des Data Distribution Service (DDS) Standards als verteilte, serviceorientierte Kommunikationsmiddleware des Rolling Chassis. Der Einsatz von DDS war in der erstentwickelten Architektur bereits geplant. Nach Aussage der Beteiligten konnte durch das Verfahren der Beitrag von DDS zur effektiven Behandlung der Unsicherheit allerdings systematisch hergeleitet, begründet und nachvollzogen werden. Zusätzlich wurde die Konfiguration der DDS-Middleware spezifisch zur Unsicherheitsbehandlung angepasst (vgl. Abschnitt 7.2.3 und 7.2.4).

Die übrigen Variationspunkte betrafen schwerpunktmäßig Software- und Hardware-Komponenten oder Komponentenattribute, die in der erstentwickelten Architektur nicht als flexibel vorgesehen waren. Beispiele hierfür sind ...

- ... die notwendigen Datenfelder in den Softwareschnittstellen, um auch abweichende Koordinatensysteme verarbeiten zu können,
- die Anzahl und physische Ausgestaltung elektronischer Schnittstellen zum Anschluss anderweitiger Forschungs- und Erprobungshardware oder
- die Auslegung der Softwarekomponente zur objektlistenbasierten Sensordatenfusion.

Die Festlegung des Flexibilitätsgrads und der -mechanismen wurde gemäß der Methode in Abschnitt 5.5.1 angeleitet. Durch die vorgeschlagene und probabilistische Architektur konnten die für die projektlateralen Entscheidungen notwendigen Informationen und das Wissen an die Entscheidungsträger kommuniziert werden (vgl. z. B. Abbildung 5.9, 7.7 und 7.10). Die projektlateralen Entscheidungen erfolgten in nahezu allen Fällen derart, dass mindestens 90% der identifizierten Zukunftsausprägungen durch die Flexibilitätsmechanismen unmittelbar oder mit minimalem reaktivem Aufwand abgedeckt werden konnten[7]. Die Auswirkungen und Ergebnisse in Bezug auf die Software- und Hardware-Architektur sind in Abschnitt 7.2.3 dargestellt.

7.2.2.5 Gestaltung der determinierten Architektur

Die Gestaltung der determinierten Architektur durch das Gestaltungsprinzip des Risikopoolings erfolgte im Validierungsfall durch die Verteilung und Zuordnung

---

[7] Die prozentuale Berechnung erfolgt über die pignistischen Wahrscheinlichkeitsverteilungen der Variationspunkte (vgl. Abbildung A.14, A.15, A.16 und A.17 im Anhang A.5.3 des elektronischen Zusatzmaterials).

Tabelle 7.2 Auszug aus der Korrelationsmatrix der Unsicherheitsfaktoren (u_i, u_j) des Rolling Chassis für $t = 2$ als Vorbereitung für das Risikopooling

	u_1	u_2	u_3	u_4	u_5	u_6	u_7
u_1	×	0,01	**−0,97**	0,95	0,00	0,10	**−0,12**
u_2	0,01	×	0,00	0,00	0,00	0,10	0,05
u_3	**−0,97**	0,00	×	**−0,98**	0,00	0,00	0,00
u_4	0,95	0,00	**−0,98**	×	0,00	0,00	0,00
u_5	0,00	0,00	0,00	0,00	×	0,00	0,00
u_6	0,10	0,10	0,00	0,00	0,00	×	0,60
u_7	**−0,12**	0,05	0,00	0,00	0,00	0,60	×

u_1: Ressourcenbedarf SwC „Sensorfusion Objektlistenbasiert"
u_2: Ressourcenbedarf SwC „Fusion korrigierter Ortungsdaten"
u_3 Ressourcenbedarf SwC „Rohdatenbasierte Fusion integrierter Sensorik"
u_3: Ressourcenbedarf SwC „Rohdatenbasierte Fusion integrierter Sensorik"u_4: Ressourcenbedarf SwCs zur Objekterkennung
u_5: Ressourcenbedarf SwC „Sensorfusion Ortungssysteme"
u_6: Ressourcenbedarf SwCs zur Vorverarbeitung und Auswertung zusätzlicher Erprobungssensorik
u_7: Ressourcenbedarf SwC „Rohdatenbasierte Fusion zusätzlicher Erprobungssensorik"

der einzelnen Funktionen inklusive Softwarekomponenten zu den Hardwarekomponenten. Die Korrelationen der Wahrscheinlichkeitsverteilungen wurde gemäß der Beschreibung in Abschnitt 5.6.2 berechnet. Tabelle 7.2 zeigt beispielhaft einen Auszug der Korrelationen für $t = 2$, wobei geeignete Poolingkombinationen fett geschrieben sind.

7.2.2.6 Absicherung der Flexibilität
Die Software- und Hardware-Architektur des Rolling Chassis wurde vollständig als AUTOSAR-Modell im entwickelten Softwarewerkzeug modelliert und die virtuelle Absicherung der Flexibilität gemäß ihrer Spezifikation darin vorgenommen. Dieser Methodikschritt zeigte keinen weiteren Anpassungsbedarf auf. Einzelne Bestandteile der Flexibilitätsmechanismen wurden zusätzlich in virtuellen und realen Simulations- und Testumgebungen untersucht. Dies betraf unter anderem die Softwareschnittstellen in der DDS-Middleware, bei denen geringe Anpassungsnotwendigkeiten – insbesondere in Bezug auf einzelne Datenfelder – identifiziert wurden.

Zur Validierung der eingebrachten Flexibilität wurden Änderungen an der realisierten Software- und Hardware-Architektur des Rolling Chassis sowie die zugehörigen zeitlichen und kostenbezogenen Änderungsaufwände für weitere 18 Monate dokumentiert. In diesem Zeitraum realisierten sich vier unsichere Ausprägungen bezüglich möglicher Forschungs- und Erprobungsfälle[8]. Einzelne Subsysteme[9] der Software- und Hardware-Architektur des Forschungsfahrzeugs befanden sich zum Abschlusszeitpunkt der Validierung noch in der Realisierung. Eine vollständige Absicherung der Flexibilität an der realisierten Architektur ist daher ausstehend. Die Bewertung der Flexibilität und damit Validierung des realisierten Systems wird dadurch jedoch nicht beeinflusst, da der Einsatz der betroffenen Subsysteme und deren Ausgestaltung im Rahmen des Vorgehens für $t = 0$ als unsicher identifiziert und daher flexibel gestaltet wurde. Die notwendige hardware- und softwarebasierte Kommunikationsinfrastruktur zur flexiblen Integration dieser Subsysteme war bereits realisiert und konnte dementsprechend untersucht werden.

7.2.3 Technische Ergebnisanalyse

Im Folgenden werden die technischen und strukturellen Unterschiede zwischen der neu- und der erstkonzipierten Architektur aufgezeigt und analysiert. Es wird zusammenfassend dargelegt, warum die entsprechenden Änderungen zur Unsicherheitsbehandlung vorgenommen und diese ursächlich durch das Verfahren angeleitet wurden. In Abschnitt 7.2.4 werden darauf aufbauend die Flexibilität quantitativ bewertet und die Anforderungserfüllung überprüft. Die neukonzipierte Software- und Hardware-Architektur ist in den Abbildungen 7.4, 7.5, 7.6, und 7.9 dargestellt.

Hardwarearchitektur: Strukturell stehen bei der neuentwickelten Hardwarearchitektur wenige, hochleistungsfähige Steuergeräte im Zentrum der Architektur, die für die Erfüllung höherwertiger Funktionen[10] zuständig sind (vgl. HPC 1, 2 und 3 in Abbildung 7.6). Diese Hochleistungssteuergeräte sind mit zonalen Steuergeräten zur Vorverarbeitung der einzelnen Sensoren per Ethernet verbunden (Gateways US-ECU/US, R1 und R2 sowie ECU 1). Die Kommunikation zwischen und zu den Hochleistungssteuergeräten erfolgt durch eine ethernetbasierte, service-orientierte Architektur. Die Ethernet-Kommunikationsinfrastruktur besteht aus einer sternförmigen Topologie mit wenigen Redundanzpfaden für sicherheitskritische Kommunikation. Die zonalen Steuergeräte wandeln die Buskommunikation der Sensoren um und stellen die Sensordaten über standardisierte Serviceschnittstellen auf Ethernet-

---

[8] Austausch des Bahnregelungsalgorithmus, parallele Nutzung mehrerer Ortungssysteme, Hinzunahme eines zuvor nicht definierten Ortungssystems und eines zuvor nicht definierten Sensors

[9] vor allem einzelne Sensoren und die zugehörigen Algorithmen zur Vorverarbeitung und Auswertung

[10] z. B. Objekterkennung, Sensordatenfusion und Bahnplanung

basis zur Verfügung. Dadurch können Sensoren mit unterschiedlichen physischen, elektronischen oder softwarebasierten Schnittstellen flexibel angebunden oder ausgetauscht werden, ohne Änderungen an den Hochleistungssteuergeräten hervorzurufen. Der Unsicherheit bezüglich eines späteren Sensoraustauschs oder einer Anpassung der elektronischen Schnittstelle wird so begegnet. Umgekehrt können Funktionen zwischen den Hochleistungssteuergeräten flexibel verlagert werden, ohne dass entsprechende Kabelwege anzupassen sind oder Overhead aufgrund von Datenweiterleitung entsteht. Zukünftig wahrscheinlich notwendige Schnittstellen zu unterschiedlichen Bussystemen können in den Zonensteuergeräten effizient vorgehalten werden (vgl. Gestaltungsprinzip des Risikopoolings). Da für die Verbindungen der elektronischen Komponenten zu den zonalen Steuergeräten preiswerte Bussysteme (z. B. Local Interconnect Network (LIN) oder Analogverbindungen) verwendet werden können, kann ein potenzieller Komponentenaustausch aufgrund technologischer Unsicherheit kostengünstig erfolgen. Durch die Aggregation der physischen Übertragungswege in den Zonensteuergeräten werden außerdem Kabelwege, -gewicht und -kosten eingespart [248].

Die Light Detection And Ranging (LiDAR)- und Time-of-Flight (ToF)-Sensoren des Rolling Chassis verfügen bereits intern über entsprechende, vorverarbeitende ECUs. Sie sind direkt über das Gateway L in die Ethernetinfrastruktur eingebunden. Grund hierfür ist die Unsicherheit darüber, auf welchem hochleistungsfähigen Steuergerät die Softwarekomponente zur Auswertung dieser Sensoren allokiert sein wird. Dies hängt laut Unsicherheitsmodell von der ausgewählten Art der Sensorfusion ab sowie von der Ressourcenauslastung der Steuergeräte durch andere Softwarekomponenten (vgl. Abschnitt 7.2.2.5 und Abbildung 7.4). Die direkte Anbindung an die Ethernetinfrastruktur macht die Sensoranbindung von diesen Unsicherheitsfaktoren unabhängig und steigert die Flexibilität. Die Datenströme können zielgerichtet geroutet werden, ohne zusätzlichen Overhead auf einem der hochleistungsfähigen Steuergeräte oder einem der Zonensteuergeräte zu generieren (vgl. Abbildung 7.6).

Die Kameras sind hingegen direkt mit dem hochleistungsfähigen Steuergerät HPC 2 verbunden. Die Ressourcenanforderungen bezüglich der Kameradatenvorverarbeitung konnten von keinem der zonalen Steuergeräte erfüllt werden, wobei auch hier die Vorverarbeitung zumindest auf Softwareebene von der weiteren Verarbeitung im Rahmen der Gesamtfunktionserfüllung getrennt ist. Die Zuordnung der vorverarbeitenden Softwarekomponente zum Steuergerät HPC 2 ergab sich aus der Anwendung des Gestaltungsprinzips „Risikopooling" (vgl. Abschnitt 7.2.2.5).

Zusätzlich enthält die neukonzipierte Hardwarearchitektur ein weiteres Hochleistungssteuergerät (HPC 3), das in der erstkonzipierten Architektur nicht vorhanden war. Einerseits fiel durch die Architekturmodellierung für einzelne, aber

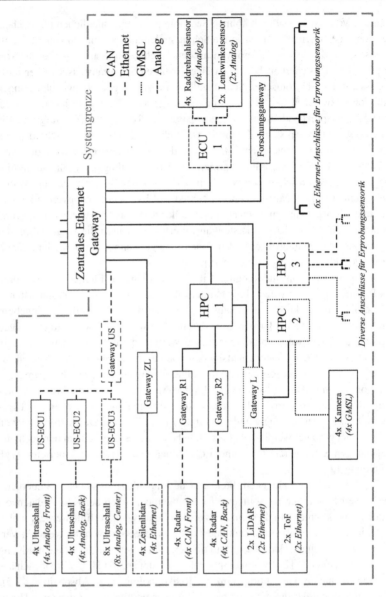

Abbildung 7.6 Neuentwickelte Hardwarearchitektur des betrachteten Subsystems im Rolling Chassis

konkrete Zukunftsszenarien auf, dass für die Forschungssensorik der unsicheren Erprobungsfälle kein vorverarbeitendes Steuergerät vorhanden war. Andererseits zeigte die Auswertung der pignistischen Wahrscheinlichkeiten auf, dass die erwarteten, zukünftigen Ressourcenanforderungen der Forschungs- und Erprobungsfälle mit großer Wahrscheinlichkeit höher als die aktuell verfügbaren Ressourcen der erstentwickelten Hardwarearchitektur sein würden. Diese Unsicherheit konnte durch die Hinzunahme von HPC 3 behandelt werden (vgl. Gestaltungsprinzip des positiven Optionswerts, Abschnitt 4.3.2). Bezüglich der Anzahl und physischen Ausgestaltung der elektronischen Schnittstellen für die Forschungs- und Erprobungshardware wurde unter Anleitung des entwickelten Verfahrens von den Entscheidern der Entschluss gefasst, HPC 3 gezielt mit Erweiterungsboards und zusätzlichen Schnittstellen auszustatten, um den potenziellen Anschluss weiterer Forschungshardware aufwandsarm zu ermöglichen[11] (vgl. Abbildung 7.7).

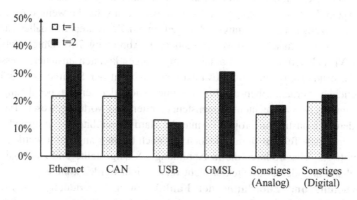

Abbildung 7.7 Pignistische Wahrscheinlichkeiten für die Schnittstellentypen der Erprobungs- und Forschungshardware

Das HPC 3 integriert daher die zu erwartenden Funktionsumfänge für die Vorverarbeitung, Auswertung und Fusion aller zukünftig möglichen Foschungs- und Erprobungssensoren. Die Separierung dieser unsicheren Funktionsumfänge erfolgte einerseits auf Basis des Risikopoolings, andererseits aus Sicherheitsüberlegungen. Aufgrund des experimentellen Charakters ist unsicher, ob die Ausführung der Forschungs- und Erprobungssoftwarekomponenten für die bereits

---

[11] Für eine ausführliche Erörterung der einzelnen Variationspunkte sowie der Festlegung des Flexibilitätsgrads und der -mechanismen in der Validierung siehe Anhang A.5.3 im elektronischen Zusatzmaterial.

implementierten Algorithmen seiteneffektfrei möglich gewesen wäre. Diese Unsicherheit wird behandelt, indem die entsprechenden Softwarekomponenten hardwarebezogen separiert sind[12].

Insgesamt folgt die neukonzipierte Architektur somit einem zonalen Architekturmuster mit zentralen Hochleistungssteuergeräten zur Erfüllung höherwertiger Funktionen (vgl. [248]). Die Zonensteuergeräte koordinieren den Kommunikationsaustausch der elektronischen Komponenten jeder Zone mit den Hochleistungssteuergeräten und stellen die jeweiligen Komponentenfunktionen für diese durch standardisierte, service-orientierte Schnittstellen zur Verfügung. Höherwertige Funktionen werden auf den Hochleistungssteuergeräten in Form von Softwareapplikationen ausgeführt und sind nicht über die einzelnen Zonensteuergeräte verteilt. Die Separierung der einzelnen Softwarekomponenten auf den Hochleistungssteuergeräten erfolgt je nach Sicherheitsanforderungen durch die Softwarearchitektur (vgl. z. B. die AUTOSAR Adaptive Platform [252]), Container oder Virtualisierung. Unter dem Aspekt des Risikopoolings von Rechenressourcen wäre die weitere Aggregation der einzelnen Hochleistungsrechner zu einem Zentralrechner daher für die Behandlung der Unsicherheit von Vorteil (vgl. Abbildung 7.8). Durch entsprechende Virtualisierungs- oder Containerumgebungen könnten unsichere Ressourcenbedarfe unterschiedlicher Softwarekomponenten in der Summe noch stärker ausgeglichen werden. Ebenso wäre die Integration der sensortypenabhängigen Zonensteuergeräte zu „echten" Zonensteuergeräten von Vorteil gewesen. Im vorliegenden Demonstrationsprojekt konnte die Hardwarearchitektur aufgrund einer bereits erfolgten Teilrealisierung jedoch nur noch bedingt angepasst werden (vgl. Abschnitt 7.2.2.1), wodurch die in Abbildung 7.8 dargestellte und zur Unsicherheitsbehandlung ideale Architektur nicht verwirklicht werden konnte.

Verteilung und Zuordnung der Funktionen: Die Verteilung und Zuordnung der höherwertigen Funktionen auf die Hochleistungssteuergeräte erfolgte durch das Gestaltungsprinzip des Risikopoolings mit dem Ziel, die wahrscheinlich benötigten Rechenressourcen möglichst sicher zur Verfügung zu stellen. Entgegen einer funktions- oder domänenbezogenen Zuordnung erfolgt die Verteilung der unsicheren Funktionen dabei derart, dass die Summe der wahrscheinlich benötigten Rechenressourcen pro Steuergerät möglichst wenig variabel ist (vgl. Abschnitt 4.3.3). Dadurch können die einzelnen Steuergeräte durchschnittlich höher ausgelastet werden, da ein geringerer Vorhalt an Rechenressourcen notwendig ist. Im Demonstratorpojekt konnte so die Anzahl der Hochleistungssteuergeräte von

---

[12] Eine derartige Separierung wäre auch mittels Virtualisierung möglich gewesen, war aufgrund der Ressourcenrestriktionen der bereits vorhandenen Hochleistungssteuergeräte jedoch nicht zielführend.

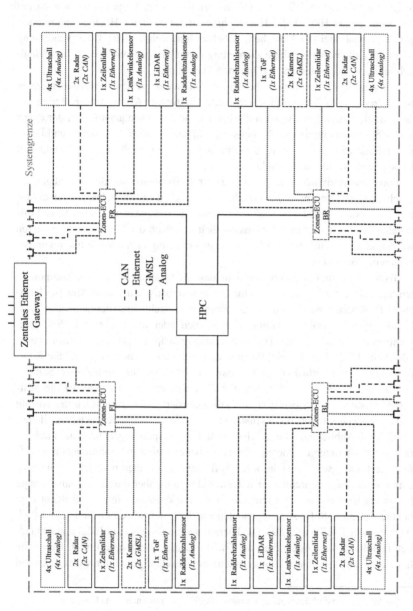

Abbildung 7.8 Idealtypische, neuentwickelte Hardwarearchitektur zur Unsicherheitsbehandlung im betrachteten Subsystem bei vollständiger Gestaltungsfreiheit

insgesamt vier auf drei Steuergeräte reduziert werden. Ursprünglich war anstatt des Steuergeräts HPC 3 die Hinzunahme zweier weiterer Hochleistungssteuergeräte geplant. Bei der Unsicherheitsbehandlung zeigte sich in der Validierung somit die risikopoolingbasierte Zuordnung vorteilhaft gegenüber einer ausschließlich funktions- oder domänenorientierten Verteilung.

Die Zuordnung der vorverarbeitenden Funktionen zu den Zonensteuergeräten ist inhärent durch die Hardwarearchitektur bestimmt. Als weitere Kriterien bei der Funktionszuordnung wurden die Latenz und die Datenquantität bei der ethernetbasierten Kommunikation berücksichtigt. Durchgeführte Latenztests und DDS-Benchmarks zeigten jedoch auf, dass die Latenz für den gegebenen Anwendungsfall keine entscheidende Rolle spielte[13].

Softwarearchitektur: Die Struktur der Softwarearchitektur ist maßgeblich durch das Gestaltungsprinzip der modularen Stetigkeit bestimmt. Die Modulstruktur und die Modulschnittstellen sind derart gestaltet, dass potenziell notwendige Softwareanpassungen aufgrund der Unsicherheit innerhalb der Module vorgenommen werden können, ohne dabei Folgeanpassungen an angrenzenden Softwarekomponenten hervorzurufen.

Technisch wird dies dadurch erreicht, dass die Struktur der Softwarekomponenten äquivalent zur Funktionsstruktur der probabilistischen Architektur ist. Unsichere Funktionen werden in der determinierten Architektur durch robuste Auslegung, nichtfunktionale Dummykomponenten oder durch optionale Softwarekomponenten implementiert (vgl. Gestaltungsprinzip des positiven Optionswerts, Abschnitt 4.3.2). Ein Beispiel für optionale Softwarekomponenten sind die Komponenten „Rohdatenfusion" und „Auswertung" sowie die zugehörigen Schnittstellen in Abbildung 7.9. Ein Beispiel für eine robuste Auslegung ist die Softwarekomponente „Sensorfusion Objektlistenbasiert", die hinsichtlich der Anzahl zu verarbeitender Inputs (Objektlisten) pro Zeiteinheit vorausschauend spezifiziert wurde (vgl. Abbildung 7.4 und 7.10). Unsichere Ausprägungen einzelner Funktionen werden in untergeordneten Hierarchieebenen weiter in Subfunktionen ausdifferenziert und jeweils einzeln durch Softwarekomponenten realisiert[14]. Die neuentwickelte Softwarearchitektur unterscheidet sich daher durch eine ausgeprägte hierarchische Struktur, eine feingranularere Funktionsverteilung und damit eine höhere Anzahl an Softwarekomponenten von der erstentwickelten Architektur (vgl. Abbildungen 7.4, 7.5 und 7.9). Die Hierarchietiefe ist dabei je Modul unterschiedlich und durch die Unsicherheit der Funktionsausprägungen bestimmt. Durch die höhere Anzahl an Softwarekomponenten steigt die Häufigkeit interprozessualer und

---

13 Im Anwendungsfall des Rolling Chassis: 1000Base-T mit unter 1 ms Latenz

14 vgl. Ausprägung des Softwaremoduls „Ortungssystem" in Abbildung 7.4 und 7.5

steuergeräteübergreifender Kommunikation, die durch eine entsprechend ausgelegte Kommunikationsmiddleware effizient organisiert werden muss.

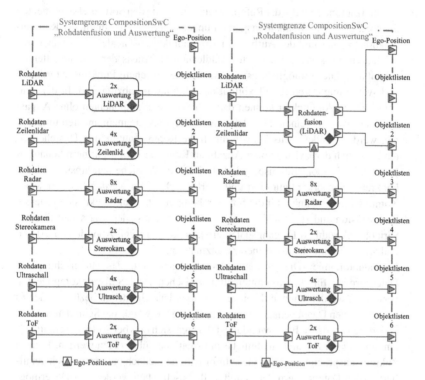

Abbildung 7.9 Zwei mögliche Ausprägungen der Softwarekomponente „Rohdatenfusion und Auswertung" gemäß des Unsicherheitsmodells

Die Kommunikation zwischen den Softwarekomponenten erfolgt in der erst- und neuentwickelten Architektur auf Basis von DDS. DDS folgt einem publish-subscribe-basierten, service-orientierten Kommunikationsschema auf Ethernet- und IPC-Basis. Die Kapselung unsicherheitsinduzierter Änderungen wird darin durch die lose Kopplung der Softwarekomponentenkommunikation erreicht. Im Unterschied zur erstentwickelten Architektur wird für die neuentwickelte Architektur die Konfiguration der einzelnen Kommunikationskanäle allerdings in Abhängigkeit der zu behandelnden Unsicherheit differenziert vorgenommen. Im Anwendungsfall zeigten sich dabei die folgenden zwei konfigurierbaren Autonomieeigen-

schaften service-orientierter Kommunikationsmiddlewares als zweckdienlich für
die Behandlung der Unsicherheit (vgl. [254]):

- Referenzautonomie: Bei der Referenzautonomie sind den Softwarekomponenten
  die konkreten Kommunikationspartner unbekannt. Die Zuordnung der Kommunikationspartner und der Aufbau der Kommunikationskanäle erfolgt zur Lauf-
  zeit durch die service-orientierte Middleware auf Basis der Schnittstellenbe-
  schreibung. Dies ermöglicht es einerseits, eine unsichere Funktionszuordnung
  und -verteilung durch die Flexibilität der Middleware abzufangen. In der neuentwickelten Architektur können dadurch Softwarekomponenten ohne Anpassungsaufwand von einem Hochleistungssteuergerät zu einem anderen umgezo-
  gen werden. Andererseits können durch die Referenzautonomie Unsicherheiten bezüglich der Existenz oder Anzahl an Kommunikationspartnern behandelt
  werden. Im Demonstrationsprojekt betraf dies die Unsicherheit hinsichtlich der
  konkreten Sensorkonfiguration und -verfügbarkeit. So wurden beispielsweise
  Kommunikationskanäle für die Softwarekomponenten zur objektlistenbasierten
  Sensorfusion und zur Lokalisierungsfusion derart ausgelegt, dass sie mit einer
  variablen Anzahl an Eingangsdaten arbeiten können (vgl. Abbildung 7.10 und
  Anhang A.5.3 im elektronischen Zusatzmaterial).

- Formatautonomie: Die Formatautonomie beschreibt, dass unterschiedliche
  Datenformate für die Kommunikation zwischen zwei Softwarekomponenten
  verwendet werden können. Hierdurch werden Unsicherheiten bezüglich der zu
  übertragenden Daten behandelt und Anpassungsaufwände bei Schnittstellenver-
  änderung verringert. Im Anwendungsfall zeigte sich dies bei Softwareschnittstellen, über die grundsätzlich ähnliche Informationen übertragen werden. Je nach
  Zukunftsausprägung müssen diese Informationen jedoch unterschiedlich detailliert in den Datenfeldern der Schnittstelle beschrieben werden[15]. DDS ermöglicht hierfür die Konfiguration optionaler Datenfelder in der Schnittstellenbe-
  schreibung, die im Demonstrationsprojekt zum Beispiel zur Übertragung einer
  Koordinatensystemspezifikation genutzt wurden. Diese optionalen Datenfelder
  wurden zuvor durch die probabilistische Architektur identifiziert.

Zum Aufspielen neuer Softwarestände werden im Rolling Chassis die proprietären
Möglichkeiten der Steuergeräte (z. B. Extended Calibration Protocol bzw. Univer-
sal Measurement and Calibration Protocol (XCP) oder Secure Shell (SSH)) über
die bestehende 5G-Verbindung des Fahrzeugs genutzt, da sich die Updates jeweils

---

[15] z. B. die Koordinatensysteme in den Objektlisten, die Sensorinformationen über das Fahr-
zeugumfeld beschreiben

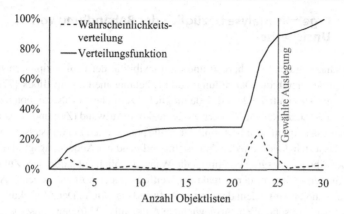

Abbildung 7.10 Pignistische Wahrscheinlichkeiten für die Anzahl zu fusionierender Objektlisten der Softwarekomponente „Sensorfusion Objektlistenbasiert"

nur auf ein einzelnes Fahrzeug beziehen. Das Aufspielen von neuen Softwareversionen ohne physischen Zugriff auf das Fahrzeug wurde sowohl für die Zonen- als auch für die Hochleistungssteuergeräte als relevant identifiziert. So wurden einerseits Applikationen für nicht vorhergesehene Forschungssensorik in das Fahrzeug implementiert, andererseits Lokalisierungsalgorithmen adaptiert.

Zusammengefasst zeichnet sich die neuentwickelte Softwarearchitektur dadurch aus, dass sie funktionsbasiert strukturiert und unsicherheitsorientiert hierarchisch organisiert ist. Sie ermöglicht OTA-Updates sowohl für die Zonen- als auch für die Hochleistungssteuergeräte und basiert auf einer service-orientierten Kommunikationsmiddleware, die die Konfiguration der genannten Autonomieeigenschaften zulässt[16]. Die gesamte, neuentwickelte Software- und Hardware-Architektur weist technische und strukturelle Merkmale auf, die gezielt der Unsicherheitsbehandlung dienen und ursächlich durch Anwendung des hier entwickelten Verfahrens integriert wurden.

---

[16] Alternativen zu einer reinen DDS-basierten Middleware sind beispielsweise die AUTOSAR Adaptive Platform [252] oder APEX.OS [320].

7.2.4 Ergebnisanalyse bezüglich der Behandlung von Unsicherheit

Die Behandlung der Unsicherheit und die Flexibilität der neukonzipierten Architektur wurden durch die Darstellungs- und Erhebungsmethode in Block [77] analysiert (vgl. Abschnitt 7.2.1). Für jede mögliche, zeitliche Abfolge an potenziellen Zukunftsausprägungen wird der erwartete, reaktive Aufwand (Zeit und Kosten) zur Anpassung der Architektur bestimmt. Über alle potenziellen Zukunftsausprägungen hinweg lässt sich dann für jeden Anpassungsaufwand der Abdeckungsgrad bestimmen. Der Abdeckungsgrad beschreibt die Wahrscheinlichkeit dafür, dass Zukunftsausprägungen eintreten, deren reaktiver, zeitlicher oder kostenbezogener Anpassungsaufwand maximal dem definierten Aufwand entspricht. Der Abdeckungsgrad ist somit der wahrscheinlichkeitsgewichtete Anteil aller Abfolgen ($\omega_{i,0}$, $\omega_{i,1}$, $\omega_{i,2}$) an Zukunftsausprägungen, für den gilt, dass jede Abfolge ($\omega_{i,0}$, $\omega_{i,1}$, $\omega_{i,2}$) dieses Anteils mit dem dem Abdeckungsgrad zugehörigen, reaktiven Anpassungsaufwand behandelt werden kann. Der Anpassungsaufwand wird in der Validierung relativ zu den zeitlichen und kostenbezogenen Gesamtaufwänden der Software- und Hardware-Architektur beschrieben (weitere Details zur Analyse vgl. Anhang A.5.4 im elektronischen Zusatzmaterial). Abbildung 7.11 stellt die Analyse des Abdeckungsgrads über dem relativen, reaktiven Anpassungsaufwand vergleichend für die erstentwickelte und die neuentwickelte Architektur des FlexCAR Rolling Chassis dar.

Ergebnisübersicht: Für die neuentwickelte Architektur des Rolling Chassis liegt der Abdeckungsgrad für alle Anpassungsaufwände über dem Abdeckungsgrad der erstentwickelten Architektur. Die neuentwickelte Architektur weist damit einen höheren Anteil an behandelten Zukunftsausprägungen pro erwartetem Anpassungsaufwand auf. Ein Abdeckungsgrad von 95% wird beispielsweise für die neuentwickelte Architektur bereits bei einem relativen, reaktiven Anpassungsaufwand von 5% erreicht. Für die erstentwickelte Architektur ist hierbei ein relativer, reaktiver Anpassungsaufwand von 21% notwendig (vgl. Abbildung 7.11).

Anforderung 1.1: Die neuentwickelte Architektur ist robust genug, um 34% der Zukunftsausprägungen ohne Anpassungen der Fahrzeug-Software- und Hardware-Architektur bedienen zu können[17]. Eine vollständige Abdeckung aller identifizierten Unsicherheitsausprägungen ist bei 12% relativem, reaktivem Anpassungsaufwand möglich. Die Architektur deckt damit die zu berücksichtigenden, aleatori-

---

[17] Es entstehen lediglich die Aufwände zur Erstellung z. B. der Erprobungssensorik, die aus Sicht des Rolling Chassis Entwicklungsprojekts allerdings extern sind (für Details zur Berechnung vgl. Anhang A.5.4 im elektronischen Zusatzmaterial und Block [77])

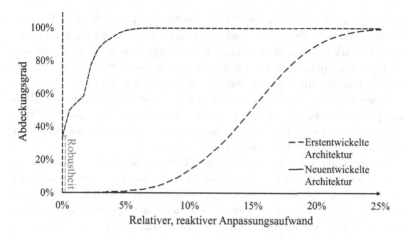

Abbildung 7.11 Anteil behandelter Zukunftsszenarien über dem Anpassungsaufwand für die erst- und neuentwickelte Architektur

schen Unsicherheitsfaktoren ab. Die in Abschnitt 7.2.1 genannten Inkonsistenzen sowie die ursprünglich nicht umsetzbaren Forschungs- und Erprobungsfälle wurden in der neuentwickelten Architektur durch aufwandsarme Anpassungen ermöglicht (effektive Behandlung der Unsicherheit, vgl. Abschnitt 7.2.3).

Anforderung 1.2: Der Flexibilitätseinsatz bei der Entwicklung der Rolling Chassis Software- und Hardware-Architektur erfolgte bedarfsorientiert. Die Flexibilitätsmechanismen wurden ausschließlich für Variationspunkte der probabilistischen Architektur gestaltet. Zusätzlich konnte ein Flexibilitätsmechanismus, der in der erstentwickelten Architektur vorgesehen war, als nicht notwendig identifiziert werden. Er stimmte mit keinem Variationspunkt überein und die zugehörigen Zukunftsausprägungen wurden durch andere Flexbilitätsmechanismen ermöglicht. Er wurde daher nicht mehr implementiert.

In Bezug auf die Festlegung des Flexibilitätsgrads konnte ein eindeutig definierter Entscheidungsumfang pro Variationspunkt in den projektlateralen Entscheidungen generiert werden. Das entwickelte Verfahren erhöhte damit die entwicklungsprojektinterne und -externe Nachvollziehbarkeit der flexiblen Architekturgestalt und ihrer Auswirkungen. Konkret wies die Projektleiterin beispielsweise darauf hin, dass die gesammelten Unsicherheiten und die probabilistische Architektur für das Verständnis um die Notwendigkeit einzelner Gestaltungsentscheidungen erforderlich war. Ein gezielter Einsatz der Entwicklungsressourcen zur Flexibilisierung wurde ermöglicht. So konnte der Projektleiterin gegenüber der Einsatz von DDS oder die vorausschauende Auslegung der HPC-3-Schnittstellen nachvollziehbar begründet und aufgrund der Informations- und Wissensartefakte bewertet werden. Das entwickelte Verfahren unterstützt somit die Beurteilung eines effizienten Flexibilitätseinsatzes in den projektlateralen Entscheidungen (vgl. Anforderung 4.5). Dies wird auch dadurch bestätigt, dass die Bauteilmehrkosten sowie die Entwicklungs- und Fertigungsaufwände zur Realisierung der neukonzipierten Architektur jeweils nur knapp 5% höher als diejenigen der erstentwickelten Architektur liegen[18]. Dahingegen reduzieren sich die erwarteten, reaktiven Anpassungsaufwände bei gleicher Bezugsbasis um rund 13% hinsichtlich Zeit und Kosten.

Anforderung 1.3: Die neuentwickelte Fahrzeug-Software- und -Hardware-Architektur ist gegenüber der erstentwickelten Architektur effizienter flexibel gestaltet. Sie erreicht mit niedrigerem, antizipierendem und reaktivem Aufwand eine höhere Wahrscheinlichkeit, die realisierte Zukunftsausprägung bedienen zu können. Die neuentwickelte Architektur weist eine durchschnittliche Flexibilität von zusätzlichen 5,4% abgedeckten Zukunftsszenarien pro reaktivem, relativem Aufwandsprozent auf. Die erstentwickelte Architektur verfügt hingegen lediglich über 2,2% pro reaktivem, relativem Aufwandsprozent. Die Gestaltung des antizipierenden Anteils der Flexibilitätsmechanismen geht dabei in allen Variationspunkten über den Erwartungswert des Unsicherheitsfaktors hinaus. Die Flexibilität wurde somit im Vergleich zur erstentwickelten Architektur reaktiv als auch antizipierend effizienter realisiert.

Anforderung 1.4: Die im Anschluss an die Validierung stattfindende Realisierung der Software- und Hardware-Architektur beweist, dass sie ausreichend vollständig definiert war, um mit dem Entwicklungsprozess fortfahren zu können. Es erfolgten keine Anpassungen an der geplanten Software- und Hardware-Architektur innerhalb des nachfolgenden Beobachtungszeitraums von 18 Monaten, die die initialen Anforderungen betrafen (vgl. Abschnitt 7.2.2.6). Diese wurden bereits durch die Verfahrensanwendung erfüllt.

Anforderung 1.5: Die Robustheit der gewählten Lösung gegen marginale Veränderungen in den Rahmenbedingungen (vgl. Anforderung 1.5) konnte nicht unmittelbar durch die Validierung erhoben werden. Im Entwicklungsverlauf ließ sich lediglich eine Veränderung der Rahmenbedingungen in Bezug auf das allgemeine Sicherheitskonzept des Rolling Chassis beobachten. Diese Veränderung hatte keine Auswirkungen auf das entwickelte Subsystem. Argumentationsketten für oder gegen spezifische Lösungskonzepte wiesen in der Gestaltungsdiskussion der Entwickler die Berücksichtigung minimaler Abweichungen in den repräsentativen Rahmenbedingungen oder den abgeleiteten Wahrscheinlichkeiten auf. Die Anforderung 1.5

---

[18] Bauteilmehrkosten knapp 3% , Entwicklungs- und Fertigungsaufwände circa 5%

ist somit lediglich indikativ nachgewiesen. Die mit Anforderung 1.5 komplementäre Anforderung zur Stetigkeit des Architekturkonzepts unter epistemologischer Unsicherheit (vgl. Anforderung 3.4) konnte ebenfalls in einem spezifischen Fall von revidierten, projektlateralen Entscheidungen nachgewiesen werden.

Anforderung 3.1: Insgesamt lässt sich nach Analyse der Anforderungen 1.1 bis 1.5 feststellen, dass das entwickelte Verfahren in der Validierung die aleatorische Unsicherheit in der Fahrzeug-Software- und -Hardware-Architekturkonzeption zielgerichtet behandelt und die simultane Ausgestaltung unter epistemologischer Unsicherheit zur effektiv und effizient flexiblen Gestaltung unterstützt hat. Im nachfolgenden Beobachtungszeitraum von 18 Monaten traten vier Änderungsfälle aufgrund von Unsicherheit auf, die alle durch die Flexibilität in kürzerer Zeit und zu geringeren Kosten als in der erstentwickelten Architektur durchgeführt werden konnten. Die Verfahrensergebnisse wurden unter Einhaltung der Anforderungen an diese durch das Verfahren generiert. Abschnitt 7.2.3 beschreibt die ursächlichen Auswirkungen des Verfahrens auf die strukturelle und technische Architekturgestalt.

Anforderungen 4.1 bis 4.5: Automobilentwicklungsspezifische Anforderungen bezüglich Zuverlässigkeit und Sicherheit konnten bei der Entwicklung der Software- und Hardware-Architektur berücksichtigt werden (vgl. Anforderung 4.1). Bei den Diskussionen im Rahmen der projektlateralen Entscheidungen wurden beispielsweise die Untergrenzen für den mindestens zu erbringenden Abdeckungsgrad produktzielgerichtet begründet, während die Obergrenzen durch automobilspezifische, technische Gegebenheiten wie maximale Latenzen oder den Absicherungsaufwand bestimmt waren.

Die Verfahrenskompliziertheit wurde von den beteiligten Entwicklern als angemessen beurteilt. Den Phasen, Schritten und Tätigkeiten des Verfahrens sowie deren Zusammenhängen konnte gefolgt werden, ohne dass die Gestaltungs- und Entscheidungsaufgabe beeinträchtigt wurde (vgl. Anforderung 4.4). Die Aufteilung in Einzelaktivitäten reduzierte die gestaltungsbezogene Komplexität (vgl. Anforderung 4.3). Durch die Abgrenzung und Entkopplung der einzelnen Entscheidungen als Variationspunkte im probabilistischen Architekturmodell konnten notwendigerweise flexible Architekturkomponenten von unveränderlichen unterschieden und sich auf die jeweiligen, entscheidungs- und gestaltungsspezifischen Kriterien fokussiert werden. Dies spiegeln auch die Beobachtungen während der Validierung wider. In Bezug auf die Lösungskonzeption konnten beispielsweise alle Entwickler unmittelbar hypothetische Architekturen für die jeweiligen repräsentativen Zukunftsszenarien konzipieren, bewerten und anpassen. Der Vorteil des Softwarewerkzeugs zeigte sich vor allem in einer aufwandsarmen Ableitung der Wahrscheinlichkeitsverteilungen aus dem Unsicherheitsmodell. Die Entwickler und Entscheider stuften einzig die probabilistische Architektur in ihrer Gesamtansicht (vgl.

Abbildung 7.4 zzgl. Detailansichten der Module in den Abbildungen 7.5 und 7.9) als teilweise zu umfangreich und detailliert ein, obwohl sie aufgrund der Vorarbeiten als nachvollziehbar angesehen wurde (vgl. Anforderung 4.4 und 4.5). Das Nutzen-Mehraufwand-Verhältnis des entwickelten Verfahrens beurteilten die beteiligten Entwickler und Entscheider als „gut" (vgl. Anforderung 4.2). Durch das Unsicherheitsmodell wurden erstmals im Entwicklungsprojekt alle externen Unsicherheiten an einem Ort gesammelt, dokumentiert und strukturiert dargestellt.

Validierungsergebnis: Die Eignung und angestrebte Wirkung des Verfahrens ist bezogen auf die Anwendung am FlexCAR Rolling Chassis gegeben. Es wurde eine effektiv und effizient flexible Fahrzeug-Software- und Hardware-Architektur unter aleatorischer und epistemologischer Unsicherheit entwickelt (vgl. Abbildung 7.11). Durch das Unsicherheitsmodell und die probabilistische Architektur erfolgte ein nachvollziehbarer Wissenstransfer in die projektlateralen Entscheidungen zur Reduktion der epistemologischen Unsicherheit, während die Architekturkonzeption simultan ausgearbeitet wurde. Die Anforderungen 1.1 bis 1.4, 3.1, 3.4, 4.1, 4.3 und 4.4 sind erfüllt. Für die Anforderungen 1.5, 4.2 und 4.5 konnten Indikatoren festgestellt werden, die auf eine Anforderungserfüllung schließen lassen.

7.3   Evaluation bei einem Automobilhersteller

Um die Anwendbarkeit im industriellen Bezugsrahmen zu bewerten, wurde das Verfahren zusätzlich zur Validierung elf Entwicklern bei einem deutschen Automobilhersteller vorgestellt. Es wurden potenzielle Anwendungsfälle anhand realer sowie praxisrelevanter Problemstellungen diskutiert sowie die Vereinbarkeit mit den Anforderungen und Aktivitäten des beim Automobilhersteller vorhandenen Fahrzeugentwicklungsprozesses durch Experteninterviews untersucht.

7.3.1   Aufbau und Durchführung der Evaluation

Die Evaluation gliedert sich inhaltlich in zwei Teilbereiche. In einem ersten Schritt fand eine Wissensvermittlung der Verfahrensinhalte und -vorgehensweise an eine Gruppe von Fahrzeug-Software- und -Hardware-Architekturentwicklern statt, mit dem Ziel sowohl die potenzielle Verfahrensanwendung als auch den damit verbundenen Nutzen anhand realer oder praxisnaher Problemstellungen zu untersuchen. Die Verfahrenskompliziertheit und die wirtschaftliche Integration konnte evaluiert werden (vgl. Anforderung 4.1 und 4.4). Erkenntnisse aus der Diskussion und der Erhebung der Verfahrenskompliziertheit wurden festgehalten.

In einem zweiten Schritt wurden teilstrukturierte Experteninterviews mit zwei der teilnehmenden Entwickler durchgeführt, um die Vereinbarkeit des Verfahrens mit dem Gesamtentwicklungsprozess zu bewerten. Die praktische Anwendbarkeit (vgl. Anforderung 4.1 und 4.2) und der unter realen Bedingungen zu erwartende Nutzen (vgl. Anforderungen 4.3 bis 4.5) wurden untersucht. Die Entwicklung des Fragebogens folgte der Methode zur empirischen Sozialforschung nach Schnell et al. [321]. Der Fragebogen inklusive Details zur Anwendung, Zuordnung der Fragen zu den Anforderungen und Begründung der Fragenauswahl kann im Anhang A.5.5 des elektronischen Zusatzmaterials eingesehen werden.

7.3.2 Ergebnisanalyse

In Übereinstimmung mit der Problemstellung und -analyse (vgl. Abschnitt 1.2 und 3.1) bestätigten alle Entwickler die Existenz der industriellen Problem- und Fragestellung als auch der wissenschaftlichen Herausforderung in der Praxis. Konkrete Problemstellungen aus der Unternehmenspraxis wurden genannt und in Beziehung zum Verfahren gesetzt.

Ergebnisübersicht: Als zentralen, anwendungsbezogenen Nutzen des Verfahrens sehen die interviewten Entwickler die Dokumentation, Bewertung und die Quantifizierung von Unsicherheit im gemeinsamen Unsicherheits- und Architekturmodell sowie die strukturierte Anleitung durch die Methodik. Dies steigere die Nachvollziehbarkeit und sei zweckdienlich, um das entwickelte Architekturkonzept in projektlateralen Entscheidungssituationen zu begründen. Entwicklungsressourcen könnten dadurch zielgerichtet für die Unsicherheitsbehandlung mittels Flexibilität eingesetzt werden.

Anforderungen 4.1 und 4.2: Die Teilnehmer der Verfahrensvorstellung als auch die zwei dediziert interviewten Entwickler bestätigten die Vereinbarkeit des Verfahrens mit dem Gesamtfahrzeugprozess sowie mit der aktuell vorhandenen Architekturkonzeptentwicklung. Das Verfahren berücksichtige automobilspezifische Anforderungen und Charakteristika des Fahrzeugentwicklungsprozesses (vgl. Anforderung 4.1). In der Verfahrensvorstellung wurde beispielsweise die Anwendung des Verfahrens auf regulatorische Unsicherheit im Rahmen der funktionalen Sicherheit bei Instrumententafeln diskutiert und positiv entschieden. Bezüglich der Integration des Verfahrens in bestehende Entwicklungsprozesse weise das Verfahren Aktivitäten und Entscheidungen auf, die aktuell bereits stattfinden würden. Die Methodik leite diese allerdings methodisch an, fokussiere dabei auf die Unsicherheit und helfe durch die pignistischen Wahrscheinlichkeiten zu quantifizieren. Eine vorgehensbezogene Integration ist daher möglich (vgl. Anforderung 4.2).

Ein wirtschaftlicher Einsatz des Verfahrens wird hingegen kritisch gesehen. Als Gründe hierfür wurden der hohe Aufwand zur Erhebung und Strukturierung der erwartet großen Anzahl an Unsicherheiten, die kontinuierliche Pflege der Modelle sowie die Erstellung der hypothetischen Architekturen genannt. Die Anbindung des Softwarewerkzeugs an bereits existierende E/E-Architekturmodelle und das Anforderungsmanagement reduziere allerdings den notwendigen Aufwand, wenn es von Beginn der Entwicklung an kontinuierlich eingesetzt und die Daten, Informationen und das Wissen darin gepflegt werden würden. Im Kontrast zu den insgesamt hoch eingeschätzten Aufwänden wird die Anwendung des Verfahrens – insbesondere bei komplexen Architektursystemen mit hoher Unsicherheit – von den Entwicklern als alternativlos angesehen. Der genannte Nutzen sei nur mithilfe der methodischen Unterstützung zu erreichen. Der erwartet hohe Aufwand wird daher im Verhältnis zum Nutzen als irrelevant für die Entscheidung über den Verfahrenseinsatz angesehen.

Anforderung 4.3: In Bezug auf die gestaltungsbezogene Komplexität unterstützt das Verfahren nach Aussage der Entwickler die Architekturkonzeption unter Unsicherheit. Die Unsicherheit würde durch diskrete, repräsentative Zukunftsszenarien besser erfasst als durch implizite, punktuelle Annahmen. Durch die Kapselung der einzelnen Gestaltungsentscheidungen und projektlateralen Entscheidungen je Variationspunkt könne sie leichter verarbeitet und strukturiert werden. Die Variationspunkte der probabilistischen Architektur zeigten explizit auf, wo Entscheidungen bezüglich des Einsatzes von Flexibilität notwendig seien und welchen Umfang diese hätten. Gleichzeitig steigerten die Variationspunkte aber die Kompliziertheit beim Verständnis des probabilistischen Architekturmodells.

Die einzelnen Methodikphasen werden teilweise als zu unkonkret wahrgenommen, da sie keine Anleitung für spezifische Fachdisziplinen oder Domänen enthalten. Trotzdem erwarten alle beteiligten Entwickler eine effektivere Behandlung der Unsicherheit und eine effizientere Realisierung von Flexibilität als in der aktuellen Entwicklungspraxis (vgl. Anforderung 3.1).

Anforderung 4.4: Die Verfahrenskompliziertheit wird von den beteiligten und befragten Entwicklern als hoch eingeschätzt. Die Vorstellung des gesamten Verfahrens im Frontalvortrag nahm einen Großteil der Zeit bei vier der sechs Treffen ein. Dabei konnten Schwierigkeiten bezüglich der Zugänglichkeit des abstrakten Prinzips von Unsicherheit und der Unsicherheitsmodellierung festgestellt werden. So wurde beispielsweise die Unsicherheit in den Rahmenbedingungen von den Beteiligten oft durch Unsicherheit in einer technischen Gestaltungsentscheidung formuliert. Dieser Schwierigkeit als auch der Verfahrenskompliziertheit kann beim späteren Einsatz beispielsweise durch die Anleitung eines mit der Methodik vertrauten Moderators entgegengewirkt werden (vgl. Abschnitt 5.2).

Anforderung 4.5: Die Dokumentation in den Modellen und die strukturierte Anleitung durch das Verfahren steigert nach Aussage der interviewten Entwickler die Nachvollziehbarkeit und sei zweckdienlich, um die getroffenen Gestaltungsentscheidungen und das entwickelte Architekturkonzept gegenüber Vorgesetzten oder Entscheidungsträgern in projektlateralen Entscheidungssituationen zu begründen. Dies betreffe insbesondere die Modellierung und Dokumentation der vorhandenen Unsicherheiten, der damit zusammenhängenden Annahmen und der getroffenen Architekturentscheidungen. Es werde ersichtlich, was Flexibilität in Bezug auf Vorhalte koste. Die Flexibilität werde dadurch gezielt für unsichere, aber wahrscheinlich wirtschaftliche oder zu erwartend innovative Fahrzeugfunktionen integriert. Darauf bezugnehmend wird eine Erweiterung des Softwarewerkzeugs um zusätzliche, entscheidungsspezifische Risikometriken vorgeschlagen. Die projektlateralen Entscheidungen über den angestrebten Flexibilitätsgrad werden somit unterstützt (effizienter Einsatz der Flexibilität).

Evaluationsergebnis: Das entwickelte Verfahren wird in der Evaluation als für den industriellen Bezugsrahmen sach- und fachgerecht gestaltet bewertet. Die Anforderungen 4.1 bis 4.5 an das Verfahren sind erfüllt.

7.4 Synthese und Diskussion der Ergebnisse

In Tabelle 7.3 erfolgt die Synthese der Ergebnisse bezüglich der Anforderungserfüllung aus Abschnitt 7.2 sowie 7.3. Diese wird um die Ergebnisse der formaltheoretischen Beweisführung und der Analyse inhärenter Verfahrenseigenschaften ergänzt (vgl. Anhang A.3.3 im elektronischen Zusatzmaterial). Insgesamt können alle Anforderungen als erfüllt festgestellt werden.

Die empirisch nachzuweisenden Anforderungen wurden in der Validierung und Evaluation auf Basis feststellbarer Sachverhalte in der Einzelanwendung untersucht (vgl. Abschnitt 7.1, 7.2 und 7.3). Die Erfüllung dieser Anforderungen durch das Verfahren folgt damit einer induktiven Argumentation, die davon ausgeht, dass die betrachteten Einzelanwendungen für weitere Anwendungsfälle charakteristisch sind (vgl. [85]). Nach der Analyse der Validierungs- und der Evaluationsgegebenheiten scheint dies erfüllt. Die Validierung und Evaluation stellen repräsentative Problemstellungen und Organisationsstrukturen des industriellen Bezugsrahmens dar. Die untersuchten Anforderungen 1.1 bis 1.4, 3.1 sowie 4.1 bis 4.5 sind damit gemäß einer empirisch-induktiven Argumentation erfüllt. Die Anforderung 1.5 konnte in der Validierung nur indikationsbezogen untersucht werden. Sie wird aber, abgesehen davon, durch die inhärenten Verfahrenseigenschaften zusätzlich bestätigt.

Tabelle 7.3 Anforderungserfüllung des entwickelten Verfahrens

	Validierungs-nachweis	Evaluations-nachweis	Inhärente Verfahrens-eigenschaften oder formaler Beweis	
Anforderung 1.1	✓			Kapitel 7.2
Anforderung 1.2	✓			Kapitel 7.2
Anforderung 1.3	✓			Kapitel 7.2
Anforderung 1.4	✓		✓	Kapitel 7.2, 4.2, 4.4
Anforderung 1.5	(✓)		✓	Kapitel 7.2, 5.1
Anforderung 2.1			✓	Kapitel 4.2, Anhang A.4.3
Anforderung 2.2			✓	Kapitel 4.2, Anhang A.4.3
Anforderung 2.3			✓	Kapitel 4.2, Anhang A.4.3
Anforderung 3.1	✓	✓		Kapitel 7.2, 7.3
Anforderung 3.2		✓		Kapitel 5.1, 5.3
Anforderung 3.3		✓		Kapitel 4.2
Anforderung 3.4	✓	✓		Kapitel 7.2, 4.3.1
Anforderung 4.1	✓	✓		Kapitel 7.2, 7.3
Anforderung 4.2	(✓)	✓		Kapitel 7.2, 7.3
Anforderung 4.3	✓	✓		Kapitel 7.2, 7.3
Anforderung 4.4	✓	✓		Kapitel 7.2, 7.3
Anforderung 4.5	(✓)	✓		Kapitel 7.2, 7.3

✓ = Nachgewiesen, (✓) = Indikativ nachgewiesen

In Bezug auf die Informations- und Wissensartefakte für die projektlateralen Entscheidungen über den Flexibilitätsgrad (Anforderungen 2.1 bis 2.3) wurde bereits formal der Nachweis erbracht, dass die Anforderungen der Erwartungstreue, der informationsbezogenen Effizienz und der Suffizienz bei korrektem Einsatz des Verfahrens erfüllt sind (vgl. Abschnitt 4.2, Anhang A.3.3 im elektronischen Zusatzmaterial). Sie unterstützen die effiziente Entscheidungsfindung in den projektlateralen Entscheidungen.

Daneben existieren diejenigen Anforderungen, die die inhärenten Eigenschaften des Verfahrens selbst oder daraus logisch zwingende Folgerungen adressieren. So schreibt beispielsweise Anforderung 1.4 die vollständige Definition der Architektur zum Ende der Konzeptphase vor. Das Verfahren adressiert dies inhärent durch das definierte Ergebnis eines determinierten, vollständig definierten Architekturkonzepts im Rahmen des Vorgehens (vgl. Abschnitt 4.2 und 4.4). In ähnlicher Weise gilt dies für Anforderung 1.5 und die repräsentativen Szenarien (vgl. Abschnitt 5.1), Anforderung 3.2 und die berücksichtigen Unsicherheitsgrade und -arten (vgl. Abschnitt 5.1 und 5.3) sowie Anforderung 3.3 und das Verfahrensvorgehen (vgl. Abschnitt 4.2).

Dementsprechend sind alle Anforderungen gemäß der Validierung, der Evaluation und der Analyse inhärenter Verfahrenseigenschaften erfüllt (vgl. Tabelle 7.3). Das Verfahren leitet die Gestaltung einer flexiblen Software- und Hardware-Architektur eines Personenkraftwagens unter externer, aleatorischer Unsicherheit an (vgl. Forschungsfrage 1) und berücksichtigt deren simultane Konzeption unter epistemologischer Unsicherheit im Projektzielsystem (vgl. Forschungsfrage 2). Dies konnte unter anderem praktisch durch die Neukonzeption der flexiblen Rolling Chassis Architektur bestätigt werden (vgl. Abschnitt 7.2). Durchzuführende Entwicklungstätigkeiten sowie Abwägungs- und Gestaltungsentscheidungen zur Absicherung der übergeordneten Produkt- und Entwicklungsprojektziele durch die Anpassbarkeit von Software und elektronischer Hardware unter der zielführenden Einhaltung der zeitlichen, qualitäts- oder kostenbezogenen Restriktionen des Entwicklungsprojekts werden beschrieben (vgl. industrielle Problemstellung). Die Fahrzeug-Software- und -Hardware-Architektur wird derart unter Unsicherheit der technologischen, marktbezogenen und regulatorischen Rahmenbedingungen konzipiert, dass die Unsicherheit effektiv behandelt und die dafür benötigte Flexibilität effizient realisiert und eingesetzt wird. Die Forschungsfragen 1 und 2 und damit auch die Forschungsleitfrage sind beantwortet. Die industrielle Problemstellung wird, wie in der Validierung und Evaluation exemplarisch aufgezeigt, durch das entwickelte Verfahren gelöst und die zugehörige Fragestellung wird beantwortet.

Zusammenfassung und Ausblick

8

Die folgende Gesamtbetrachtung der Arbeit adressiert die Aggregation der zentralen Ergebnisse dieser Arbeit (vgl. Abschnitt 8.1) und würdigt sie kritisch bezüglich ihrer wissenschaftlichen und industriellen Einschränkungen (vgl. Abschnitt 8.2). Daraus abgeleitet ergibt sich ein Ausblick auf die potenziellen Auswirkungen des Verfahrens im industriellen Bezugsrahmen sowie auf den identifizierten, weiteren Forschungsbedarf (vgl. Abschnitt 8.3).

8.1 Zusammenfassung

Aufgrund des stetig steigenden Einsatzes digitaler Technologien im Fahrzeug ist die technische Ausgestaltung der Software- und Hardware-Architektur für den wirtschaftlichen Erfolg eines Fahrzeugmodells von zentraler Bedeutung. Herausfordernd ist hierbei, dass das Konzept der Fahrzeug-Software- und -Hardware-Architektur in einer frühen Entwicklungsphase unter technologischer, regulatorischer und marktbezogener Unsicherheit definiert wird. Es muss mehrere Jahre den sich ändernden Anforderungen des Markts, dem technologischen Fortschritt sowie den regulatorischen Vorgaben entsprechen (vgl. Kapitel 1). Eine flexible Software- und Hardware-Architektur bietet den Vorteil, dass eventuell notwendige Anpassungen der Software oder Hardware auch in späteren Lebenszyklusphasen aufwandsarm – zu geringen Kosten in kurzer Zeit – durchgeführt werden können. Aufgrund der zeitlichen und kostenbezogenen Restriktionen eines Fahr-

Ergänzende Information Die elektronische Version dieses Kapitels enthält Zusatzmaterial, auf das über folgenden Link zugegriffen werden kann https://doi.org/10.1007/978-3-658-42804-4_8.

zeugentwicklungsprojekts muss die einzubringende Flexibilität allerdings bereits in der Entwicklung (1) den genannten Unsicherheiten effektiv Rechnung tragen können, (2) technisch ressourceneffizient realisiert werden und (3) sie sollte nur dort eingesetzt werden, wo sie eine zeit- und kosteneffiziente Lösung zur Behandlung der Unsicherheit darstellt. Vorhandene Entwicklungsmethoden für Fahrzeug-Software- und -Hardware-Architekturen berücksichtigen Unsicherheit in den technologischen, regulatorischen und marktbezogenen Rahmenbedingungen bisher nur eingeschränkt. Sie können die Konzeption einer effektiv und gleichzeitig effizient flexiblen Architektur nicht erwirken. Die Anforderungen werden auf Basis vorläufiger Annahmen definiert, die mit fortschreitendem Entwicklungsverlauf reaktiv und wiederkehrend angepasst werden. Gleichzeitig wirken Maßnahmen zur Kosten- und Ressourceneffizienz in der Entwicklung den Investitionen in Flexibilität entgegen (vgl. Kapitel 2). Daher wird ein Verfahren (d. h. eine Methodik mit unterstützendem Softwarewerkzeug) zur Konzeption flexibler Fahrzeug-Software- und -Hardware-Architekturen unter technologischer, regulatorischer und marktbezogener Unsicherheit entwickelt, das die genannten drei Aspekte der Unsicherheitsbehandlung in ihren Wirkzusammenhängen berücksichtigt.

Die Unsicherheit wird dafür bezüglich ihrer Wirkung auf die Architekturkonzeption in zwei Unsicherheitseffekte unterteilt (vgl. Kapitel 3): Die aleatorische (nicht reduzierbare) Unsicherheit beschreibt den produktgestaltungsbezogenen Sachverhalt, dass die technische Realisierung der Flexibilität bei fehlendem Wissen darüber vorgenommen wird, welche Anforderungen wann erfüllt werden müssen. Die epistemologische (reduzierbare) Unsicherheit entsteht vorgehensbezogen, da die zu berücksichtigenden Anforderungen zu Beginn der Architekturkonzeption nur approximativ bestimmt sind. Sie können sich im Entwicklungsverlauf durch neues Wissen noch ändern. Der fortschreitende Reifegrad des Architekturkonzepts generiert dieses neue Wissen maßgeblich. Die epistemologische Unsicherheit über die zu erfüllenden Anforderungen muss daher simultan mit dem Entwicklungsfortschritt des flexiblen Architekturkonzepts unter aleatorischer Unsicherheit reduziert werden. Zentrales Element des Lösungsansatzes ist daher die Entkopplung der zwei Unsicherheitseffekte durch die Einführung eines neuen Entwicklungsartefakts: Der sogenannten probabilistischen Architektur (vgl. Kapitel 4). Sie vereint alle, zukünftig hypothetisch notwendigen Architekturkonfigurationen in einer Gesamtarchitektur. Gemeinsamkeiten und Unterschiede zwischen diesen hypothetischen Architekturkonfigurationen werden in Abhängigkeit davon, welches unsichere Zukunftsszenario eintritt, dargestellt. Aus der probabilistischen Architektur wird dann die determinierte Architektur abgeleitet. Sie stellt das finale Architekturkonzept dar.

Drei Gestaltungsprinzipien leiten die Konzeption der probabilistischen Architektur sowie der determinierten Architektur methodisch an (vgl. Kapitel 5). Zur

Erstellung der probabilistischen Architektur werden zuerst die wahrgenommenen Unsicherheiten der unterschiedlichen Architektur-Stakeholder gesammelt, analysiert und in einem Unsicherheitsmodell als Zukunftsszenarien dokumentiert. Ausgehend von einer Basisarchitektur erfolgt dann die Ausarbeitung der hypothetischen Architekturen für einzelne Zukunftsszenarien. Die probabilistische Architektur entsteht, indem die hypothetischen Architekturen durch methodische Ansätze der Produktlinienentwicklung synthetisiert werden. Unterschiede zwischen den hypothetischen Architekturen werden durch Variationspunkte dargestellt. Die probabilistische Architektur wird dabei derart angepasst, dass sie die Auswirkungen der Unsicherheit in Modulen kapselt. Sie repräsentiert nun die Auswirkungen der aleatorischen Unsicherheit auf die Architekturgestalt. Der prinzipiell benötigte Umfang an Flexibilität kann identifiziert werden. Pro Variationspunkt wird auf Basis des Unsicherheitsmodells dann über die zu berücksichtigenden, aleatorisch unsicheren Anforderungen und die technische Realisierung von Flexibilität zur Behandlung dieser entschieden. Durch die Entscheidungen wird die epistemologische Unsicherheit schrittweise reduziert und die determinierte Architektur entsteht. Als mathematisches Konstrukt zur Beschreibung der Unsicherheit wird die Dempster-Shafer-Evidenztheorie unscharfer Mengen verwendet (vgl. Kapitel 5 und 6). Dadurch können Notwendigkeitswahrscheinlichkeiten für die einzelnen Architekturelemente abgeleitet und die Auswirkungen der Unsicherheit bewertbar gemacht werden. Dies ermöglicht wiederum die zeit- und kostenbestimmte Reduktion der epistemologischen Unsicherheit. Zur Unterstützung der Methodik wird ein Softwarewerkzeug entwickelt (vgl. Kapitel 6). Basierend auf einem Metamodell zur Beschreibung der Unsicherheit, der probabilistischen Architektur und der determinierten Architektur können die Architekturen darin teilautomatisiert analysiert, synthetisiert und modifiziert werden. Für die einzelnen Methodikschritte werden zweckdienliche Modellperspektiven und -operatoren definiert.

Das Verfahren wird durch die Konzeption einer flexiblen Software- und Hardware-Architektur für ein Forschungsfahrzeug validiert und zusätzlich bei einem Automobilhersteller evaluiert (vgl. Kapitel 7). Durch das Verfahren konnten die Unsicherheiten in der Anwendung effektiv behandelt sowie die Flexibilität effizient realisiert und eingesetzt werden. Als zentraler Nutzen ergibt sich die Dokumentation, Bewertung und Quantifizierung der Unsicherheit, wodurch die Flexibilität gezielt für unsichere, aber wahrscheinlich wirtschaftliche oder innovative Fahrzeugfunktionen integriert wird. Das Verfahren leitet daher die Fahrzeug-Software- und -Hardware-Architekturkonzeption unter unsicheren technologischen, marktbezogenen und regulatorischen Rahmenbedingungen derart an, dass die Unsicherheit effektiv behandelt wird und die dafür benötigte Flexibilität effizient eingesetzt und realisiert werden kann. Die industrielle Problemstellung wird gelöst und die wissenschaftliche Herausforderung bewältigt.

8.2   Kritische Würdigung

Die vorausschauende Entwicklung einer flexiblen Fahrzeug-Software- und -Hardware-Architektur unter marktbezogener, technologischer und regulatorischer Unsicherheit ist mit besonderen Herausforderungen verbunden. Im Rahmen dieser Arbeit wurde daher ein Verfahren entwickelt, das die Konzeption dieser Architekturen unter aleatorischer Unsicherheit der Rahmenbedingungen berücksichtigt und die Architekturen simultan mit dem Projektzielsystem unter epistemologischer Unsicherheit ausgestaltet. Zur Lösung der industriellen Problemstellung wurde bei der Entwicklung des Verfahrens eine spezifisch wissenschaftliche Perspektive und Abgrenzung innerhalb der Problemstellung vorgenommen (vgl. Kapitel 3). Im Folgenden wird das Verfahren als Forschungsergebnis daher einer kritischen Würdigung in Bezug auf den Gestaltungsbereich der Methodik, die betrachteten und behandelten Unsicherheiten sowie die Anwendbarkeit im industriellen Bezugsrahmen unterzogen. Beschränkungen des Verfahrens werden aufgezeigt.

8.2.1   Kritische Würdigung des Gestaltungsbereichs der Methodik

Das Verfahren führt anhand eines methodischen Vorgehens durch die einzelnen Phasen und Aktivitäten zur Konzeption einer flexiblen Fahrzeug-Software- und Hardware-Architektur unter Unsicherheit. Es adressiert die für die Flexibilität als kritisch identifizierte Konzeptphase. Das Verfahren stellt analog zum V-Modell der Fahrzeug-Software- und -Hardware-Architekturentwicklung ein allgemeines Vorgehen zur Software- und Hardware-Architekturentwicklung ohne Domänen- oder Disziplinenbezug dar, in das die unterschiedlichen Interessen der Organisation im Anwendungsfall Eingang finden müssen (vgl. [27]). Aufgrund dieses skizzierten Gestaltungsbereichs kann das Verfahren die Realisierung der Flexibilität in der umgesetzten Architektur allerdings nicht inhärent garantieren. Das mit dem Verfahren entwickelte Architekturkonzept muss in der Serienentwicklungsphase ausgearbeitet und je Fachdisziplin umgesetzt werden (vgl. [7, 223]). Die darin stattfindenden Aktivitäten müssen die konzipierende Vorarbeit methodisch aufgreifen und weiterverfolgen, ohne entsprechende Vorhalte (z. B. aus Kostengründen) aus der Architektur zu entfernen. Eine dafür geeignete Methode existiert bislang nicht.

Durch den fehlenden Domänen- und Disziplinenbezug bei der Architekturkonzeption wird das Verfahren in der Anwendung außerdem als zu unkonkret wahrgenommen (vgl. Abschnitt 7.3.2). Es ist daher zu empfehlen, das Verfahren durch eine methodische Anleitung der darauffolgenden Architekturentwicklungsaktivitäten zu komplementieren sowie eine schrittweise Ausgestaltung der Verfahrensaktivitäten auf die einzelnen Domänen und Disziplinen vorzunehmen. Anforderung 1.4 adressiert dabei die folgenden Entwicklungsphasen bereits grundlegend. Die Vorgehen der einzelnen Methodikphasen können als Ausgangspunkt zur methodischen Ausgestaltung genutzt werden.

In Bezug auf die projektlateralen Entscheidungen wirkt das Verfahren durch die Generierung der Informations- und Wissensartefakte entscheidungsvorbereitend für den effizienten Einsatz der Flexibilität. Die zweckdienliche Entscheidungsfindung wird bei der Verfahrensentwicklung gleichwohl lediglich angenommen, methodisch jedoch nicht angeleitet (vgl. Abschnitt 3.3). Der effiziente Einsatz von Flexibilität wird durch das Verfahren somit nur unterstützt. Das Verfahren ermöglicht es über die Informations- und Wissensartefakte allerdings erstmals, die Auswirkungen der Flexibilitätsintegration bei der Festlegung des Flexibilitätsgrads systematisch zu beurteilen, und legt damit die Grundlage, um den effizienten Einsatz projektlateral überhaupt bewerten zu können.

Konkrete Risikometriken im Softwarewerkzeug, wie in der Evaluation vorgeschlagen, können aus diesem Grund ebenfalls nicht implementiert werden (vgl. Abschnitt 7.3). Die Auswirkungen der Unsicherheit müssen in Bezug zu den Risiken für die Projekt- sowie Produktziele gesetzt werden, um abschließend zur Entscheidungsfindung beurteilt werden zu können. Dies liegt außerhalb des gestaltungsbezogenen Verfahrensumfangs. Nach den Erkenntnissen der Validierung und Evaluation sind die vom Verfahren generierten Artefakte für eine zweckdienliche Entscheidung allerdings ausreichend. Die entsprechenden Wirkzusammenhänge können von den Entscheidern selbstständig identifiziert und das resultierende Risiko zum effizienten Einsatz der Flexibilität bewertet werden (vgl. Kapitel 7). Die zu berücksichtigenden Zukunftsausprägungen als Entscheidungsergebnis sind wiederum für die effektive und effiziente Gestaltung der determinierten Architektur und der zugehörigen Flexibilitätsmechanismen relevant. Für die effiziente Realisierung der Flexibilitätsmechanismen lässt sich analog zu den projektlateralen Entscheidungen feststellen, dass das Verfahren die Effizienz nicht abschließend garantieren kann. Die Gestaltung der Mechanismen bleibt im Kern eine kreative Aufgabe des zuständigen Entwicklers (vgl. Abschnitt 5.5). Die methodische Anleitung zur Gestaltung von Flexibilitätsmechanismen adressiert allerdings anzustrebende Eigenschaften zur effizienten Realisierung. Sofern die technische Lösung die anzustrebenden Eigenschaften erfüllt, ist die effiziente Realisierung der Flexibilität daher gegeben.

8.2.2   Kritische Würdigung bezüglich der betrachteten und behandelten Unsicherheiten

Dem Verfahren liegt bei der Unsicherheitsidentifikation und -analyse entweder die Zeitstabilitätshypothese (vgl. [287]) oder die Annahme zugrunde, dass ein Bruch der Zeitstabilitätshypothese von den Stakeholdern extrapoliert werden kann (vgl. Abschnitt 5.3). Unvorhersehbare Ereignisse und unbekannte Unsicherheiten können in der Methodik teilweise identifiziert und durch Stufe-4-Unsicherheiten im Softwarewerkzeug modelliert werden. Grundlegend ist deren Berücksichtigung jedoch an die verfügbare Information, das Wissen und die Kreativität der Stakeholder zur Extrapolation gekoppelt. Vollständig unvorhersehbare Ereignisse können durch das Verfahren lediglich im Rahmen der Generalisierung von Funktions- und Produktstruktur behandelt werden (vgl. Abschnitt 5.4 und 5.7).

Kongruent dazu erfasst das Unsicherheitsmodell die Informationen und das Wissen der Stakeholder jeweils individuell durch Glaubensaussagen und kombiniert diese ohne Berücksichtigung der Stakeholder, die diese Aussagen tätigen (vgl. Abschnitt 5.5.3). Der bewussten oder unbewussten Manipulation – beispielsweise durch das Zurückhalten von Informationen, durch emotional beeinflusste Aussagen oder durch die Ignoranz von Daten – kann daher nur bedingt begegnet werden. Eine Qualitätsprüfung der einzelnen Glaubensaussagen ist in der Methodik vorgesehen (vgl. Abschnitt 5.3.1). Die Glaubensaussagen können aber lediglich auf Basis deren Dokumentation diskutiert sowie durch weitere Glaubensaussagen ergänzt werden. Eine Gewichtung ist mathematisch nicht möglich.

8.2.3   Kritische Würdigung der Anwendbarkeit im industriellen Bezugsrahmen

Die Eignung des Verfahrens im industriellen Bezugsrahmen wurde validierungs- und evaluationsbezogen sowie auf Basis der verfahrensinhärenten Eigenschaften untersucht (vgl. Kapitel 7). Dabei wurde größtenteils empirisch-induktiv auf Basis der zwei Untersuchungsfälle vorgegangen und ein hoher Aufwand in der Verfahrensanwendung festgestellt. Die Anwendbarkeit im industriellen Bezugsrahmen lässt sich somit nicht mit vollständiger Sicherheit feststellen.

Die Validierung erfolgte in einer kontrollierten Entwicklungsumgebung mit begrenztem, zu gestaltendem Architektursubsystem ohne Varianten oder Architekturplattformen und mit nur wenigen Stakeholdern. In der Evaluation wurde das Verfahren lediglich hypothetisch angewendet. Die Entscheidungskriterien, wie beispielsweise Sicherheit, Zeit, Ressourceneinsatz, Budgetrestriktionen, Reifegrad der Technologie, Größe des Entwicklungsteams und Entscheidungshierarchien, sind daher teilweise unterschiedlich zu denen einer Serienentwicklung anzunehmen. In der Validierung wurde des Weiteren der Effekt der Verfahrensanwendung aus Umfangsgründen nur über einen mittelfristigen Zeithorizont überprüft. Die Einschränkungen bezüglich der internen und externen Validität der empirischen Untersuchungen müssen beachtet werden (vgl. Anhang A.5.6 im elektronischen Zusatzmaterial). Weiterführende Forschung hinsichtlich der praktischen, langfristigen Anwendbarkeit, bezüglich einer effizienten und effektiven Skalierung sowie mit Blick auf eine Kombination mit Varianten und Plattformen ist notwendig.

Die Integration des Verfahrens in bestehende Methoden, Prozesse und Organisationsformen ist für die praktische Anwendung in Abschnitt 5.2 nur teilweise definiert. Die Organisationsstruktur als eine Hauptdeterminante der entstehenden Funktions- und Produktstruktur wird beispielsweise nicht betrachtet (vgl. [322, 323]). Die Konformität des Verfahrens mit automobilen Prozessreifegradstandards wie zum Beispiel Automotive Software Process Improvement and Capability Determination (Automotive SPICE), die Kompatibilität mit den Capability Maturity Model Integration (CMMI)-Referenzmodellen (vgl. [23]) oder dem Referenzvorgehen des Verband der Automobilindustrie (VDA) [210] ist ebenfalls bislang nicht untersucht worden. Grundsätzlich folgt das Verfahren allerdings dem methodischen Vorgehen der Fahrzeugentwicklung und sollte daher auch unter Beachtung dieser Standards anwendbar sein (vgl. Abschnitt 4.4).

Gesamtheitlich betrachtet, leistet das entwickelte Verfahren als Forschungsergebnis einen wissenschaftlichen und anwendungsbezogenen Beitrag zur methodischen Produktentwicklung von Fahrzeug-Software- und -Hardware-Architekturen unter externer, aleatorischer Unsicherheit. Es fokussiert die systematische, unternehmensindividuelle Bewertung und Integration von Flexibilität in die Fahrzeug-Software- und -Hardware-Architektur zur Unsicherheitsbehandlung im konkreten Anwendungsfall. Das Verfahren unterscheidet sich somit von bereits existierenden Arbeiten über zukünftige Software- und Hardware-Architekturen, die die Entwicklung von konkreten Referenzarchitekturen (vgl.[33, 248, 256]) oder die Untersuchung einzelner, technischer Herausforderungen adressieren (vgl. z. B. [252, 262], Abschnitt 2.2.5). Vielmehr bietet das Verfahren die theoretisch-methodische Begründungen für die Zweckmäßigkeit derartiger Konzeptionen vor dem Hintergrund der Unsicherheit und ermöglicht deren zielgerichteten Einsatz. Es lässt sich somit in den Kontext der in Abschnitt 2.1 vorgestellten Methoden einordnen und ergänzt die technische, variantengerechte und organisatorische Gestaltung der Fahrzeug-Software- und -Hardware-Architektur um den Aspekt der Flexibilität [35].

Durch die erfolgte Validierung und Evaluation konnte eine grundsätzliche Eignung des Verfahrens im Forschungs- sowie industriellen Bezugsrahmen nachge-

wiesen werden. Die identifizierten Beschränkungen bezüglich der Konzeptionsfo-
kussierung, der Unsicherheiten und der Anwendbarkeit beziehen sich auf potenzielle und teilweise notwendige Erweiterungen des Verfahrens, um dem industriellen
Bezugsrahmen gerecht zu werden. Die im Rahmen dieser Arbeit definierte wissenschaftliche Zielsetzung wurde allerdings erreicht. Die Anforderungen an das Verfahren sind erfüllt und die Forschungsfragen sowie die Forschungsleitfrage wurden
beantwortet (vgl. Kapitel 7).

8.3   Ausblick

Das Verfahren adressiert erstmals die Konzeption einer Fahrzeug-Software- und
Hardware-Architektur unter unsicheren technologischen, marktbezogenen und regulatorischen Rahmenbedingungen mit dem Ziel, die aleatorische Unsicherheit effektiv zu behandeln und die dafür benötigte Flexibilität effizient einzusetzen und zu
realisieren. Bei einer gesamtheitlichen Verfahrensanwendung ist daher zu erwarten, dass Flexibilität zur Unsicherheitsbehandlung nun als ein zusätzliches, strategi-
sches und operatives Zielkriterium gesteuert und kontrolliert im Fahrzeug-Software-
und -Hardware-Architekturentwicklungsprozess etabliert werden kann. Aus diesem
Grund wäre unter anderem die Verfahrensanwendung auf die industrieweite regulatorische und technologische Unsicherheit zweckdienlich, um eine allgemeine Referenzarchitektur für zukünftige Fahrzeuggenerationen (wie z. B. in Abbildung 7.8
dargestellt) ableiten zu können.

Um dieses finale Zielbild der Verfahrensanwendung zu erreichen, bedarf es allerdings einer weiterentwickelten Form des Verfahrens. Dafür müssen unter anderem
die Anmerkungen der kritischen Würdigung in nachfolgender Forschung adressiert werden. Die Domänen- und Disziplinenspezifika können literaturbasiert über
bereits publizierte Forschung (vgl. z. B. [23, 40]) identifiziert werden, um die einzelnen Verfahrensphasen methodisch zu detaillieren. Aus methodischer und pro-
zessualer Sicht müssen die der Architekturkonzeption nachgelagerten Entwicklungsaktivitäten bezüglich ihres Umgangs mit Flexibilität eingehender erforscht
und methodisch integriert werden. Das bereits erstellte Unsicherheitsmodell kann
den Ausgangspunkt für eine kontinuierliche Aktualisierung und Neubewertung
der Architekturauslegungsentscheidungen in der Serienphase bilden. In Ergänzung dazu können bereits vorhandene Arbeiten zur Identifikation des Ausübungs-
zeitpunkts von Flexibilität (vgl. [183]) sowie zum organisatorischen und technischen Ablauf bei Ausübung (vgl. z. B. [247]) darauf aufbauen und die Methodik
erweitern. Im Hinblick auf die aktuellen Begrenzungen der Methodik im industriellen Bezugsrahmen wird eine weiterführende Validierung und Evaluation in

der PKW-Serienentwicklung eines Automobilherstellers angestrebt. Die Höhe der Verfahrensaufwände, die kombinierte Verfahrensanwendung mit der variantenge-rechten Gestaltung sowie die Auswirkungen auf die Flexibilität der E/E-Architektur sollen gesamtheitlich untersucht werden. Der Verfahrensaufwand und die -kompliziertheit können durch zusätzliche Unterstützung und Automatisierung bestimmter Aktivitäten im Softwarewerkzeug weiter gesenkt werden. Ein Ansatz, der in zwei nachfolgenden Forschungsprojekten adressiert wird, ist die Inter- und Extrapolation bereits modellierter, hypothetischer Architekturen, um weitere, nicht-repräsentierte hypothetische Architekturen auf Basis graphentheoretischer Zusam-menhänge zu approximieren (vgl. [324, 325]). Zur besseren Skalierung des Ver-fahrens ist die hierarchisch-dezentrale Verfahrensanwendung für jeweils einzelne Architektursubsysteme zu erforschen und methodisch zu definieren. Dies erfordert zusätzliche, wissenschaftliche Studien in Analogie zu Block et al. [84], die aufzei-gen, wo Informationen und Wissen über Unsicherheit in der Organisationsstruktur aktuell vorhanden sind und wo diese wie verarbeitet und ausgetauscht werden müss-ten. Darauf aufbauend kann dann wiederum eine referenzartige, ablauforganisatori-sche Verortung der Verfahrensaktivitäten stattfinden. Kongruent zu Block et al. [84] muss dabei ebenfalls festgestellt werden, welche Kompetenzen die Organisationen sowie die beteiligten Stakeholder mitbringen müssen, um das Verfahren zielführend einsetzen zu können (vgl. z. B. [326]).

Die Behandlung von Unsicherheit durch Flexibilität, wie im Verfahren vor-geschlagen, erfordert neue Arten der Organisation, Zusammenarbeit sowie des Informations- und Wissensaustauschs. Es gilt daher, die notwendige organisatio-nale und tätigkeitsbezogene Transformation der beteiligten Unternehmen für den Verfahrenseinsatz zu untersuchen. Veränderte Arbeitsmechanismen, neue Freiga-beprozesse für die funktionale Sicherheit, bereichs- und unternehmensübergreifen-des Wissensmanagement sowie methodische und werkzeugbezogene Unterstützung werden dafür notwendig sein (vgl. [10, 40, 46, 327]). Eine prinzipielle Übertrag-barkeit des Verfahrens auf andere Branchen mit ähnlichen Randbedingungen, wie beispielsweise die Luftfahrt, erscheint möglich, muss aber weitergehend untersucht werden.

Zusammengefasst, adressiert das im Rahmen dieser Arbeit entwickelte Verfahren somit erstmals, allerdings noch nicht abschließend, die Konzeption einer Fahrzeug-Software- und Hardware-Architektur unter unsicheren technologi-schen, marktbezogenen und regulatorischen Rahmenbedingungen. Dadurch können Fahrzeug-Software- und -Hardware-Architekturen flexibel für zukünftige Verän-derungen der Rahmenbedingungen konzipiert werden. Der Fahrzeuglebenszyklus wird verlängert und das Automobil rückt näher an die Vision eines update- und upgradefähigen Produkts, wie es im Bereich der Kommunikations- und Unterhaltungselektronik bereits Standard ist. Flexibilität kann beispielsweise im Sinne der Aktualität, Individualisierung oder nachfragegerechten Anpassung gegenüber den Kunden gezielt in das Geschäftsmodell integriert und zur strategischen Differenzierung genutzt werden. Daneben ist die Anpassbarkeit der Elektronik und Software essentiell, um aktuelle und zukünftige regulatorische Anforderungen des Fahrzeugs für dessen dauerhafte Betriebserlaubnis zu erfüllen[1]. Die Schaffung von Flexibilität stellt daher nach Kagermann [327] eines von vier relevanten Handlungsfeldern für die Resilienz der deutschen Automobilindustrie dar. Das entwickelte Verfahren kann dabei unterstützen, Flexibilität zukünftig an relevanten Stellen im richtigen Umfang in die Fahrzeug-Software- und -Hardware-Architektur zu integrieren.

---

[1] z. B. Einhaltung verschärfter Emissionensregelungen (vgl. z. B. [328]) oder Aufrechterhaltung der Cybersicherheit eines Fahrzeugs über den Lebenszyklus hinweg (vgl. z. B. [219, 329])

Glossar

Anforderungsausprägung: Ausprägung, die einen zukünftig möglichen Zustand einer Architekturanforderung beschreibt

Architekturausprägung: Ausprägung, die einen zukünftig möglichen Zustand einer Architekturanforderung oder -komponente beschreibt

Aufwand: Mitteleinsatz, der eine zeitbezogene Dimension (z. B. Änderung in kurzer Zeit) sowie eine wertbezogene Dimension (z. B. Änderung zu geringen Kosten) aufweist; im Kontext dieser Arbeit vornehmlich in der wertbezogenen Dimension verstanden (vgl. Abschnitt 2.1.3)

Ausprägung: Möglicher, zukünftiger Zustand der Systemgröße von Interesse einer Unsicherheit; Formelzeichen ω

Basisarchitektur: Architekturkonzept, das alle sicheren Anforderungen erfüllt und den Ausgangspunkt für die Gestaltung der hypothetischen Architekturen bildet; repräsentiert die Funktions- sowie die Produktstruktur der probabilistischen Architektur (vgl. Abschnitt 5.4)

Determinierte Architektur: Architekturkonzept, das die konkret zu entwickelnde, flexible Architektur mit berücksichtigter Unsicherheit repräsentiert; leitet sich durch die schrittweise Festlegung der zu berücksichtigenden Zukunftsausprägungen aus der probabilistischen Architektur ab und definiert die notwendigen Flexibilitätsmechanismen zur Realisierung der unterschiedlich möglichen Architekturausprägungen in den Variationspunkten der probabilistischen Architektur (vgl. Abschnitt 4.2)

Entwicklungsartefakte / Drei Entwicklungsartefakte: Im Kontext des entwickelten Verfahrens werden unter den (drei) Entwicklungsartefakten das Unsicherheitsmodell, die probabilistische Architektur sowie die determinierte Architektur verstanden (vgl. Abschnitt 4.2)

Fahrzeugökosystem: Beschreibt die Akteure, Produkte, Dienstleistungen und Prozesse, die in einer Wechselwirkungsbeziehung mit dem Produkt „PKW", dem individuellen Fahrzeug oder dessen Nutzung stehen, sowie die Wechselwirkung selbst (vgl. Kapitel 1)

Flexibilitätsgrad: Synonym zum Umfang der Flexibilität (vgl. Abschnitt 2.1.3)

Flexibilitätsmechanismus: Technische Lösung, um Flexibilität in der Fahrzeug-Software- und -Hardware-Architektur zu realisieren; verfügt über einen antizipierenden und reaktiven Anteil (vgl. Abschnitt 2.1.3)

Fokales Element: Menge an Zukunftsausprägungen A denen im Rahmen der Dempster-Shafer-Evidenztheorie ein Realisierungsmaß $m_{i,s}(A) > 0$ zugeordnet wird (vgl. Abschnitt 5.3.2)

Gestaltungsbezogene Komplexität: Begrenzung, die für die flexible Gestaltung bestimmenden Elemente und Komponenten sowie deren Zusammenhänge vollständig erfassen zu können; bei fehlender methodischer Unterstützung oftmals durch eine kognitive (d. h. wahrnehmungs- und erkenntnisbezogene) Be- bzw. Überlastung verursacht, beispielsweise aufgrund der Anzahl der Elemente und der Nichtlinearität deren Zusammenhänge; kann durch Modelle und Vereinfachung reduziert werden ([105], S. 189, [330], S. 414, 678 [331]); Definition in Anlehnung an Bender et al. ([330], S. 414 und [331]) (vgl. Abschnitt 4.1)

Gestaltungsprinzip: Übergeordnetes Prinzip zur zweckmäßigen Gestaltung von Produkten in der Entwurfsphase; wird über eine Menge nicht notwendigerweise widerspruchsfreier Regeln umgesetzt, um den Zweck des Gestaltungsprinzips zu erreichen (vgl. Abschnitt 4.3)

Hypothetische Architektur: Architekturkonzept, das für ein definiertes Zukunftsszenario unter Ignoranz der Unsicherheit entworfen wurde (vgl. Abschnitt 4.2)

Industrieller Bezugsrahmen: Allgemeine Beschreibung des realen Kontexts in dem das entwickelte Verfahren nutzbringend zur Anwendung kommen soll; bei

Ulrich et al. ([263], S. 306 f.) als Verwendungszusammenhang bezeichnet (vgl. z. B. Abschnitt 3.3)

Informations- und Wissensartefakt: Entwicklungsartefakte, die die Informationen und das Wissen über die Flexibilitätsintegration für die projektlaterale Entscheidung zugänglich machen; entstehen unter anderem durch die Architekturkonzeption; siehe auch projektlaterale Entscheidung (vgl. Abschnitt 3.3)

Kommunalität: Gemeinsame, unveränderte Komponente aller hypothetischen Architekturen; siehe Variabilität als Gegenteil (vgl. Abschnitt 4.2 und 5.4.2)

Komponente: Aggregation einer oder mehrerer Elemente der Produktstruktur zu einer Einheit mit klar definierten Schnittstellen, die eine bestimmte Funktion im Produkt realisiert; Definition in Anlehnung an Jaensch ([27], S. 13 f. und [196], S. 206) (vgl. Abschnitt 2.1.6)

Modul: Menge von Komponenten, die physisch und funktional unabhängig von den weiteren Modulen der Produktarchitektur sind; Definition in Anlehnung an Jaensch ([27], S. 22) und Feldhusen et al. ([35], S. 258) (vgl. Abschnitt 2.1.6)

Notwendigkeitswahrscheinlichkeit $P(\omega_i)$**:** Wahrscheinlichkeit, mit der die Architekturausprägung ω_i aufgrund der zu erwartenden Rahmenbedingungen irgendwann im Fahrzeuglebenszyklus notwendig wird; errechnet sich aus den Wahrscheinlichkeiten $\omega_{i,t}$, die beschreiben, ob ω_i zum Zeitpunkt t notwendig ist (vgl. Abschnitt 4.3.2 und 5.5.2)

Pignistische Wahrscheinlichkeit: Wahrscheinlichkeit, die einer Wahrscheinlichkeitsverteilung der pignistischen Ebene entstammt (vgl. Abschnitt 5.5.3)

Probabilistische Architektur: Abstrahiert und vereint vor dem Hintergrund unsicherer Rahmenbedingungen alle zukünftig hypothetisch notwendigen Software- und Hardware-Architekturkonfigurationen in einer Gesamtarchitektur; baut auf der Basisarchitektur auf und beschreibt die Unterschiede der hypothetischen Architekturen darin durch Variationspunkte (vgl. Abschnitt 4.2 und 5.4)

Produktzielsystem: Zielsystem, das die mit dem Produkt verfolgten (strategischen/langfristigen) Ziele, wie zum Beispiel das darzustellende Markenimage, die Absatzmenge, den Verkaufspreis, die Stückkosten oder die Entwicklungszeit beschreibt; beeinflusst das Projektzielsystem maßgeblich (vgl. Abschnitt 1.1)

Projektlaterale Entscheidung: Strategisch oder operativ getriebene Entscheidung, die den Flexibilitätsgrad teilweise festlegt und damit die epistemologische Unsicherheit reduziert; extern zur hier betrachteten Software- und Hardware-Architekturkonzeption, allerdings über die Informations- und Wissensartefakte sowie das Entscheidungsergebnis damit verknüpft (vgl. Abschnitt 3.3)

Projektzielsystem: Zielsystem, das die Ziele des Entwicklungsprojekts sowie die konkreten Anforderungen an das Fahrzeug inkl. Software- und Hardware-Architektur beschreibt; enthält eine entwicklungsprojektbezogene und eine technische (produktbezogene) Dimension (vgl. Abschnitt 2.2.2)

Qualität des Fahrzeugs/der Fahrzeug-Software- und -Hardware-Architektur: Gesamtheit der charakteristischen Eigenschaften des Fahrzeugs/der Fahrzeug-Software- und -Hardware-Architektur, die zur Gütebewertung herangezogen und im Rahmen der Entwicklung festgelegt werden; im Kontext dieser Arbeit werden darunter vor allem aber nicht ausschließlich die Zuverlässigkeit, Zulassungsfähigkeit, Verfügbarkeit, Sicherheit (Safety und Security) und Funktionserfüllung sowie die Änderbarkeit verstanden; Definition in Anlehnung an (Schäuffele et al. [7], S. 97, Naunheimer et al. [29], S. 723, Borgeest [23], S. 339 und [332]) (vgl. Abschnitt 2.2.2)

Rahmenbedingungen: Externe Einflussfaktoren, die für die Zieldefinition des Fahrzeugs und der Fahrzeugentwicklung relevant sind; siehe Produktzielsystem und Projektzielsystem (vgl. Abschnitt 1.1)

Randbedingungen: Zu berücksichtigende Einflussfaktoren, die keine Rahmenbedingungen sind; im Kontext des Fahrzeugentwicklungsprojekts beispielsweise die zeitlichen, qualitäts- und kostenbezogenen Restriktionen des Entwicklungsprojekts (vgl. Abschnitt 1.1)

Realisierte Ausprägung: Diejenige Ausprägung, die eintritt

Realisierungsmaß: Übergeordneter Begriff für eine Abbildung $\cdot_{i,s} : \Sigma \to [0,1]$ mit $\Sigma = \mathscr{P}(\Omega_i)$, die das Basismaß $m_{i,s}$, die Glaubensfunktion $bel_{i,s}$, die Plausibilitätsfunktion $pl_{i,s}$ oder die Kommunalitätsfunktion $q_{i,s}$ sein könnte (vgl. Abschnitt 5.3.2)

Szenario: Eine Kombination spezifischer Ausprägungen der jeweiligen Unsicher-heitsaspekte; ist selbst wiederum eine Ausprägung (vgl. Abschnitt 2.1.3)

Umfang der Flexibilität: Menge an prinzipiell vorgedachten, zukünftig potenziell geforderten Anforderungen, an die sich durch Flexibilität aufwandsarm angepasst werden kann (vgl. Abschnitt 2.1.3)

Unsicherheitsart: Gliederungsdimension der Unsicherheit nach dem Unsicher-heitsgrund; unterteilt in Zufälligkeit, Unschärfe und Grobgranularität (vgl. Abschnitt 2.1.2)

(Unsicherheits-)Aspekte: Spezifische Sichtweisen auf die Systemgröße von Inter-esse einer Unsicherheit, die wiederum gemeinsam die Systemgröße vollständig beschreiben; auch als Unsicherheitsdimensionen bezeichnet (vgl. Abschnitt 2.1.3)

Unsicherheitscharakter: Gliederungsdimension der Unsicherheit nach epistemo-logischer (reduzierbarer) und aleatorischer (nicht-reduzierbarer) Unsicherheit (vgl. Abschnitt 2.1.2)

Unsicherheitsfaktor: Beschreibt einen bestimmten Umstand von Unsicherheit, indem er eine konkrete, unsichere Systemgröße mit ihren Ausprägungen und Aspek-ten sowie den zugehörigen Informationen und dem Wissen darüber repräsentiert (vgl. Abschnitt 2.1)

Unsicherheitsgrad: Gliederungsdimension der Unsicherheit gemäß des Grads an fehlenden Wissens in Bezug auf eine Situation; unterteilt in die fünf Stufen der Unsicherheit nach Courtney et al. [103] (vgl. Abschnitt 2.1.2)

Unsicherheitsraum: Enthält alle möglichen/repräsentativen Zukunftsausprägun-gen der unsicheren Systemgröße; Formelzeichen Ω

Unsicherheitstyp: Gliederungsdimension der Unsicherheit gemäß der Quelle der Unsicherheit; unterteilt in intern und extern (vgl. Abschnitt 2.1.2)

(Unsicherheits-)Dimension: Atomarer (Unsicherheits–)Aspekt

Variabilität (in der probabilistischen Architektur): Unterschiede an einer Komponente oder unterschiedliche Komponenten der hypothetischen Architekturen; siehe Kommunalität als Gegenteil (vgl. Abschnitt 5.4.1)

Variationspunkt: Beschreibt Unterschiede zwischen den hypothetischen Architekturen; ist ein Unsicherheitsfaktor, der Architekturmodellelemente der Basisarchitektur als Systemgröße von Interesse referenziert (vgl. Abschnitt 4.2 und 5.4.2)

Verfahrenskompliziertheit: Kognitiver Aufwand mit dem die einzelnen Phasen, Schritte und Tätigkeiten sowie deren Zusammenhänge erfasst und ihnen gefolgt werden kann; eine angemessene Verfahrenskompliziertheit ergibt sich, wenn der kognitive Aufwand zum Erfassen und Folgen des Verfahrens die eigentliche Gestaltungsaufgabe nicht beeinträchtigt; Definition in Anlehnung an Bender et al. ([330], S. 414) (vgl. Abschnitt 4.1)

Vorgeschlagenes Architekturkonzept: Durch die Entwickler erarbeiteter Vorschlag für eine determinierte Architektur als Vorbereitung auf die projektlaterale Entscheidung (vgl. Abschnitt 5.5.1)

Zielsystem: Menge an Zielen mit ihren Wirkbeziehungen (z. B. Zielkonfliktbeziehungen)

Zukunftsausprägung: Ausprägung, die den zukünftigen Zustand einer Rahmenbedingung, eines Projektziels oder einer Architekturanforderung oder -komponente beschreibt

Literatur

[1] „2020 Statistics". (2020), Adresse: https://www.oica.net/category/production-statistics/2020-statistics/.

[2] „2021 Statistics". (2021), Adresse: https://www.oica.net/category/production-statistics/2021-statistics/.

[3] Verband der Automobilindustrie e.V., Hrsg., *Jahresbericht 2020: Die Automobilindustrie in Daten und Fakten*, Berlin, 2020.

[4] J. Kuschel, „The Vehicle Ecosystem", in *Open IT-based innovation*, G. León, A. M. Bernardos, Hrsg., Ser. IFIP International Federation for Information Processing, Bd. 287, Springer, 2008, S. 309–322, ISBN: 978-0-387-87502-6.

[5] L. Block, M. J. Werner, F. Herrmann, S. Stegmüller, „Disruption in Vehicle Development: Systems Thinking is Key to Success", *ATZelectronics worldwide*, Jg. 15, Nr. 5, S. 38–43, 2020.

[6] G. Hab, R. Wagner, *Projektmanagement in der Automobilindustrie: Effizientes Management von Fahrzeugprojekten entlang der Wertschöpfungskette*, 5. Aufl. Wiesbaden: Springer Fachmedien Wiesbaden, 2016, ISBN: 978-3-658-10472-6.

[7] J. Schäuffele, T. Zurawka, *Automotive Software Engineering: Grundlagen, Prozesse, Methoden und Werkzeuge effizient einsetzen* (ATZ/MTZ-Fachbuch), 6. Aufl. Wiesbaden: Springer Vieweg, 2016, ISBN: 978-3-658-11815-0.

[8] S. Kim, R. Shrestha, „In-Vehicle Communication and Cyber Security", in *Automotive Cyber Security*, Kim, Chae, Hrsg., Springer, 2020, S. 67–96, ISBN: 978-981-15-8052-9.

[9] „Computer Chips inside Cars: Vintage Computer Chip Collectibles, Memorabilia & Jewelry". (29.09.2020), Adresse: https://www.chipsetc.com/computer-chips-inside-the-car.html.

[10] D. Ahlemann, F. Andre, T. Bühnen, C. Faller, M. Gerhardus, J. Heydasch, A. Higashi, A. Khurana, F. Kuhnert, T. Kronen, J. Lauterbach, S. Nolte, K. Rothe, T. Schadt, N. Schudnagies, F. Starke, *Digital Auto Report 2020: Navigating through a postpandemic world*, 30.04.2021.

[11] H. Proff, K. Bowman, Y. Tanaka, A. Zhou, T.H. Kim, R. Singh, R. Robinson, B. Wheeler, *2021 Global Automotive Consumer Study: Global focus countries*, 2021.

[12] M. Winkler, R. Mehl, M. Matthies, S. Monske, C. Kolhas, N. Kiefer, P. Purrucker, R. Gräber, *Monetizing vehicle data: How to fulfill the promise*, 22.09.2020.

[13]   „Automotive OTA Updates Market Revenue Forecast 2030". (2021), Adresse: https://www.psmarketresearch.com/market-analysis/automotive-over-the-air-ota-updates-market.

[14]   M. Bertoncello, G. Camplone, J. Balasubramanian, S. Beiker, S. Chauhan, T. Colombo, M. Cornes, F. Hansson, N. Huddar, R. Jaarsma, M. Kässer, *Monetizing car data: New service business opportunities to create new customer benefits*, F. Breuer, J. Cook, I. Hagedorn, J. Hanebrink, B. Küster, Hrsg., September 2016.

[15]   „Smartphone auf Rädern: BMW sieht Milliarden-Potenzial in digitalen Auto-Upgrades", *Automobilwoche*, 2021.

[16]   D. P. Möller, R. E. Haas, *Guide to Automotive Connectivity and Cybersecurity: Trends, Technologies, Innovations and Applications*. Cham: Springer International Publishing, 2019, ISBN: 978-3-319-73511-5.

[17]   C. Berlin, „E/E-Architekturen: Frischzellenkur", *automotiveIT*, 1.04.2019.

[18]   P. Mallozzi, P. Pelliccione, A. Knauss, C. Berger, N. Mohammadiha, „Autonomous Vehicles: State of the Art, Future Trends, and Challenges", in *Automotive Systems and Software Engineering*, Y. Dajsuren, M. van den Brand, Hrsg., Springer International Publishing, 2019, S. 347–367, ISBN: 978-3-030-12157-0.

[19]   T. Rumpelt, S. Gelowicz. „Wie Herbert Diess VWneu positionieren will". (6.03.2018), Adresse: https://www.automobil-industrie.vogel.de/wie-dr-herbert-diess-vw-neu-positionieren-will-a-692459/.

[20]   F. Meissner, K. Shirokinskiy, M. Alexander, *Computer on wheels: Disruption in automotive electronics and semiconductors*, München, 2020.

[21]   O. de Weck, C. Eckert, J. Clarkson, „A Classification of Uncertainty for Early Product and System Design", in *Proceedings of ICED 2007*, J.-C. Bocquet, Hrsg., Ser. ICED, 2007.

[22]   *Industry leaders foresee dramatic changes: Where the opportunities may lie: 22nd Annual Global Automotive Executive Survey 2021*, 1.11.2021.

[23]   K. Borgeest, *Elektronik in der Fahrzeugtechnik: Hardware, Software, Systeme und Projektmanagement* (ATZ/MTZ-Fachbuch), 4. Aufl. Wiesbaden: Springer Fachmedien Wiesbaden, 2021, ISBN: 978-3-658-23664-9.

[24]   L.-O. Gusig, A. Kruse, T. Baumann, C. Ehret, M. Härter, S. Herbst, R. Kalarickal, M. Lück, S. Motzkus, A. Preuschoff, A. R. Schneider, M. Schlott, N. Thomé, *Fahrzeugentwicklung im Automobilbau: Aktuelle Werkzeuge für den Praxiseinsatz* (Fahrzeugtechnik). München: Hanser, 2010, ISBN: 9783446419681.

[25]   S. Muschik, „Development of Systems of Objectives in Early Product Engineering", Diss., Karlsruher Institut für Technologie (KIT), Karlsruhe, 2011.

[26]   T. van Roermund, „In-Vehicle Networks and Security", in *Automotive Systems and Software Engineering*, Y. Dajsuren, M. van den Brand, Hrsg., Springer International Publishing, 2019, S. 265–282, ISBN: 978-3-030-12157-0.

[27]   M. Jaensch, „Modulorientiertes Produktlinien Engineering für den modellbasierten Elektrik/Elektronik-Architekturentwurf", Diss., Karlsruher Institut für Technologie (KIT), Karlsruhe, 2012.

[28]   S. Raue, „Systemorientierung in der modellbasierten modularen E/E-Architekturentwicklung", Diss., Eberhard Karls Universität Tübingen, Tübingen, 2018.

[29] H. Naunheimer, B. Bertsche, J. Ryborz,W. Novak, P. Fietkau, „Produktentstehungs-prozess bei Fahrzeuggetrieben", in *Fahrzeuggetriebe*, H. Naunheimer, B. Bertsche, J. Ryborz, W. Novak, P. Fietkau, Hrsg., Springer, 2019, S. 717–752, ISBN: 978-3-662-58883-3.

[30] B. Ebel, „Modellierung von Zielsystemen in der interdisziplinären Produktentstehung", Diss., Karlsruher Institut für Technologie (KIT), 2015.

[31] A. Albers, S. Muschik, B. Ebel, „Einflüsse auf Entscheidungsprozesse in frühen Aktivitäten der Produktentstehung", in *6. Symposium für Vorausschau und Technologieplanung*, J. Gausemeier, Hrsg., Bd. 276, Heinz-Nixdorf-Institut, Universität Paderborn, 2010, ISBN: 978-3-939350-95-8.

[32] R. Watty, T. Maier, G. Reichert, C. Zimmermann, „Zusammenarbeit von Ingenieuren und Designern: Die neue VDI 2424 – Richtlinie", in *Stuttgarter Symposium für Produktentwicklung*, H. Binz, B. Bertsche, D. Spath, D. Roth, Hrsg., Fraunhofer-Institut für Arbeitswirtschaft und Organisation IAO, 20. Mai 2021, S. 531–542.

[33] M. Maul, G. Becker, U. Bernhard, „Serviceorientierte EE-Zonenarchitektur Schlüsselelement für neue Marktsegmente", *ATZelektronik*, Jg. 13, Nr. 1, S. 36–41, 2018.

[34] L. S. Brandt, „Architekturgesteuerte Elektrik/Elektronik Baukastenentwicklung im Automobil", Diss., Technische Universität München, München, 2016.

[35] J. Feldhusen, K.-H. Grote, J. Göpfert, G. Tretow, „Technische Systeme", in *Pahl/-Beitz Konstruktionslehre*, J. Feldhusen, K.-H. Grote, Hrsg., Springer Vieweg, 2013, S. 237–279, ISBN: 978-3-642-29568-3.

[36] K. Ulrich, „The role of product architecture in the manufacturing firm", *Research Policy*, Jg. 24, Nr. 3, S. 419–440, 1995.

[37] T. Luft, S. Wartzack, „Klassifikation und Handhabung von Unsicherheiten zur entwicklungsbegleitenden Erfassung des Produktreifegrades", in *Entwerfen, Entwickeln, Erleben 2014*, R. Stelzer, Hrsg., TUDpress, 2014, S. 535–549, ISBN: 9783944331676.

[38] B. J. Williams, J. C. Carver, „Characterizing Software Architecture Changes: An Initial Study", *Information and Software Technology*, Jg. 52, Nr. 1, S. 31–51, 2010.

[39] D. Durisic, M. Nilsson, M. Staron, J. Hansson, „Measuring the impact of changes to the complexity and coupling properties of automotive software systems", *Journal of Systems and Software*, Jg. 86, Nr. 5, S. 1275–1293, 2013.

[40] M. Staron, *Automotive Software Architectures: An Introduction*, 2. Aufl. Cham: Springer International Publishing, 2021, ISBN: 978-3-030-65939-4.

[41] P. Mundhenk, G. Tibba, L. Zhang, F. Reimann, D. Roy, S. Chakraborty, „Dynamic Platforms for Uncertainty Management in Future Automotive E/E Architectures", in *Proceedings of the 2017 54th ACM/EDAC/IEEE Design Automation Conference*, V. Bertacco, Hrsg., IEEE, 2017, S. 1–6, ISBN: 9781450349277.

[42] Y. Dajsuren, M. van den Brand, „Automotive Software Engineering: Past, Present, and Future", in *Automotive Systems and Software Engineering*, Y. Dajsuren, M. van den Brand, Hrsg., Springer International Publishing, 2019, S. 3–8, ISBN: 978-3-030-12157-0.

[43] M. J. Chalupnik, D. C. Wynn, P. J. Clarkson, „Approaches to mitigate the impact of uncertainty in development processes", in *Proceedings of the 17th International Conference on Engineering Design (ICED 09)*, M. Norell Bergendahl, M. Grimheden, L. Leifer, P. Skogstad, U. Lindemann, Hrsg., Design Society, 2009, S. 459–470, ISBN: 978-1-904670-05-6.

[44]   H. Guissouma, H. Klare, E. Sax, E. Burger, „An Empirical Study on the Current and Future Challenges of Automotive Software Release and Configuration Management", in *44th Euromicro Conference on Software Engineering and Advanced Applications (SSEA 2018)*, T. Bures, L. Angelis, Hrsg., IEEE, 2018, S. 298–305, ISBN: 978-1-5386-7383-6.

[45]   J. Bosch, U. Eklund, „Eternal Embedded Software: Towards Innovation Experiment Systems", in *Lecture Notes in Computer Science*, Margaria T., B. Steffen, Hrsg., Bd. 7609, Springer, 2012, S. 19–31.

[46]   *F&E-Bedarfe für den Wandel des Zusammenspiels von Software und Hardware im Automobil der Zukunft: Positionspapier*, 10.06.2021.

[47]   S. Surendra, C. Roth, L. Stachon. „On-Demand Car Features: Readiness for a new era of customer value creation". (2022), Adresse: https://www2.deloitte.com/content/dam/Deloitte/de/Documents/risk/Deloitte-On-Demand-Car-Features.pdf.

[48]   C. Köllner, „Fahrzeugvernetzung per C-V2X oder pWLAN?", *springerprofessional.de*, 24.03.2020.

[49]   „Euro NCAP Protocols". (26.05.2021), Adresse: https://www.euroncap.com/de/fuer-ingenieure/protocols/.

[50]   Europäische Kommission, *zur Ergänzung der Verordnung (EG) Nr. 715/2007 des Europäischen Parlaments und des Rates über die Typgenehmigung von Kraftfahrzeugen hinsichtlich der Emissionen von leichten Personenkraftwagen und Nutzfahrzeugen (Euro 5 und Euro 6) und über den Zugang zu Fahrzeugreparatur- und -wartungsinformationen, zur Änderung der Richtlinie 2007/46/EG des Europäischen Parlaments und des Rates, der Verordnung (EG) Nr. 692/2008 der Kommission sowie der Verordnung (EU) Nr. 1230/2012 der Kommission und zur Aufhebung der Verordnung (EG) Nr. 692/2008 der Kommission: Verordnung (EU) 2017/1151 der Kommision*.

[51]   N. Fanderl, M. Kern, C. Behr, J. Käfer, F. Stratz, *MaaS@bw: Mobility-as-a-Service in Baden-Württemberg*, W. Bauer, O. Riedel, A. Weisbecker, F. Herrmann, Hrsg., 2021.

[52]   S. Baumann, M. Püschner, „Smart Mobility Usage Scenarios I", in *Smart Mobility*, B. Flügge, Hrsg., Springer Fachmedien Wiesbaden, 2016, S. 105–112, ISBN: 978-3-658-15621-3.

[53]   X. Han, R. Li, J. Wang, G. Ding, S. Qin, „A systematic literature review of product platform design under uncertainty", *Journal of Engineering Design*, Jg. 31, Nr. 5, S. 266–296, 2020.

[54]   J.D. Allen, P.D. Stevenson, C. A. Mattson, N.W. Hatch, „Over-Design Versus Redesign as a Response to Future Requirements", *Journal of Mechanical Design*, Jg. 141, Nr. 3, S. 1, 2019.

[55]   E. Fricke, A. P. Schulz, „Design for changeability (DfC): Principles to enable changes in systems throughout their entire lifecycle", *Systems Engineering*, Jg. 8, Nr. 4, 2005.

[56]   T. Friedli, G. Schuh, *Wettbewerbsfähigkeit der Produktion an Hochlohnstandorten*, 2. Aufl. Berlin und Heidelberg: Springer Vieweg, 2012, ISBN: 9783642302756.

[57]   R. de Neufville, „Uncertainty Management for Engineering Systems Planning and Design", in *Engineering Systems Monograph*, 2004.

[58]   C. Clifford, „A lesson in leadership: Elon Musk spends weekend responding to Tesla customers, admits ,foolish oversight'", *CNBC make.it*, 21.08.2017.

[59]   A. Donath, „ABS-Verbesserung: Tesla macht Bremsen des Model 3 durch Software besser", *Golem.de*, 28.05.2018.

[60]   „Sentry Mode: Guarding Your Tesla". (2019), Adresse: https://www.tesla.com/de_
       DE/blog/sentry-mode-guarding-your-tesla.
[61]   A. K. Lyyra, K. M. Koskinen, „The Ambivalent Characteristics of Connected, Digitised
       Products: Case Tesla Model S", in *Nordic contributions in IS research: SCIS 2016
       and IFIP8.6 2016*, U. Lundh Snis, Hrsg., Ser. Lecture Notes in Business Information
       Processing, Bd. 259, Springer International Publishing, 2016, S. 57–69, ISBN: 978-3-
       319-43596-1.
[62]   P. Magney, „Changes In Vehicle Electrical Architecture: Centralized And Software-
       Defined", *AutoVision News*, 6.12.2019.
[63]   „Autopilot, Processors and Hardware: MCU & HW Demystified". (24.05.2021),
       Adresse: https://teslatap.com/articles/autopilot-processors-and-hardware-mcu-hw-
       demystified/.
[64]   P. Schäfer, „Der neue Audi A8 fährt hochautomatisiert", *springerprofessional.de*,
       11.07.2017.
[65]   J. Yoshida, „Teardown: Lessons Learned From Audi A8", *EE Times Asia*, 4.05.2020.
[66]   F. Greis, „Staupilot: Wie deutsche Hersteller beim autonomen Fahren rumeiern",
       Golem.de, 8.07.2020.
[67]   H. Holzer, „Audi verzichtet beim A8 auf den Autopiloten", *Handelsblatt*, 29.04.2020.
[68]   Porsche Deutschland. „Kostenloses Software-Update für Porsche Taycan der ersten
       Stunde". (23.03.2021), Adresse: https://www.porsche.com/germany/aboutporsche/
       pressreleases/germany/?id=630966&pool=germany&lang=none.
[69]   S. Schaal, „Porsche: Software-Update für weitere Ladefunktionen im Taycan", *elec-
       trive.net*, 2021.
[70]   G. Stegmaier, „Kann Porsches E-Auto kein Over The Air? Taycanmuss für Software-
       Updates in die Werkstatt", *auto motor sport*, 11.08.2020.
[71]   S. Mattke, „Porsche (fast) im Tesla-Stil: Kostenloses Update für schon verkaufte Tay-
       cans – in der Werkstatt", *Teslamag.de*, 25.03.2021.
[72]   „All Tesla Cars Being Produced Now Have Full Self-Driving Hardware". (2016),
       Adresse: https://www.tesla.com/blog/all-tesla-cars-being-produced-now-have-full-
       self-driving-hardware.
[73]   S. Dent, „Tesla lowers the price of its ‚Full Self-Driving' computer upgrade", *engad-
       get.com*, 21.07.2021.
[74]   „‚Effizient' auf Duden online". (2021), Adresse: https://www.duden.de/
       rechtschreibung/effizient.
[75]   I. Gräßler, C. Oleff, „Risikoorientierte Analyse und Handhabung von Anforderungs-
       änderungen", in *Proceedings of the 30th Symposium Design for X*, The Design Society,
       2019.
[76]   S. White, S. Ferguson, „Exploring Architecture Selection and System Evolvability",
       in *Proceedings of the ASME International Design Engineering Technical Conferences
       and Computers and Information in Engineering Conference*, The American Society of
       Mechanical Engineers, 2017, ISBN: 978-0-7918-5813-4.
[77]   L. Block, „Guiding Local Design Decisions towards a Flexible and Changeable Product
       Architecture", in *Proceedings of the Design Society*, Bd. 1, 2020, S. 521–530.
[78]   E. S. Suh, O. de Weck, I. Y. Kim, D. Chang, „Flexible platform component design
       under uncertainty", *Journal of Intelligent Manufacturing*, Jg. 18, Nr. 1, S. 115–126,
       2007.

[79]   P. C. Gembarski, S. Plappert, R. Lachmayer, „Making design decisions under uncertain-
        ties: Probabilistic reasoning and robust product design", *Journal of Intelligent Infor-
        mation Systems*, 2021.

[80]   D. Spath, M. Baumeister, D. Rasch, „Wandlungsfähigkeit und Planung von Fabriken:
        Ein Ansatz durch Fabriktypologisierung und unterstützenden Strukturbaukasten", *Zeit-
        schrift für wirtschaftlichen Fabrikbetrieb*, Jg. 97, Nr. 1–2, S. 28–32, 2002.

[81]   J. Oehmen, „Risiko- und Chancenmanagement in der Produktentwicklung", in *Hand-
        buch Produktentwicklung*, U. Lindemann, Hrsg., Carl Hanser Verlag GmbH & Co. KG,
        2016, S. 59–98, ISBN: 978-3-446-44518-5.

[82]   B. Meyer-Schwickerath, „Vorausschau im Produktentstehungsprozess: Das integrierte
        Produktentstehungs-Modell (iPeM) als Bezugsrahmen für Vorausschau am Beispiel
        von Szenariotechnik und strategischer Frühaufklärung", Diss., Karlsruher Institut für
        Technologie (KIT), Karlsruhe, 2014.

[83]   T. Luft, J. Le Cardinal, S. Wartzack, „Methoden der Entscheidungsfindung", in *Hand-
        buch Produktentwicklung*, U. Lindemann, Hrsg., Carl Hanser Verlag GmbH & Co. KG,
        2016, S. 759–803, ISBN: 978-3-446-44518-5.

[84]   L. Block, H. Binz, D. Roth, „Extrapolation of Objectives in Product Development under
        Uncertainty", in *Stuttgarter Symposium für Produktentwicklung*, H. Binz, B. Bertsche,
        D. Spath, D. Roth, Hrsg., Fraunhofer-Institut für Arbeitswirtschaft und Organisation
        IAO, 20. Mai 2021, S. 351–362.

[85]   L. T. Blessing, A. Chakrabarti, *DRM, a Design Research Methodology*. London: Sprin-
        ger, 2009, ISBN: 978-1-84882-586-4.

[86]   U. Lindemann, *Methodische Entwicklung technischer Produkte: Methoden flexible und
        situationsgerecht anwenden* (VDI-Buch), 3. Aufl. Berlin, Heidelberg: Springer, 2009,
        ISBN: 9783642014222.

[87]   K. Ehrlenspiel, H. Meerkamm, *Integrierte Produktentwicklung: Denkabläufe, Metho-
        deneinsatz, Zusammenarbeit*, 5. Aufl. München: Hanser, 2013, ISBN: 978-3-446-
        43627-5.

[88]   W. Hesse, G. Merbeth, R. Frölich, *Software-Entwicklung: Vorgehensmodelle, Projekt-
        führung, Produktverwaltung* (Handbuch der Informatik). München: Oldenbourg, 1992,
        Bd. 5.3, ISBN: 3486206931.

[89]   L. Blessing, A. Chakrabarti, „DRM: A Design Research Methodology", in *Proceedings
        of Les Sciences de la Conception*, 2002.

[90]   D. P. Thunnissen, „Propagating and mitigating uncertainty in the design of complex-
        multidisciplinary systems", Diss., California Institute of Technology, Pasadena, Cali-
        fornien, 2005.

[91]   P. Smets, „Imperfect Information: Imprecision and Uncertainty", in *Uncertainty Mana-
        gement in Information Systems*, A. Motro, P. Smets, Hrsg., Springer, 1997, S. 225–254,
        ISBN: 978-1-4613-7865-5.

[92]   H. McManus, D. Hastings, „A Framework for Understanding Uncertainty and its Miti-
        gation and Exploitation in Complex Systems", *INCOSE International Symposium*, Jg.
        15, Nr. 1, S. 484–503, 2005.

[93]   W. E. Walker, P. Harremoës, J. Rotmans, J. P. van der Sluijs, M. van Asselt, P. Janssen,
        M. P. Krayer von Krauss, „Defining Uncertainty: A Conceptual Basis for Uncertainty
        Management in Model-Based Decision Support", *Integrated Assessment*, Jg. 4, Nr. 1,
        S. 5–17, 2003.

[94] K. North, S. Güldenberg, *Produktive Wissensarbeit(er): Antworten auf die Management-Herausforderung des 21. Jahrhunderts*, 1. Aufl. Wiesbaden: Gabler, 2008, ISBN: 978-3-8349-0738-7.

[95] Verein Deutscher Ingenieure, *Wissensmanagement im Ingenieurwesen: Grundlagen, Konzepte, Vorgehen*, März 2009.

[96] M. Kreye, Y. M. Goh, L. Newnes, „Manifestation of uncertainty: A classification", in *Proceedings of the 18th International Conference on Engineering Design*, S. J. Culley, B. J. Hicks, T. C. McAloone, T. J. Howard, J. Clarkson, Hrsg., Design Society, 2011, S. 96–107.

[97] H.-J. Zimmermann, „An application-oriented view of modeling uncertainty", *European Journal of Operational Research*, Jg. 122, Nr. 2, S. 190–198, 2000.

[98] M. Naab, „Enhancing architecture design methods for improved flexibility in long-living information systems", Diss., Technische Universität Kaiserslautern, 2012.

[99] D.W. Hubbard, *How to measure anything: Finding the value of „intangibles" in business*, 3. Aufl. Hoboken, NJ: Wiley, 2014, ISBN: 978-1-118-53927-9.

[100] DIN Deutsches Institut für Normung e. V., *Risikomanagement: Leitlinien*, Berlin, Oktober 2018.

[101] L.-Y. Zhai, L.-P. Khoo, Z.-W. Zhong, „A rough set based QFD approach to the management of imprecise design information in product development", *Advanced Engineering Informatics*, Jg. 23, Nr. 2, S. 222–228, 2009.

[102] N. Esfahani, K. Razavi, S. Malek, „Dealing with uncertainty in early software architecture", in *Proceedings of the ACM SIGSOFT 20th International Symposium on the Foundations of Software Engineering*, W. Tracz, M. Robillard, T. Bultan, Hrsg., ACM Press, 2012, ISBN: 9781450316149.

[103] H. Courtney, J. Kirkland, P. Viguerie, „Strategy Under Uncertainty", *Havard Business Review*, Nr. November-December, S. 66–79, 1997.

[104] H. Courtney, „Decision-driven scenarios for assessing four levels of uncertainty", *Strategy & Leadership*, Jg. 31, Nr. 1, S. 14–22, 2003.

[105] F. Romeike, *Risikomanagement* (Studienwissen kompakt). Wiesbaden, Germany: Springer Gabler, 2018, ISBN: 978-3-658-13952-0.

[106] F.H. Knight, *Risk, Uncertainty and Profit* (Reprints of Economic Classics). New York: Sentry Press, 1964.

[107] M. Giffin, O. de Weck, G. Bounova, R. Keller, C. Eckert, P. J. Clarkson, „Change Propagation Analysis in Complex Technical Systems", *Journal of Mechanical Design*, Jg. 131, Nr. 8, S. 081001-1–081001-14, 2009.

[108] B. Goswami, N. Boers, A. Rheinwalt, N. Marwan, J. Heitzig, S. F. M. Breitenbach, J. Kurths, „Abrupt transitions in time series with uncertainties", *Nature communications*, Jg. 9, Nr. 1, S. 48, 2018.

[109] P. G. Armour, „The Five Orders of Ignorance", *Communications of the ACM*, Jg. 43, Nr. 10, S. 17–20, 2000.

[110] H.-J. Zimmermann, „Zur Modellierung von Unsicherheit realer Probleme", in *Fuzzy Theorie und Stochastik*, Ser. Computational Intelligence, R. Seising, Hrsg., Vieweg+Teubner, 1999, S. 287–301, ISBN: 3-528-05682-7.

[111] C. Löffler, „Systematik der strategischen Strukturplanung für eine wandlungsfähige und vernetzte Produktion der variantenreichen Serienfertigung", Diss., Universität Stuttgart, Stuttgart, 2011.

[112] E. Westkämper, E. Zahn, P. Balve, M. Tilebein, „Ansätze zur Wandlungsfähigkeit von Produktionsunternehmen: Ein Bezugsrahmen für die Unternehmensentwicklung im turbulenten Umfeld", *WT. Werkstattstechnik*, Jg. 90, Nr. 1/2, S. 22–26, 2000.

[113] M. Hartkopf, „Systematik für eine kontinuierliche und langfristig ausgerichtete Planung technologischer und kapazitiver Werksentwicklungen", Diss., Universität Stuttgart, Stuttgart, 2013.

[114] Taysom, Eloise Sophie Jane, „Change or be changed: Understanding resilience in socio-technical systems", Diss., University of Cambridge, Cambridge, 2017.

[115] R. de Neufville, „Real Options: Dealing With Uncertainty in Systems Planning and Design", *Integrated Assessment*, Jg. 4, Nr. 1, S. 26–34, 2003.

[116] T. Mikaelian, „An Integrated Real Options Framework for Model-based Identi ⁻cation and Valuation of Options under Uncertainty", Diss., Massachusetts Institute of Technology, Boston, 2009.

[117] M.-A. Cardin, „Enabling Flexibility in Engineering Systems: A Taxonomy of Procedures and a Design Framework", *Journal of Mechanical Design*, Jg. 136, Nr. 1, S. 011 005, 2014.

[118] R. K. Roy, *Design of Experiments using the Taguchi Approach: 16 Steps to Product and Process Improvement*. New York: Wiley, 2001, ISBN: 978-0-471-36101-5.

[119] H.-P. Wiendahl, J. Reichardt, P. Nyhuis, *Handbuch Fabrikplanung: Konzept, Gestaltung und Umsetzung wandlungsfähiger Produktionsstätten*. München: Hanser, 2009, ISBN: 978-3-446-22477-3.

[120] A. Bischof, „Developing Flexible Products for Changing Environments", Diss., Technische Universität Berlin, Berlin, 2010.

[121] C. F. Rehn, S. S. Pettersen, J. J. Garcia, P.O. Brett, S.O. Erikstad, B. E. Asbjørnslett, A. M. Ross, D.H. Rhodes, „Quantification of changeability level for engineering systems", *Systems Engineering*, Jg. 22, Nr. 1, S. 80–94, 2019.

[122] „‚Aufwand' auf Duden online". (2021), Adresse: https://www.duden.de/rechtschreibung/Aufwand.

[123] C. Mengi, „Automotive Software: Prozesse, Modelle und Variabilität", Diss., RWTH Aachen, Aachen, 26.06.2012.

[124] T. Mikaelian, D. J. Nightingale, D.H. Rhodes, D. E. Hastings, „Real Options in Enterprise Architecture: A Holistic Mapping of Mechanisms and Types for Uncertainty Management", *IEEE Transactions on Engineering Management*, Jg. 58, Nr. 3, S. 457–470, 2011.

[125] P. Gu, D. Xue, A. Y. C. Nee, „Adaptable design: Concepts, methods, and applications", *Proceedings of the Institution of Mechanical Engineers, Part B: Journal of Engineering Manufacture*, Jg. 223, Nr. 11, S. 1367–1387, 2009.

[126] M. Jaring, J. Bosch, „Representing Variability in Software Product Lines: A Case Study", in *Software Product Lines*, G. J. Chastek, Hrsg., Ser. Lecture Notes in Computer Science, Bd. 2379, Springer, 2002, S. 15–36, ISBN: 978-3-540-43985-1.

[127] „‚Mechanismus' auf Duden online". (2021), Adresse: https://www.duden.de/rechtschreibung/Mechanismus.

[128] C. Beierle, G. Kern-Isberner, *Methoden wissensbasierter Systeme: Grundlagen, Algorithmen, Anwendungen* (Computational Intelligence), 6. Aufl. Wiesbaden: Springer Vieweg, 2019, ISBN: 978-3-658-27083-4.

[129] M. E. Kreye, Y. M. Goh, L. B. Newnes, „Uncertainty in Through Life Costing within the Concept of Product Service Systems: A Game Theoretic Approach", *International Conference on Engineering Design, ICED09*, Nr. 7, S. 57–68, 2009.

[130] B. M. Ayyub, G. J. Klir, *Uncertainty modeling and analysis in engineering and the sciences*. Boca Raton, FL: Chapman & Hall/CRC, 2006, ISBN: 1-58488-644-7.

[131] R. Seising, Hrsg., *Fuzzy Theorie und Stochastik: Modelle und Anwendungen in der Diskussion* (Computational Intelligence). Braunschweig: Vieweg+Teubner, 1999, ISBN: 3-528-05682-7.

[132] J. L. Beck, „Bayesian system identification based on probability logic", *Structural Control and Health Monitoring*, Jg. 17, Nr. 7, S. 825–847, 2010.

[133] E. T. Jaynes, *Probability theory: The logic of science*, 12. Aufl. Cambridge: Cambridge Univ. Press, 2013, ISBN: 9780521592710.

[134] A.N. Kolmogorov, *Foundations of the Theory of Probability*, 2. Aufl. New York: Chelsea Publishing Company, 1956.

[135] R. Obermaier, E. Saliger, *Betriebswirtschaftliche Entscheidungstheorie: Einführung in die Logik individueller und kollektiver Entscheidungen*, 7. Aufl. De Gruyter Oldenbourg, 2020, ISBN: 978-3-11-061694-1.

[136] B. Buldt, „Supervaluagefuzzysoritalhistorisch, oder: Ein kurzer Bericht der langen Geschichte, wie die Vagheit auf den Begriff und unter die Formel kam", in *Fuzzy Theorie und Stochastik*, Ser. Computational Intelligence, R. Seising, Hrsg., Vieweg+Teubner, 1999, S. 41–85, ISBN: 3-528-05682-7.

[137] L. A. Zadeh, „Fuzzy sets", *Information and Control*, Jg. 8, Nr. 3, S. 338–353, 1965.

[138] J. Yen, „Generalizing the Dempster-Shafer Theory to Fuzzy Sets", in *Classic Works of the Dempster-Shafer Theory of Belief Functions*, Ser. Studies in Fuzziness and Soft Computing, R. R. Yager, L. Liu, Hrsg., Bd. 219, Springer, 2008, S. 529–554, ISBN: 978-3-540-25381-5.

[139] L. A. Zadeh, „Fuzzy sets and information granularity", *Advances in fuzzy set theory and applications*, Jg. 11, S. 3–18, 1979.

[140] M. Mizumoto, „Fuzzy Sets and Their Operations, II", *Information and Control*, Jg. 50, Nr. 2, S. 160–174, 1981.

[141] D. Dubois, H. Prade, „Putting Rough Sets and Fuzzy Sets Together", in *Intelligent Decision Support*, Ser. Theory and Decision Library, Series D, R. Słowiński, Hrsg., Springer, 1992, S. 203–232, ISBN: 978-90-481-4194-4.

[142] Z. Pawlak, „Rough sets", *International Journal of Computer & Information Sciences*, Jg. 11, Nr. 5, S. 341–356, 1982.

[143] L. A. Zadeh, „Fuzzy sets as a basis for a theory of possibility", *Fuzzy Sets and Systems*, Jg. 100, S. 9–34, 1999.

[144] T. Feng, S.-P. Zhang, J.-S. Mi, „The reduction and fusion of fuzzy covering systems based on the evidence theory", *International Journal of Approximate Reasoning*, Jg. 53, Nr. 1, S. 87–103, 2012.

[145] A. P. Dempster, „Upper and Lower Probabilities Induced by a Multivalued Mapping", in *Classic Works of the Dempster-Shafer Theory of Belief Functions*, Ser. Studies in Fuzziness and Soft Computing, R. R. Yager, L. Liu, Hrsg., Bd. 219, Springer, 2008, S. 57–72, ISBN: 978-3-540-25381-5.

[146] G. Shafer, *A mathematical theory of evidence*. Princeton, NJ: Princeton Univ. Press, 1976, ISBN: 0691081751.

[147] P. P. Shenoy, „An expectation operator for belief functions in the Dempster-Shafer theory", *International Journal of General Systems*, Jg. 49, Nr. 1, S. 112–141, 2020.

[148] P. Smets, „The Combination of Evidence in the Transferable Belief Model", *IEEE Transactions on Pattern Analysis and Machine Intelligence*, Jg. 12, Nr. 5, S. 447–458, 1990.

[149] M. E. Cattaneo, „Belief functions combination without the assumption of independence of the information sources", *International Journal of Approximate Reasoning*, Jg. 52, Nr. 3, S. 299–315, 2011.

[150] C. Lucas, B.N. Araabi, „Generalization of the Dempster-Shafer Theory: A Fuzzy-Valued Measure", *IEEE Transactions on Fuzzy Systems*, Jg. 7, Nr. 3, S. 255–270, 1999.

[151] L. Liu, R. R. Yager, „Classic Works of the Dempster-Shafer Theory of Belief Functions: An Introduction", in *Classic Works of the Dempster-Shafer Theory of Belief Functions*, Ser. Studies in Fuzziness and Soft Computing, R. R. Yager, L. Liu, Hrsg., Bd. 219, Springer, 2008, S. 1–34, ISBN: 978-3-540-25381-5.

[152] D. Dubois, H. Prade, „Fuzzy Sets and Probability: Misunderstandings, Bridges and Gaps", in *Second IEEE International Conference on Fuzzy Systems*, IEEE, 1993, S. 1059–1068, ISBN: 0-7803-0614-7.

[153] J. Deng, „Introduction to Grey System Theory", *The Journal of grey system*, Jg. 1, Nr. 1, S. 1–24, 1989.

[154] R. E. Moore, R. B. Kearfott, M. J. Cloud, *Introduction to Interval Analysis*. Philadelphia, Pa.: Society for Industrial and Applied Mathematics, 2009, ISBN: 0898716691.

[155] A. A. Yassine, D. R. Falkenburg, „A Framework for Design Process Specifications Management", *Journal of Engineering Design*, Jg. 10, Nr. 3, S. 223–234, 1999.

[156] P. J. Clarkson, C. Simons, C. Eckert, „Predicting Change Propagation in Complex Design", *Journal of Mechanical Design*, Jg. 126, Nr. 5, S. 788–797, 2004.

[157] C. Eckert, P. J. Clarkson, W. Zanker, „Change and customisation in complex engineering domains", *Research in Engineering Design*, Jg. 15, Nr. 1, S. 1–21, 2004.

[158] E. S. Suh, O. de Weck, D. Chang, „Flexible product platforms: framework and case study", *Research in Engineering Design*, Jg. 18, Nr. 2, S. 67–89, 2007.

[159] M. V. Martin, K. Ishii, „Design for variety: Developing standardized and modularized product platform architectures", *Research in Engineering Design*, Jg. 13, Nr. 4, S. 213–235, 2002.

[160] E. C. Koh, N.H. Caldwell, P. J. Clarkson, „A technique to assess the changeability of complex engineering systems", *Journal of Engineering Design*, Jg. 24, Nr. 7, S. 477–498, 2013.

[161] C. Eckert, W. Zanker, P. J. Clarkson, „Aspects of a better understanding of changes", in *Proceedings of the 13th International Conference on Engineering Design (ICED 01)*, S. Culley, Hrsg., Design Society, 2001.

[162] T.U. Pimmler, S.D. Eppinger, „Integration analysis of product decompositions", in *Design Theory and Methodology*, T. K. Hight, Hrsg., Ser. DE, ASME, 1994, S. 2–10, ISBN: 0791812820.

[163] M. G. Helander, L. Lin, „Axiomatc design in ergonomics and an extension of the information axiom", *Journal of Engineering Design*, Jg. 13, Nr. 4, S. 321–339, 2002.

[164] P. Foith-Förster, M. Wiedenmann, D. Seichter, T. Bauernhansl, „Axiomatic Approach to Flexible and Changeable Production System Design", *Procedia CIRP*, Jg. 53, S. 8–14, 2016.

[165] N. P. Suh, *Axiomatic design: Advances and applications* (MIT-Pappalardo Series in Mechanical Engineering). New York, NY: Oxford University Press, 2001, ISBN: 9780195134667.

[166] N. P. Suh, *Complexity: Theory and applications* (MIT-Pappalardo Series in Mechanical Engineering). Oxford: Oxford University Press, 2005, ISBN: 0195178769.

[167] N. Kang, A. E. Bayrak, P. Y. Papalambros, „Robustness and Real Options for Vehicle Design and Investment Decisions Under Gas Price and Regulatory Uncertainties", *Journal of Mechanical Design*, Jg. 140, Nr. 10, 2018.

[168] H. Gustavsson, J. Axelsson, „Evaluating Flexibility in Embedded Automotive Product Lines Using Real Options", in *12th International Software Product Line Conference, 2008*, B. Geppert, Hrsg., IEEE, 2008, S. 235–242, ISBN: 978-0-7695-3303-2.

[169] C. Y. Baldwin, K. B. Clark, *Design Rules: The power of modularity* (Design rules). Cambridge, Massachusetts und London: The MIT Press, 2000, ISBN: 0262024667.

[170] A. Gamba, N. Fusari, „Valuing Modularity as a Real Option", *Management Science*, Jg. 55, Nr. 11, S. 1877–1896, 2009.

[171] A. Engel, T. R. Browning, „Designing Systems for Adaptability by Means of Architecture Options", *Systems Engineering*, Jg. 11, Nr. 2, S. 125–146, 2008.

[172] A. Engel, Y. Reich, „Advancing Architecture Options Theory: Six Industrial Case Studies", *Systems Engineering*, Jg. 18, Nr. 4, S. 396–414, 2015.

[173] U. Räse, „Nachhaltige Produktentwicklung bei Mercedes-Benz: Werkzeuge zum Controlling von Projektfortschritt und Produktreifegrad", in *Design for X*, D. Krause, K. Paetzold, Hrsg., TuTech Verl., 2010, S. 1–10, ISBN: 9783941492233.

[174] H. Diehl, „Systemorientierte Visualisierung disziplinübergreifender Entwicklungsabhängigkeiten mechatronischer Automobilsysteme", Diss., Technische Universität München, München, 2009.

[175] P. Manhart, K. Schneider, „Breaking the Ice for Agile Development of Embedded Eoftware: An Industry Experience Report", in *Proceedings of the 26th International Conference on Software Engineering*, IEEE Computer Society, 2004, S. 378–386, ISBN: 0-7695-2163-0.

[176] U. Eklund, H. Holmström Olsson, N. J. Strøm, „Industrial Challenges of Scaling Agile in Mass-Produced Embedded Systems", in *Agile Methods: XP 2014 Workshops*, Ser. Lecture Notes in Business Information Processing, T. Dingsøyr, N. B. Moe, R. Tonelli, S. Counsell, C. Gencel, K. Petersen, Hrsg., Bd. 199, Springer International Publishing, 2014, S. 30–42, ISBN: 978-3-319-14357-6.

[177] R.D. Stacey, C. Mowles, *Strategic management and organisational dynamics: The challenge of complexity to ways of thinking about organisations*, 7. Aufl. Harlow, United Kingdom: Pearson Education, 2016, ISBN: 9781292078748.

[178] Verein Deutscher Ingenieure, *Entwicklungsmethodik für mechatronische Systeme*, Berlin, Juni 2004.

[179] B.W. Boehm, „A Spiral Model of Software Development and Enhancement", *Computer*, Jg. 21, Nr. 5, S. 61–72, 1988.

[180] G. Schuh, F. Lau, S. Schroder, T. Wetterney, „Next Generation Hardware Eevelopment: The Role of Technology Intelligence to Reduce Uncertainty in Agile New Pro-

duct Development", in *2016 Portland International Conference on Management of Engineering and Technology*, IEEE, 4.09.2016-08.09.2016, S. 2573–2582.

[181] C. Fernandez-Sanchez, J. Díaz, J. Perez, J. Garbajosa, „Guiding Flexibility Investment in Agile Architecting", in *47th Hawaii International Conference on System Sciences*, R.H. Sprague, Hrsg., IEEE, 2014, S. 4807–4816, ISBN: 978-1-4799-2504-9.

[182] S. Blair, R. Watt, T. Cull, „Responsibility-Driven Architecture", *IEEE Software*, Jg. 27, Nr. 2, S. 26–32, 2010.

[183] J. Hu, P. Guo, „An Evolutionary Rule-Based Framework for the Design and Management of Engineering Systems With Flexibility", *IEEE Access*, Jg. 6, S. 59 374–59 382, 2018.

[184] R. de Neufville, S. Scholtes, *Flexibility in Engineering Design* (Engineering systems). Cambridge, Mass: MIT Press, 2011, ISBN: 9780262303569.

[185] C. Lupafya, „A Framework for Managing Uncertainty in Software Architecture", in *Proceedings of the 13th European Conference on Software Architecture*, L. Duchien, C. Trubiani, R. Scandariato, R. Mirandola, E. M. Navarro Martinez, D. Weyns, A. Koziolek, P. Scandurra, C. Quinton, Hrsg., ACM Press, 2019, S. 71–74, ISBN: 9781450371421.

[186] R. Reussner, M. Goedicke, W. Hasselbring, B. Vogel-Heuser, J. Keim, L. Märtin, *Managed Software Evolution*. Cham: Springer International Publishing, 2019, ISBN: 978-3-030-13499-0.

[187] A. Lueder, „Flexibility in Production Systems by Exploiting Cyberphysical Systems", *Computer*, Jg. 53, Nr. 1, S. 81–85, 2020.

[188] T. Derichs, „Informationsmanagement im Simultaneous Engineering: Systematische Nutzung unsicherer Informationen zur Verkürzung der Produktentwicklungszeiten", Diss., RWTH Aachen, Aachen.

[189] A. Engel, T. R. Browning, Y. Reich, „Designing Products for Adaptability: Insights from Four Industrial Cases", *Decision Sciences*, Jg. 48, Nr. 5, S. 875–917, 2017.

[190] M. P. de Lessio, M.-A. Cardin, A. Astaman, V. Djie, „A Process to Analyze Strategic Design and Management Decisions Under Uncertainty in Complex Entrepreneurial Systems", *Systems Engineering*, Jg. 18, Nr. 6, S. 604–624, 2015.

[191] W.H. J. Mak, „The Design of Resilient Engineering Infrastructure Systems", Diss., University of Cambridge, 2019.

[192] P. Rajan, M. van Wie, M. Campbell, K. Otto, K. Wood, „Design for flexibility: Measures and guidelines", in *Proceedings of the 14th International Conference on Engineering Design*, A. Folkeson, K. Gralen, M. Norell, U. Sellgren, Hrsg., Design Society, 2003, ISBN: 1-904670-00-8.

[193] D. A. Keese, C. C. Seepersad, K. L. Wood, „Product flexibility measurement with enhanced Change Modes and Effects Analysis: CMEA", *International Journal of Mass Customisation*, Jg. 3, Nr. 2, S. 115, 2009.

[194] W. Wei, J. Ji, T. Wuest, F. Tao, „Product Family Flexible Design Method Based on Dynamic Requirements Uncertainty Analysis", *Procedia CIRP*, Jg. 60, S. 332–337, 2017.

[195] G.-N. Zhu, J. Hu, J. Qi, T. He, Y.-H. Peng, „Change mode and effects analysis by enhanced grey relational analysis under subjective environments", *Artificial Intelligence for Engineering Design, Analysis and Manufacturing*, Jg. 31, Nr. 2, S. 207–221, 2017.

[196] Object Management Group, *OMG Unified Modeling Language: OMG UML*, März 2015.

[197] *IEEE 100: The Authoritative Dictionary of IEEE Standards Terms*, 7. Aufl. New York: Standards Information Network IEEE Press, 2000, ISBN: 9780738126012.

[198] M. R. Silver, O. de Weck, „Time-Expanded Decision Networks: A Framework for Designing Evolvable Complex Systems", *Systems Engineering*, Jg. 10, Nr. 2, S. 167-188, 2007.

[199] R. Nilchiani, D. E. Hastings, „Measuring the Value of Flexibility in Space Systems: A Six-Element Framework", *Systems Engineering*, Jg. 10, Nr. 1, S. 26–44, 2007.

[200] S.D. Sarasvathy, *Effectuation: Elements of entrepreneurial expertise* (New horizons in entrepreneurship). Northampton, Mass: Edward Elgar, 2008, ISBN: 978-1-84844-572-7.

[201] D. A. Keese, A.H. Tilstra, C. C. Seepersad, K. L. Wood, „Empirically-Derived Principles for Designing Products With Flexibility for Future Evolution", in *19th International Conference on Design Theory and Methodology, 1st International Conference on Micro and Nano Systems*, Ser. Proceedings of the ASME International Design Engineering Technical Conferences and Computers and Information in Engineering Conference – 2007, ASME, 2008, S. 483–498, ISBN: 0-7918-4804-3.

[202] A.H. Tilstra, P. B. Backlund, C. C. Seepersad, K. L. Wood, „Industrial Case Studies in Product Flexibility for Future Evolution: An Application and Evaluation of Design Guidelines", in *20th International Conference on Design Theory and Methodology, 2nd International Conference on Micro- and Nanosystems*, Ser. Proceedings of the ASME International Design Engineering Technical Conferences and Computers and Information in Engineering Conference – 2008, ASME, 2009, S. 217–230, ISBN: 978-0-7918-4328-4.

[203] J. Zhao, T. Zheng, E. Litvinov, „A Unified Framework for Defining and Measuring Flexibility in Power System", *IEEE Transactions on Power Systems*, Jg. 31, Nr. 1, S. 339–347, 2016.

[204] T. Streichert, M. Traub, *Elektrik/Elektronik-Architekturen im Kraftfahrzeug: Modellierung und Bewertung von Echtzeitsystemen* (VDI-Buch). Berlin, Heidelberg: Springer, 2012, ISBN: 978-3-642-25478-9.

[205] Vector Informatik GmbH, Hrsg. „PREEvision Fact Sheet". (), Adresse: https://www.vector.com/de/de/produkte/produkte-a-z/software/preevision/#c77320.

[206] Vector Informatik GmbH, Hrsg. „PREEvision Modeling Layers". (), Adresse: https://www.vector.com/de/de/produkte/produkte-a-z/software/preevision/#c77320.

[207] AUTOSAR GbR, *Layered Software Architecture*, November 2020.

[208] L. Görne, H.-C. Reuss, „Service Oriented Software Architecture for Vehicle Diagnostics", in *Proceedings of the 4th International Conference on Intelligent Human Systems Integration: Integrating People and Intelligent Systems*, D. Russo, T. Ahram, W. Karwowski, G. Di Bucchianico, R. Taiar, Hrsg., Bd. 1322, Springer, 2021, S. 72–77, ISBN: 978-3-030-68016-9.

[209] D. Mollahassani, S. Forte, J. C. Göbel, „Integration von Mission Profiles in die modellbasierte Systementwicklung zur Förderung der Kollaboration in automobile Wertschöpfungsnetzen", in *Stuttgarter Symposium für Produktentwicklung*, H. Binz, B. Bertsche, D. Spath, D. Roth, Hrsg., Fraunhofer-Institut für Arbeitswirtschaft und Organisation IAO, 20. Mai 2021, S. 223–235.

[210] *Sicherung der Qualität in der Prozesslandschaft: Abschnitt 1: Allgemeines: Methodenübersicht, Grundlegende Hilfsmittel, Entwicklungsabläufe*, 3. Aufl. Frankfurt am Main und Berlin, 2020.

[211] C. Kleinhans, T. Neidl, A. Radics, *Automotive Entwicklungsdienstleistung: Zukunftsstandort Deutschland* (Materialien zur Automobilindustrie). Frankfurt am Main.

[212] G. Ropohl, *Systemtechnik: Grundlagen und Anwendung*. München: Hanser, 1975, ISBN: 3446118292.

[213] A. Albers, B. Ebel, Q. Lohmeyer, „Systems of objectives in complex product development", in *Proceedings of the Ninth International Symposium on Tools and Methods of Competitive Engineering*, I. Horváth, Hrsg., 2012.

[214] K. Ehrlenspiel, H. Meerkamm, *Integrierte Produktentwicklung: Denkabläufe, Methodeneinsatz, Zusammenarbeit*, 6. Aufl. München und Wien: Carl Hanser Verlag, 2017, ISBN: 9783446440890.

[215] Volkswagen AG, *Lieferantenleitfaden für Produktentwicklung*, Konzern-Entwicklungsverbund, Hrsg., Wolfsburg, 4.09.2017.

[216] K. Gessner, „Package-Features für die Kommunikation in den frühen Phasen der Automobilentwicklung", Diss., Technische Universität Berlin, Berlin, 2001.

[217] ISO International Organization for Standardization, *Road Vehicles – Functional Safety*, 2018.

[218] ISO International Organization for Standardization, *Straßenfahrzeuge – Sicherheit der beabsichtigten Funktionalität*, Januar 2019.

[219] ISO International Organization for Standardization, *Road vehicles – Cybersecurity Engineering*, August 2021.

[220] R. Belschner, J. Freess, M. Mroßko, „Gesamtheitlicher Entwicklungsansatz für Entwurf, Dokumentation und Bewertung von E/E-Architekturen", in *Elektronik im Kraftfahrzeug*, Ser. VDI-Berichte, VDI-Verlag, 2005, S. 511–521, ISBN: 3180919078.

[221] A. Eppinger, W. Dieterle, K. G. Bürger, „Mechatronik: Mit ganzheitlichem Ansatz zu erhöhter Funktionalität und Kundennutzen", *ATZelektronik*, Nr. 62, 2001.

[222] D.D. Walden, G. J. Roedler, K. Forsberg, R.D. Hamelin, T. M. Shortell, Hrsg., *Systems engineering handbook: A guide for system life cycle processes and activities*, 4. Aufl. Hoboken, NJ: Wiley, 2015, ISBN: 9781118999400.

[223] G. Pahl, W. Beitz, J. Feldhusen, K.-H. Grote, *Pahl/Beitz Konstruktionslehre*, 7. Aufl. Berlin, Heidelberg: Springer, 2007, ISBN: 978-3-540-34060-7.

[224] H. Naunheimer, B. Bertsche, J. Ryborz, W. Novak, P. Fietkau, „Getriebesteuerung: Elektrik, Elektronik, Aktuatorik und Sensorik", in *Fahrzeuggetriebe*, H. Naunheimer, B. Bertsche, J. Ryborz, W. Novak, P. Fietkau, Hrsg., Springer, 2019, S. 663–697, ISBN: 978-3-662-58883-3.

[225] J. Knecht, „VW Elektronik-Architekturen (1.1, 1.2 & 2.0): In drei Schritten zum VW.OS", *auto motor sport*, 21.07.2021.

[226] W. Beutnagel, „VWstellt die Car.Software Organisation neu auf: Neue Firmierung und Organisationsform", *automotiveIT*, 26.03.2021.

[227] „Sindelfingen wird zentraler Campus für neues Mercedes-Benz Betriebssystem", *HANSER automotive*, 28.06.2021.

[228] H. Stachowiak, *Allgemeine Modelltheorie*. Wien: Springer, 1973, ISBN: 3211811060.

[229] U. Kastens, H. Kleine Büning, *Modellierung: Grundlagen und formale Methoden*, 4. Aufl. München: Hanser, 2018, ISBN: 9783446455399.

[230] G. J. Klir, *Facets of systems science* (IFSR international series on systems science and engineering), 2. Aufl. New York, NY: Kluwer Academic/Plenum Publishers, 2001, Bd. 15, ISBN: 0306466236.

[231] S. Nejati, M. Sabetzadeh, C. Arora, L. C. Briand, F. Mandoux, „Automated Change Impact Analysis between SysML Models of Requirements and Design", in *Proceedings of the 2016 24th ACM SIGSOFT International Symposium on Foundations of Software Engineering*, T. Zimmermann, J. Cleland-Huang, Z. Su, Hrsg., Association for Computing Machinery, 2016, S. 242–253, ISBN: 9781450342186.

[232] Y. Dajsuren, „Defining Architecture Framework for Automotive Systems", in *Automotive Systems and Software Engineering*, Y. Dajsuren, M. van den Brand, Hrsg., Springer International Publishing, 2019, S. 141-168, ISBN: 978-3-030-12157-0.

[233] ISO International Organization for Standardization, IEEE Institute of Electrical and Electronics Engineers, IEC International Electrotechnical Commission, *Systems and software engineering: Architecture description*, 1.12.2011.

[234] IEC International Electrotechnical Commission, ISO International Organization for Standardization, *Systems and software engineering: Vocabulary*, 2017-09.

[235] D. Karagiannis, H. Kühn, „Metamodelling Platforms", in *Proceedings of the Third international conference, EC-Web*, K. Bauknecht, Hrsg., Ser. Lecture Notes in Computer Science, Bd. 2455, Springer, 2002, S. 182, ISBN: 978-3-540-44137-3.

[236] Object Management Group, *OMG Meta Object Facility (MOF) Core Specification*, Oktober 2019.

[237] Object Management Group, *OMG Systems Modeling Language: OMG SysML*, 1.11.2019.

[238] AUTOSAR GbR, *AUTOSAR Classic Platform*, 1.11.2020.

[239] AUTOSAR GbR, *AUTOSAR Adaptive Plattform*, 1.11.2020.

[240] P. H. Feiler, B. Lewis, S. Vestal, E. Colbert, „An Overview of the SAE Architecture Analysis & Design Language (AADL) Standard: A Basis for Model-Based Architecture-Driven Embedded Systems Engineering", in *Workshop on Architecture Description Languages (WADL)*, P. Dissaux, Hrsg., Ser. International Federation for Information Processing, Bd. 176, Springer, 2005, S. 3–15, ISBN: 0-387-24589-8.

[241] EAST-ADL Association, *EAST-ADL Domain Model Specification*, 18.11.2013.

[242] EAST-ADL Association. „EAST-ADL Specification". (3.02.2021), Adresse: https://www.east-adl.info/Specification.html.

[243] H. Giese, S. Hildebrandt, S. Neumann, „Model Synchronization at Work: Keeping SysML and AUTOSAR Models Consistent", in *Graph Transformations and Model-Driven Engineering*, Ser. Lecture Notes in Computer Science, G. Engels, C. Lewerentz, W. Schäfer, A. Schürr, B. Westfechtel, Hrsg., Springer, 2010, S. 555–579, ISBN: 978-3-642-17322-6.

[244] J. Liebl, *Mercedes-Benz E-Klasse: Entwicklung und Technik des W213* (ATZ/MTZTypenbuch). Wiesbaden: Springer Vieweg, 2017, ISBN: 978-3-658-18443-8.

[245] Verband der Automobilindustrie e.V., ProSTEP iViP, *ECM Recommendation: Part 0*, Januar 2010.

[246] T. A. W. Jarratt, C. M. Eckert, N.H. M. Caldwell, P. J. Clarkson, „Engineering change: An overview and perspective on the literature", *Research in Engineering Design*, Jg. 22, Nr. 2, S. 103–124, 2011.

[247] S. Langer, „Änderungsmanagement", in *Handbuch Produktentwicklung*, U. Linde-mann, Hrsg., Carl Hanser Verlag GmbH & Co. KG, 2016, S. 513–539, ISBN: 978-3-446-44518-5.

[248] *Schlüsselrolle der E/E-Architektur und der Bordnetze für das Automobil der Zukunft: Positionspapier*, 14.08.2020.

[249] P. Johnson, J. Ullberg, M. Buschle, U. Franke, K. Shahzad, „P2AMF: Predictive, Pro-babilistic Architecture Modeling Framework", in *Proceedings 5th International IFIP Working Conference*, M. van Sinderen, Hrsg., Ser. Lecture Notes in Business Informa-tion Processing, Bd. 144, Springer, 2013, S. 104–117, ISBN: 978-3-642-36795-3.

[250] A. Knoll, C. Buckl, K.-J. Kuhn, G. Spiegelberg, „The RACE Project: An Informatics-Driven Greenfield Approach to Future E/E Architectures for Cars", in *Automotive Systems and Software Engineering*, Y. Dajsuren, M. van den Brand, Hrsg., Springer International Publishing, 2019, S. 171–195, ISBN: 978-3-030-12157-0.

[251] M. Staron, „Requirements Engineering for Automotive Embedded Systems", in *Auto-motive Systems and Software Engineering*, Y. Dajsuren, M. van den Brand, Hrsg., Springer International Publishing, 2019, S. 11–28, ISBN: 978-3-030-12157-0.

[252] AUTOSAR GbR, *Explanation of Adaptive Platform Design*, 28.11.2019.

[253] F. Herrmann, L. Block, O. Riedel, *An integrated approach for resilient value creation among the lifecycle: Using the automotive industry as an example*, Taichung, Taiwan, 2021.

[254] C. Fehling, „Cloud Computing Patterns: Identification, Design, and Application", Diss., University of Stuttgart, Stuttgart, 2015.

[255] R. Unseld, „‚Es ist nicht weniger als eine physikalische Restrukturierung'", *ATZelek-tronik*, Jg. 16, Nr. 7–8, S. 20–23, 2021.

[256] D. Keilhoff, D. Niedballa, H.-C. Reuss, M. Buchholz, F. Gies, K. Dietmayer, M. Lauer, C. Stiller, S. Ackermann, H. Winner, A. Kampmann, B. Alrifaee, S. Kowalewski, F. Klein, M. Struth, T. Woopen, L. Eckstein, „UNICARagil: New architectures for dis-ruptive vehicle concepts", in *19. Internationales Stuttgarter Symposium*, M. Bargende, H.-C. Reuss, A. Wagner, J. Wiedemann, Hrsg., Springer Fachmedien Wiesbaden, 2019, S. 830–842, ISBN: 978-3-658-25939-6.

[257] AUTOSAR GbR, *SOME/IP Protocol Specification*, 19.11.2019.

[258] N. Parmar, V. Ranga, B. Simhachalam Naidu, „Syntactic Interoperability in Real-Time Systems, ROS 2, and Adaptive AUTOSAR Using Data Distribution Services: An Approach", in *Inventive Communication and Computational Technologies*, G. Ran-ganathan, J. Chen, Á. Rocha, Hrsg., Ser. Springer eBook Collection, Bd. 89, Springer und Imprint Springer, 2020, S. 257–274, ISBN: 978-981-15-0145-6.

[259] V. Bandur, G. Selim, V. Pantelic, M. Lawford, „Making the Case for Centralized Automotive E/E Architectures", *IEEE Transactions on Vehicular Technology*, Jg. 70, Nr. 2, S. 1230–1245, 2021.

[260] H.-C. Reuss, „Neue Statik für Bordnetzarchitekturen", *ATZelektronik*, Jg. 11, Nr. 3, S. 74, 2016.

[261] H. Altinger, „State-of-the-Art Tools and Methods Used in the Automotive Industry", in *Automotive Systems and Software Engineering*, Y. Dajsuren, M. van den Brand, Hrsg., Springer International Publishing, 2019, S. 59–73, ISBN: 978-3-030-12157-0.

[262] eSync Alliance, *Synopsis: Specification for the eSync OTA Platform*, 2021.

[263] P. Ulrich, W. Hill, „Wissenschaftstheoretische Grundlagen der Betriebswirtschaftslehre (Teil I)", *Wirtschaftswissenschaftliches Studium*, Nr. 7, S. 304–309, 1976.

[264] S. Pöschl, „Prozessplanungsmodell für eine Effizienzsteigerung von Inbetriebnahmeprozessen im Maschinenbau", Diss., Universität Stuttgart, Stuttgart, 2021.

[265] DIN Deutsches Institut für Normung e. V., *Projektmanagement – Projektmanagementsysteme – Teil 5: Begriffe*, Berlin, Januar 2009.

[266] C. Czado, T. Schmidt, *Mathematische Statistik* (Statistik und ihre Anwendungen). Heidelberg: Springer, 2011, ISBN: 978-3-642-17261-8.

[267] J.-M. DeBaud, O. Flege, P. Knauber, „PuLSE-DSSA: A Method for the Development of Software Reference Architectures", in *Proceedings of the Third International Workshop on Software* Architecture, J.N. Magee, Hrsg., ACM, 1998, S. 25–28, ISBN: 1581130813.

[268] M. Moon, K. Yeom, H. S. Chae, „An Approach to Developing Domain Requirements as a Core Asset Based on Commonality and Variability Analysis in a Product Line", *IEEE Transactions on Software Engineering*, Jg. 31, Nr. 7, S. 551–569, 2005.

[269] M. Kreimeyer, W. Seidenschwarz, M. Rehfeld, „Produktplanung", in *Pahl/Beitz Konstruktionslehre*, B. Bender, K. Gericke, Hrsg., Springer, 2021, S. 97–135, ISBN: 978-3-662-57302-0.

[270] L. Block, O. Riedel, F. Herrmann, „A Lifecycle Model to Support Continuous Component Evolution in Embedded Automotive Systems", in *19. Internationales Stuttgarter Symposium*, M. Bargende, H.-C. Reuss, A. Wagner, J. Wiedemann, Hrsg., Springer Fachmedien Wiesbaden, 2019, S. 379–393, ISBN: 978-3-658-25939-6.

[271] B. Bender, D. Göhlich, *Dubbel Taschenbuch für den Maschinenbau 2: Anwendungen: Taschenbuch für den Maschinenbau Anwendungen*, 26. Aufl. Berlin, Heidelberg: Springer, 2020, ISBN: 978-3-662-59712-5.

[272] G. Müller-Stevens, R. Gillenkirch. „Definition: Strategie". (2018), Adresse: https://wirtschaftslexikon.gabler.de/definition/strategie-43591/version-266920.

[273] B. Meyer, *Object-Oriented Software Construction*, 2. Aufl. Santa Barbara, Kalifornien: ISE Inc., 2009, ISBN: 0136291554.

[274] J. Coplien, D. Hoffman, D. Weiss, „Commonality and Variability in Software Engineering", *IEEE Software*, Jg. 15, Nr. 6, S. 37–45, 1998.

[275] M. Broy, M. Kuhrmann, *Einführung in die Softwaretechnik* (Xpert.press). Berlin, Heidelberg: Springer Vieweg, 2021, ISBN: 978-3-662-50263-1.

[276] S. Brich, A. Hennig, Hrsg., *222 Keywords Logistik: Grundwissen für Fach- und Führungskräfte*. Wiesbaden: Springer Gabler, 2013, ISBN: 978-3-658-03391-0.

[277] G.D. Eppen, „Effects of Centralization on Expected Costs in a Multi-Location Newsboy Problem", *Management Science*, Jg. 25, Nr. 5, S. 498–501, 1979.

[278] H.-Y. Mak, Z.-J. Shen, „Risk diversification and risk pooling in supply chain design", *IIE Transactions*, Jg. 44, Nr. 8, S. 603–621, 2012.

[279] E. Cramer, U. Kamps, *Grundlagen der Wahrscheinlichkeitsrechnung und Statistik: Eine Einführung für Studierende der Informatik, der Ingenieur- und Wirtschaftswissenschaften*, 5. Aufl. Berlin, Heidelberg: Springer, 2020, ISBN: 978-3-662-60552-3.

[280] J. Feldhusen, K.-H. Grote, „Der Produktentstehungsprozess (PEP)", in *Pahl/Beitz Konstruktionslehre*, J. Feldhusen, K.-H. Grote, Hrsg., Springer Vieweg, 2013, S. 11–24, ISBN: 978-3-642-29568-3.

[281] D. Roth, H. Binz, R. Watty, „Generic structure of knowledge within the product development process", in *Proceedings of DESIGN 2010*, D. Marjanovi?, Storga M., Pavkovic N., Bojcetic N., Hrsg., Ser. DESIGN, 2010, S. 1681–1690, ISBN: 978-953-7738-03-7.

[282] D. J. Roth, „Analyse und Bewertung von Wissen in der Produktentwicklung", Diss., Universität Stuttgart, Stuttgart, 2020.

[283] I. Baumgart, „Requirements Engineering", in *Handbuch Produktentwicklung*, U. Lindemann, Hrsg., Carl Hanser Verlag GmbH & Co. KG, 2016, S. 425–453, ISBN: 978-3-446-44518-5.

[284] E. Zahn, *Mit industriellen Plattformen zu industriellen Ökosystemen*, Videokonferenz, 9.03.2021.

[285] D. Spath, C. Linder, S. Seidenstricker, *Technologiemanagement: Grundlagen*, Konzepte, Methoden. Stuttgart: Fraunhofer-Verlag, 2011, ISBN: 3839603536.

[286] T. Bandyszak, M. Daun, B. Tenbergen, T. Weyer, „Model-based Documentation of Context Uncertainty for Cyber-Physical Systems", in *2018 IEEE 14th International Conference on Automation Science and Engineering*, B. Vogel-Heuser, Hrsg., IEEE, 2018, S. 1087–1092, ISBN: 978-1-5386-3593-3.

[287] K.-W. Hansmann, *Kurzlehrbuch Prognoseverfahren: Mit Aufgaben und Lösungen* (Gabler-Lehrbuch). Wiesbaden: Gabler, 1983, ISBN: 9783409134446.

[288] R. R. Mahler, „Combining ambiguous evidence with respect to ambiguous a priori knowledge: Part II: Fuzzy logic", *Fuzzy Sets and Systems*, Jg. 75, Nr. 3, S. 319–354, 1995.

[289] O. Helmer, *Analysis of the Future: The Delphi Method*, 1967.

[290] M. Mißler-Behr, *Methoden der Szenarioanalyse* (DUV Wirtschaftswissenschaft). Wiesbaden: Deutscher Universitätsverlag, 1993, ISBN: 9783663145851.

[291] P. Smets, „Constructing the Pignistic Probability Function in a Context of Uncertainty", in *Proceedings of the Fifth Annual Conference on Uncertainty in Artificial Intelligence*, North-Holland Publishing Co, 1990, S. 29–40, ISBN: 0444887385.

[292] P. Smets, R. Kennes, „The Transferable Belief Model", in *Classic Works of the Dempster-Shafer Theory of Belief Functions*, Ser. Studies in Fuzziness and Soft Computing, R. R. Yager, L. Liu, Hrsg., Bd. 219, Springer, 2008, S. 693–736, ISBN: 978-3-540-25381-5.

[293] R. R. Yager, „On the Dempster-Shafer Framework and New Combination Rules", *Information Sciences*, Jg. 41, Nr. 2, S. 93–137, 1987.

[294] D. Dubois, „Possibility Theory and Statistical Reasoning", *Computational Statistics & Data Analysis*, Jg. 51, Nr. 1, S. 47–69, 2006.

[295] N. Ahmad, D. C. Wynn, P. J. Clarkson, „Change impact on a product and its redesign process: A tool for knowledge capture and reuse", *Research in Engineering Design*, Jg. 24, Nr. 3, S. 219–244, 2013.

[296] J. Feldhusen, K.-H. Grote, A. Nagarajah, G. Pahl, W. Beitz, S. Wartzack, „Vorgehen bei einzelnen Schritten des Produktentstehungsprozesses", in *Pahl/Beitz Konstruktionslehre*, J. Feldhusen, K.-H. Grote, Hrsg., Bd. 42, Springer Vieweg, 2013, S. 291–409, ISBN: 978-3-642-29568-3.

[297] „Sirius Architecture Overview". (20.07.2018), Adresse: https://www.eclipse.org/sirius/doc/developer/Architecture_Overview.html.

[298] „Developer Guide: EMF Compare". (9.03.2020), Adresse: https://www.eclipse.org/ emf/compare/documentation/latest/developer/developer-guide.html.

[299] D. Steinberg, F. Budinsky, M. Paternostro, E. Merks, *EMF: Eclipse Modeling Framework* (The eclipse series), 2. Aufl. Upper Saddle River, NJ: Addison-Wesley, 2011, ISBN: 9780321331885.

[300] A. Gómez, I. Ramos, „Automatic Tool Support for Cardinality-Based Feature Modeling with Model Constraints for Information Systems Development", in *Information Systems Development*, J. Pokorny, Hrsg., Springer Science+Business Media LLC, 2011, S. 271–284, ISBN: 978-1-4419-9645-9.

[301] C. Brun, S. Bonnet. „What is Sirius?" (2.09.2021), Adresse: https://www.eclipse.org/ community/eclipse_newsletter/2013/november/article1.php.

[302] D. J. Gebauer, „Ein modellbasiertes, graphisch notiertes, integriertes Verfahren zur Bewertung und zum Vergleich von Elektrik/Elektronik-Architekturen", Diss., Karlsruher Institut für Technologie (KIT), Karlsruhe, 2016.

[303] GitHub. „SysML-v2-Release". (2.09.2021), Adresse: https://github.com/Systems-Modeling/SysML-v2-Release.

[304] „Artop". (2.09.2021), Adresse: https://www.artop.org/.

[305] „Eclipse Requirements Modeling Framework". (1.11.2017), Adresse: https://www. eclipse.org/rmf/.

[306] Object Management Group, *Requirements Interchange Format: ReqIF*, Juli 2016.

[307] M. Zhang, B. Selic, S. Ali, T. Yue, O. Okariz, R. Norgren, „Understanding Uncertainty in Cyber-Physical Systems: A Conceptual Model", in *Modelling Foundations and Applications*, A. W?sowski, H. Lönn, Hrsg., Springer International Publishing, 2016, S. 247–264, ISBN: 978-3-319-42061-5.

[308] M. Zhang, *Uncertainty Modeling Framework for the Integration Level V. 4*, 2016.

[309] M. Zhang, T. Yue, S. Ali, B. Selic, O. Okariz, R. Norgre, K. Intxausti, „Specifying Uncertainty in Use Case Models", *Journal of Systems and Software*, Jg. 144, S. 573–603, 2018.

[310] S. Hacks, H. Lichter, „A Probabilistic Enterprise Architecture Model Evolution", in *Proceedings 2018 IEEE 22nd International Enterprise Distributed Object Computing Conference*, IEEE, 2018, S. 51–57, ISBN: 978-1-5386-4139-2.

[311] M. A. Schneider, M.-F. Wendland, L. Bornemann, „Gaining Certainty About Uncertainty: Testing Cyber-Physical Systems in the Presence of Uncertainties at the Application Level", in *Risk Assessment and Risk-Driven Quality Assurance: 4th International Workshop*, J. Großmann, M. Felderer, F. Seehusen, Hrsg., Springer International Publishing, 2017, S. 129–142, ISBN: 978-3-319-57858-3.

[312] P. B. Kruchten, „The 4+1 View Model of architecture", *IEEE Software*, Jg. 12, Nr. 6, S. 42–50, 1995.

[313] „EMF Compare: Home". (12.07.2021), Adresse: https://www.eclipse.org/emf/ compare/.

[314] P. Orponen, „Dempster's Rule of Combination is #P-complete", *Artificial Intelligence*, Jg. 44, Nr. 1–2, S. 245–253, 1990.

[315] H. Balzert, *Software-Management, Software-Qualitätssicherung, Unternehmensmodellierung* (Lehrbuch der Software-Technik). Heidelberg: Spektrum Akademischer Verlag, 1998, Bd. 2, ISBN: 3827400651.

[316] H. Kromrey, „Evaluation – ein vielschichtiges Konzept: Begriff und Methodik von Evaluierung und Evaluationsforschung: Empfehlungen für die Praxis", *Sozialwissenschaften und Berufspraxis*, Jg. 24, Nr. 2, S. 105–131, 2001.

[317] „Evaluation' auf Duden online". (2021), Adresse: https://www.duden.de/rechtschreibung/Evaluation.

[318] *FlexCAR: Offene Fahrzeugplattform für die Mobilität der Zukunft: Rahmenplan*, 12.11.2020.

[319] Forschungscampus ARENA2036 e.V., Hrsg. „FlexCAR". (14.09.2021), Adresse: https://www.arena2036.de/de/flexcar.

[320] „Apex.OS". (2.10.2022), Adresse: https://www.apex.ai/apex-os.

[321] R. Schnell, P. B. Hill, E. Esser, *Methoden der empirischen Sozialforschung*, 8. Aufl. Oldenbourg: Wissenschaftsverlag, 2008, ISBN: 9783486587081.

[322] M. E. Conway, „How do committees invent", *Datamation*, Jg. 14, Nr. 4, S. 28–31, 1968.

[323] M. E. Conway. „Conway's Law". (4.08.2012), Adresse: http://www.melconway.com/Home/Conways_Law.html.

[324] „futureFlexPro". (23.09.2021), Adresse: https://www.hybridleichtbau.fraunhofer.de/de/forschungsprojekte/futureflexpro.html.

[325] Fraunhofer Institute for Industrial Engineering IAO, Hrsg., *Vorhabenbeschreibung Cyclometric: Modellbasierte Entscheidungsunterstützung zur proaktiven sowie Lebenszyklus-gerichteten Entwicklung von Fahrzeug-Komponenten: in der Fördermaßnahme „Transformation zur nachhaltigen Wertschöpfung – Unternehmen auf dem Weg zu kreislauffähiger Mobilität (TransMobil)"*, Stuttgart, 30.08.2021.

[326] L. Block, S. Stegmüller, Unternehmenstransformation unter dem Einfluss neuer Software-, Elektrik- und Elektronik-Architekturen, Online, 29.04.2021.

[327] H. Kagermann, F. Süssenguth, J. Körner, A. Liepold, J.H. Behrens, Resilienz der Fahrzeugindustrie: Zwischen globalen Strukturen und lokalen Herausforderungen (acatech IMPULS). 2021.

[328] Volkswagen AG. „Diesel Hardware-Nachrüstungen zur NOx Reduzierung: Fragen, Antworten und Bedingungen". (22.09.2021), Adresse: https://www.volkswagen.de/de/besitzer-und-nutzer/wichtige-kundeninformationen/aktuelles-zur-diesel-thematik.html.

[329] United Nations Economic and Social Council, Economic Commission for Europe, Inland Transport Commitee, World Forum for Harmonization of Vehicle Regulations, Proposal for a new UN Regulation on uniform provisions concerning the approval of vehicles with regards to cyber security and cyber security management system: Submitted by the Working Party on Automated/autonomous and Connected Vehicles, 23.07.2020.

[330] B. Bender, K. Gericke, Hrsg., Pahl/Beitz Konstruktionslehre: Methoden und Anwendung erfolgreicher Produktentwicklung, 9. Aufl. Berlin, Heidelberg: Springer, 2021, ISBN: 978-3-662-57302-0.

[331] „kognitiv' auf Duden online". (2021), Adresse: https://www.duden.de/rechtschreibung/kognitiv.

[332] „Qualität' auf Duden online". (2021), Adresse: https://www.duden.de/rechtschreibung/Qualitaet.

[333] L. Block, „Managing software evolution in embedded automotive systems", in 20. Internationales Stuttgarter Symposium, M. Bargende, H.-C. Reuss, A. Wagner, Hrsg., Springer Fachmedien Wiesbaden und Springer Vieweg, 2020, S. 557–571, ISBN: 978-3-658-30994-7.

[334] L. Block, M. J. Werner, M. Mikoschek, S. Stegmüller, „Developing Technology Strategies for Flexible Automotive Products and Processes", in Advances in Automotive Production Technology, P. Weißgraeber, F. Heieck, C. Ackermann, Hrsg., Ser. ARENA2036, Springer Vieweg, 2021, S. 97–107, ISBN: 978-3-662-62961-1.

[335] L. Block, M. J. Werner, H. Spindler, B. Schneider, *A Variability Model for Individual Life Cycle Paths in Life Cycle Engineering*, Braunschweig, 2022.

[336] M. Ishizuka, „An Extension of Dempster & Shafer's Theory to Fuzzy Set for Constructing Expert Systems", *Produktionsforschung*, Jg. 34, Nr. 7, S. 312–315, 1982.

[337] R. R. Yager, „Generalized Probabilities of Fuzzy Events from Fuzzy Belief Structures", *Information Sciences*, Jg. 28, Nr. 1, S. 45–62, 1982.

[338] M. Yazdi, S. Kabir, „Fuzzy evidence theory and Bayesian networks for process systems risk analysis", *Human and Ecological Risk Assessment*, Jg. 26, Nr. 1, S. 57–86, 2020.

[339] X. Su, S. Mahadevan, W. Han, Y. Deng, „Combining dependent bodies of evidence", *Applied Intelligence*, Jg. 44, Nr. 3, S. 634–644, 2016.

[340] X. Su, L. Li, H. Qian, S. Mahadevan, Y. Deng, „A new rule to combine dependent bodies of evidence", *Soft Computing*, Jg. 23, Nr. 20, S. 9793–9799, 2019.

[341] C. E. Shannon, „A Mathematical Theory of Communication", *Mobile Computing and Communications Review*, Jg. 5, Nr. 1, S. 379–423, 1948.

[342] R. R. Yager, L. Liu, Hrsg., *Classic Works of the Dempster-Shafer Theory of Belief Functions* (Studies in Fuzziness and Soft Computing). Berlin, Heidelberg: Springer, 2008, Bd. 219, ISBN: 978-3-540-25381-5.

[343] „‚repräsentativ' auf Duden online". (2021), Adresse: https://www.duden.de/rechtschreibung/repraesentativ.

[344] A. Z. Broder, „The r-Stirling Numbers", *Discrete Mathematics*, Jg. 49, Nr. 3, S. 241–259, 1984.

[345] M. Bóna, I. Mez?, „Real Zeros and Partitions without singleton blocks", *European Journal of Combinatorics*, Jg. 51, S. 500–510, 2016.

[346] R. Liebold, R. Trinczek, „Experteninterview", in *Handbuch Methoden der Organisationsforschung*, S. Kühl, P. Strodtholz, A. Taffertshofer, Hrsg., Bd. 27, VS Verlag für Sozialwissenschaften, 2009, S. 32–56, ISBN: 978-3-531-15827-3.

[347] M. Jiménez-Buedo, L. M. Miller, „Why a Trade-Off? The Relationship between the External and Internal Validity of Experiments", *THEORIA*, Jg. 69, S. 301–321, 2010.

[348] T.D. Cook, D. T. Campbell, *Quasi-Experimentation: Design & Analysis Issues for Field Settings*. Boston: Houghton Mifflin, 1979, ISBN: 0395307902.

Printed in the United States
by Baker & Taylor Publisher Services